简明城市规划原理

朱　勍　主编

同济大学 出版社
TONGJI UNIVERSITY PRESS

内 容 提 要

　　本书以吴志强、李德华主编的《城市规划原理》(第四版)和编者 2008 年录制的城市规划原理网络课件为基础,精简核心内容,图文并茂,案例丰富且代表性、可解读性强,适合于非城市规划专业的本科、专科及成人教育的学生,并适用网络教育的授课模式。

图书在版编目(CIP)数据

　　简明城市规划原理 / 朱勍主编. --上海 : 同济大
学出版社,2014.3 (2022.6重印)
　　ISBN 978-7-5608-5362-8

　　Ⅰ. ①简… Ⅱ. ①朱… Ⅲ. ①城市规划　Ⅳ.①TU984

　　中国版本图书馆 CIP 数据核字(2013)第 274758 号

简明城市规划原理

主编　朱　勍

责任编辑　荆　华　　责任校对　徐春莲　　封面设计　陈益平

出版发行　同济大学出版社　　www.tongjipress.com.cn
　　　　　(地址:上海市四平路 1239 号　邮编:200092　电话:021-65985622)
经　　销　全国各地新华书店
印　　刷　句容市排印厂
开　　本　787mm×1092mm　1/16
印　　张　17.75
字　　数　443000
版　　次　2014 年 3 月第 1 版　　2022 年 6 月第 5 次印刷
书　　号　ISBN 978-7-5608-5362-8

定　　价　55.00 元

前　　言

在本书编写过程中,两个主要的方向目标逐渐清晰:

其一是结合教学实际,在简要与详尽之间尽可能取得平衡。本书是针对需要学习"城市规划原理"课程的相关设计专业:城市规划、建筑设计、室内设计、景观、园林设计等专业的学生,以及有一定工作经验的城市规划设计和管理人员。因此,对教材内容进行了有针对性的繁简选择。即关于规划实践基础上形成的理论与思想内容部分比较简化,仅提供理论性纲要;指导实践操作而又受到实践检验的操作理论则比较详尽,均有实例讲解,在整体逻辑和内容组织上偏于简而不失之于详。

其二希望有所创新。总体篇章布局采用开放形式组织,并提供扩充学习的指引,鼓励学有余力以及感兴趣的学生继续深入钻研。这样就可以在教学使用上,有效结合同济大学吴志强、李德华先生主编的《城市规划原理》(第四版)和城市建设、区域规划、村镇规划、园林环保等方面的专业教材,便于教学和学生自学深化。

本书章节划分结合一学期的教学周期进行安排,方便师生使用。

本书的编写工作中,朱勍负责编写第一章、第二章、第四章、第九章;李晴负责编写第三章、第七章、第八章;卓健负责编写第五章、第六章、第十一章;包海滨负责编写第十章和第十二章。编写过程中参考了大量的已有教材相关内容,并得到 2011 年度同济大学继续与网络教育研究与奖励基金的资助。我们在此表示衷心地感谢,希望本教材编写能够对城市规划原理课程的教与学有所贡献。

编者

2013 年 4 月 20 日于同济大学

目　　录

第 1 章　城市与城镇化

第 1 节　城市的概念、形成与发展

一、城市的概念与本质

1. 城市的形成

　　城市的发展是人类文明史的重要组成部分,最早的城市是人类劳动大分工的产物。在原始社会的漫长岁月中,人类过着完全依附于自然的狩猎与采集生活。随着以农业和牧业为标志的第一次人类劳动大分工,逐渐产生了固定的居民点。农牧业生产力的提高产生了剩余产品,商业和手工业从农牧业中分离出来,这就是人类社会的第二次劳动大分工。商业和手工业的聚集地就成为了城市。所以,最早的城市是人类社会的第二次劳动大分工的产物(图 1-1,图 1-2)。

图 1-1　原始的居民点　　　　　　　　　　图 1-2　最早的城市

　　考古发现,人类历史最早的城市出现在公元前 3000 年左右。在 5000 多年的文明史中,人类社会经历了漫长的农业经济时代,这一时期出现过规模相当可观的城市(唐长安城和古罗马城),并在城市建设方面留下了十分宝贵的人类文化遗产,但对于农业生产的依赖性决定了这一时期城市的数量和规模都是有限的。我国封建社会时期的城市都是具有政治统治作用的都城和州府城市,到了封建社会后期的明清时代,才在交通较为便利的地方形成了较具规模的商业和手工业城市。西方农业社会的发展也相当缓慢,到 18 世纪末,只有 2.2% 的欧洲人口生活在 10 万人以上人口规模的城市。

　　进入 19 世纪,欧洲工业革命带来生产力的空前提高,促进了城市规模的扩展。城市成为机器大工业生产的中心和商业贸易中心,并逐渐成为人类社会的主要聚落形式。城市数量不断增加,但这时城乡之间的差距也在拉大,城乡对立突出(图 1-3)。

　　后工业社会时期,城市成为人类主要的聚居区,产业和人口再度聚集于城市,特别是带来的第三产业的聚集。于是,城市成为第三产业中心,以提供就业和缩小城乡差别。

　　20 世纪 90 年代,经济全球化得到迅速发展,产业发展从以制造业为主转变为以服务业为主,国际空间经济结构由水平型向垂直型转变,导致世界城市或全球城市、大都市连绵区的形成(图 1-4)。

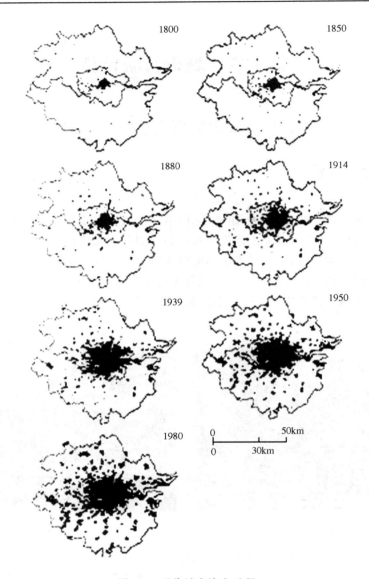

图 1-3　现代城市演变过程

2. 城市的概念

1）字源解释

城市的中文由两个字组成，"城，廓也，都邑之地，筑此以资保障也"（图 1-5）。市："日中为市，致天下之民，聚天下之货，交易而退，各得其所"（图 1-6）。可见，城市最早是政治、军事防御和商品交换的产物。

英文中，"城市"由两个词组成。一是"urban"，解释为城市、市政，源自拉丁文 urbs，意为城市的生活；另一个为"city"，解释为城市、市镇，含义为市民可以享受公民权利，过着一种公共生活的地方。还有一些与此相关的或是延伸的词，如：citizenship（公民）、civil（公民的）、civic（市政的）、civilized（文明的）、civilzation（文明）等，说明城市是与社会组织行为处于一种高级的状态有关，是安排和适应这种生活的一种工具。城市的产生，一直被认为是人类文明的象征（图 1-7，图 1-8）。

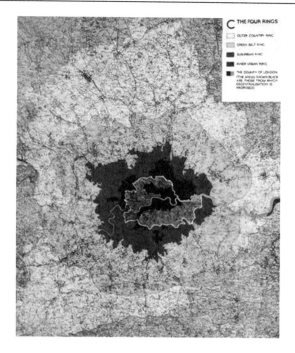

图 1-4　大都市连绵区的形成

图 1-5　"城"字的解义

图 1-6　"市"字的解义

图 1-7　"urban"（城市、市政）

图 1-8　"city"（城市、市镇）

《辞源》对城市的注释是："人口密集、工商业发达的地方"。1933年，《雅典宪章》提出"城市应保证居住、工作、游憩、交通四大活动的正常进行"。自此以后，居住、工作、游憩、交通成为城市必备的四大功能，要求在城市规划中进行合理的布局。

2）相关学科对城市的定义

对于"什么是城市"这个问题一直没有统一的答案，法国学者菲利普·潘什梅(P. Pinchemel)曾经说过："城市是一种复杂的现实现象：城市既是一种景观，一片经济空间，一种人口密度，也是一个生活中心和劳动中心；更具体地说，也可能是一种特征或一个灵魂。"因此，不同研究领域和方向对城市的理解和定义呈现出独有的专业特征。

（1）经济学

英国城市经济学家K·J·巴顿(K. J. Button)认为，城市是"各种经济市场——住房、劳动力、土地、运输等等——相互交织在一起的网状系统"。

（2）社会学

社会学家Bardo & Hartman认为，"……按照社会学的传统，城市被定义为具有某些特征的、在地理上有界的社会组织形式"。

（3）地理学

德国地理学家拉采尔(F. Ratzel)认为，"地理学上的城市，是指地处交通方便环境的、覆盖有一定面积的人群和房屋的密集结合体"（图1-9）。

图1-9　地理学"城市"系统

3）城市的法律定义

（1）人口规模

城市的本质特点是聚集，从人口规模的角度去定义城市具有较为明确的界定标准，但标准各个国家不同。联合国将2万人作为定义城市的人口下限。在中国，非农业人口2000人以上设镇；非农业人口60000人以上设市。其他国家设市人口规模的标准更是参差不齐。

表1-1　世界主要国家设市人口规模标准

瑞典、丹麦	澳大利亚、加拿大	法国、古巴	美国	比利时	日本
200人	1000人	2000人	2500人	5000人	30000人

（2）城市特质

1984年中国颁布了城镇设置的基本条件：一是县政府所在地；二是非农人口2000人以上

的乡政府所在地,二者只需满足其一即可设镇。1986 年,中国颁布了设市条件:一是非农人口60 000 人以上的镇;二是年国民生产总值 2 亿元以上的镇。二者需全部满足才可设市。

（3）城市与乡村的区别

城市和农村作为两个相对的概念,存在一些基本的区别,主要体现在以下几个方面:①集聚规模的差异,即空间要素的集中程度上的差异。②生产效率的差异。城市的经济活动是高效率的,而高效率的取得,不仅是因为人口、资源、生产工具和科学技术等物质要素的高度集中,更主要的是源于高度的组织。因此,可以说,城市的经济活动是一种社会化的生产、消费、交换的过程,它充分发挥了工商、交通、文化、军事和政治机能,属于高级生产或服务性质;相反,乡村经济活动还依附于土地等初级生产要素。③生产力结构的差异。城市是以非农业人口为主的居民点,因而在职业构成上是不同于乡村的。④职能差异。城市一般是工业、商业、交通、文教的集中地,是一定地域的政治、经济文化的中心,在职能上有别于乡村。⑤物质形态差异。城市具有比较健全的市政设施和公共设施,在物质空间形态上不同于乡村。⑥文化观念差异。城市与乡村在文化内容、意识形态、风俗习惯、传统观念等方面都存在差别。

4）城市规划对城市的定义

国标《城市规划基本术语标准》中,城市是"以非农业产业和非农业人口集聚为主要特征的居民点。包括按国家行政建制设立的市和镇"。

《中华人民共和国城乡规划法》第三条规定:按行政建制设立的直辖市、市、镇,统称为城市。

二、城市发展的规律

1. 城市经济基础理论

经济基础理论认为,城市发展过程包括几个阶段。第一阶段是专门化,城市发展最初依赖某个或某些具有出口能力的企业;第二阶段是综合化,出口专门化的企业具有联动作用,产生"上游"和"下游"企业,形成出口综合体;第三阶段是成熟化,基本经济部类带动非基本经济部类,形成完整的城市经济体系;第四阶段是区域化,有些城市发展成为区域性中心城市,但并不是所有的城市都会自然而然地成为中心城市。在区域性或全球性竞争中,只有少数城市能够成功地占据主导地位,大部分城市则会停留在前面几个发展阶段,甚至陷入衰退的困境。

根据城市经济基础理论:如果一个城市的基本经济部类属于正在增长的产业,那么这个城市的发展潜力就比较乐观;如果一个城市的基本经济部类不仅是增长型的而且是多样化的,那么这个城市的发展前景就会相当强劲了。

2. 城市进化理论

城市进化理论认为,从工业化社会到后工业化社会,城市发展具有相似的进化过程,可以分为四个阶段。

（1）"绝对集中"时期——工业化初期,人口从农村向城市迁移,城市人口不断增长。

（2）"相对集中"时期——工业化成熟期,人口向城市集中的同时开始郊区化,城市人口的增长仍高于郊区。

（3）"相对分散"时期——后工业化的初期,第三产业的比重超过第二产业,郊区人口的增长超过城市人口的增长。

（4）"绝对分散"时期——后工业化成熟期,第三产业的主导地位显著,农村向城市人口迁移基本消失,主要为区域内部从城市到郊区的人口迁移,城市人口下降,郊区人口上升。

根据城市进化理论,西方发达国家已经进入后工业社会的成熟时期,第三世界国家仍处于工业化社会的初级时期。

3. 增长极核理论

无论是城市经济基础理论还是城市进化理论都认为,每个城市的发展过程是相似的。但实践表明,区域中的各个城市发展并不是均衡的,有些城市逐渐占据主导地位,其他城市始终处于从属地位。

根据增长极核理论,区域经济发展总是首先集中在一些条件较为优越的城市,由于规模经济和聚集经济的效应,这些城市的发展呈现循环和累积的过程,逐渐成为区域的中心城市。

随着这些城市发展到一定规模,将会遇到越来越多的阻力因素(如地价上涨、交通拥挤、劳工短缺和环境恶化等),城市发展初期的比较优势逐渐丧失,而其他城市的比较优势越来越显著。一旦城市发展的规模不经济和聚集不经济超过规模经济和聚集经济,这些城市的资本和技术开始向区域内的其他城市扩散,形成所谓的"辐射"作用或"滴漏"作用,带动区域内的其他城市发展,使区域空间经济趋于均衡。

正是这种意义上,这些城市被认为是区域的增长极核。

4. 城市发展与国际劳动分工:经济全球化理论

第二次世界大战以后,特别是 20 世纪 70 年代以来,世界经济格局发生了根本性变化,表现为新一轮的国际劳动分工。

在旧的世界经济格局中,发展中国家成为原料产地,发达国家则从事成品制造。随着生产过程的自动化和产品的标准化,制造业中劳动力的技术水平逐渐失去了其重要性。

于是,发展中国家的大量剩余劳动力以及其他条件(如社会保障和环境保护的管制较少)使制造业生产成本的大幅度下降成为可能,吸引了发达国家的制造业向发展中国家转移,以维持在国际市场上的竞争能力,交通和通讯技术的发展又促进了这一过程。

在新一轮的国际劳动分工中,发展中国家不再只是原料产地,而且成为西方跨国公司的生产、装配基地,相当一部分的制造业产品从发展中国家返销回发达国家。新一轮的国际劳动分工促进了发展中国家的工业化,出现了一批新兴工业国家和地区(如韩国、新加坡),同时又导致了发达国家的逆工业化或后工业化进程。

第 2 节 城镇化及演化

一、城镇化(urbanization)的含义

城镇化一般简单地释义为农业人口及土地向非农业的城市转化的现象及过程,具体的分析包括以下三个方面。

(1) 人口职业的转变。即由农业转变为非农业的第二、第三产业,表现为农业人口不断减少,非农业人口不断增加。

(2) 产业结构的转变。工业革命后,工业不断发展,第二、第三产业的比重不断提高,第一产业比重相对下降,工业化的发展也带来农业生产的现代化,农村剩余人口转向城市的第二、第三产业。

(3) 土地及地域空间的变化。农业用地转化为非农业用地,由比较分散、密度低的居住形式转变为集中成片的、密度较高的居住形式;从与自然环境接近的空间形态转变为以人工环境为主的空间形态。

二、城镇化水平度量指标

由于城镇化是非常复杂的社会现象,所以对城镇化水平的度量难度也很大。目前能被普遍接受的人口统计学指标,也就是城镇人口占总人口比重的指标,它的实质是反映了人口在城乡之间的空间分布,具有很高的实用性。计算公式为:

$$PU=\frac{U}{P}$$

式中　　PU——城镇化水平;

　　　　U——城镇人口;

　　　　P——总人口。

不同国家对城镇人口统计标准的设定不同,往往缺乏可比性。同时,单纯用人口统计去衡量城镇化水平,也不能完全代表一个国家或地区的经济、社会发展水平。

三、城镇化的进程与特点

1. 城镇化的表现特征

(1)城市人口比重上升。

(2)产业结构中,农业、工业及其他行业的比重此消彼长,不断变化,见表1-2。

表 1-2　　　　　　　　　　　　世界范围的产业结构的发展

国家类别	农业/%		工业/%		第三产业/%	
	1960 年	1980 年	1960 年	1980 年	1960 年	1980 年
33 个低收入国家	50	36	18	35	32	29
63 个中等收入国家	24	15	30	40	46	45
19 个发达国家	6	4	40	34	54	62

(3)城镇化水平与人均国民生产总值的增长成正比,见表1-3。

表 1-3　　　　　　　　　　　城镇化与国民生产总值的发展

国家类别	1980 年人均国民生产总值(加权平均)(美元)	城镇化水平/%
33 个低收入国家	260	17
63 个中等收入国家	1 400	45
19 个发达国家	10 320	78

(4)第二、三产业发展的同时,农业现代化、农业剩余劳动力成为城镇化的推动力。

2. 历史进程

城镇化的历史进程大体分为三个阶段:

(1)初期阶段——生产力水平低,城镇化速度缓慢,较长时间才能达到城市人口占总人口的30%左右。

(2)中期阶段——经济发展,城镇化速度加快,在不长的时期内,城市人口占总人口的比例就达到60%以上。

(3)稳定阶段(后期)——农业现代化的过程已完成,人口转化趋于稳定,城镇化水平达70%～90%。

这样的历史进程各个国家是不一致的。英国在 19 世纪末即已进入稳定期,美国在 20 世纪初城镇化进程最快,现已稳定。我国至 20 世纪末尚处于初期阶段,自 21 世纪始,城镇化速度加快。

我国的城镇化水平由于自然条件的差异,社会经济发展不平衡,东、中、西部地区存在较大的差异,并且这种差异将长期存在,见图 1-10,图 1-11。

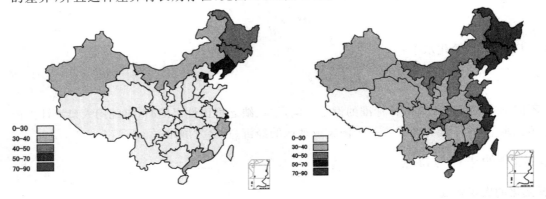

图 1-10　1999 年我国各省城镇化率　　　　图 1-11　2006 年我国各省城镇化率

3. 城镇化的基本动力机制

(1) 初始动力——农业发展。农业生产力的发展及农业剩余贡献是城市兴起和成长的前提。城市首先在农业发达地区兴起,农产品的剩余刺激了人口劳动结构的分化,部分剩余农业劳动人口转向从事第二、第三产业,支持了城市的进一步发展。

(2) 根本动力——工业化。城镇化的进程是随着生产力水平的发展而变化的。工业化的集聚要求促成了资本、人力、资源和技术等生产要素在有限空间上的高度组合,从而促进了城市的形成和发展,并进而启动了城镇化的进程。

(3) 后续动力——第三产业。随着城市规模壮大和产业能级的提升,人类对于生产配套性服务和生活消费性服务的要求不断提高,从而带动更多人力、财富、信息向城市聚集,带动城镇化质和量的提升。

综上所述,在城镇化诸多动力机制当中,可以分解出两大基本力量,即以农业发展为代表的农村"推力"和由工业化与第三产业为代表的城市"拉力"。

4. 城镇化类型

(1) 集中型城镇化,是农村人口和非农经济活动不断向城市集中的城镇化模式。

(2) 分散型城镇化,是城市的社会性、经济性和密集性向城郊或农村地区扩散,城市职能或经济活动逐渐向外延伸的一种城镇化进程。

分散型城镇化又分为以下三种类型:①外延型(或连续型),指城市量的扩张,包括城市规模的扩大及城市人口的增加,是一个极化效应不断累加的过程;城市的离心扩展,一直保持与建成区接壤,连续渐次地向外推进,比如一些城市带、城市群的形成。②飞地型(或跳跃型),指在城镇化推进过程中,出现了空间上与建成区断开,职能上与中心城市保持联系的城市扩展方式,比如卫星城的形成。③就地型,指农民就地脱离土地从事非农生产。这是目前新型城镇化建设鼓励推行的一种城镇化模式。

5. 城镇化的一般规律

(1) 城镇化阶段性规律,如图 1-12 所示,呈 S 形曲线。

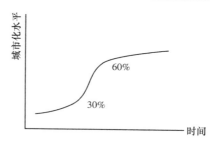

（2）大城市超先增长规律，主要表现形式：① 内涵增长；② 外延增长；③ 机械增长；④ 大城市人口占城市人口比重增加。

（3）城镇化水平与经济发展互促共进规律。

图 1-12　我国城镇化水平的曲线图

四、中国城镇化道路

1. 城镇化史前阶段（史前阶段）

2. 城镇化起步阶段（近代 1840—1949）

在一些殖民地城市、军阀统治的中心城市、新兴工业城市已经开始了城镇化的起步阶段，直到 1949 年新中国成立前夕，城市人口达到 0.57 亿，城镇化水平达到 10.6%。

3. 城镇化初级阶段（计划经济时期 1949—1978）

（1）城镇化启动阶段（1950—1957）。这一阶段正处于我国国民经济恢复和"一五"计划顺利实施的时期。此期间的重点是建设工业城市，形成了以工业化为基本内容和动力的城镇化。随着工业化水平的提高，城市人口剧增，工人新村迅速崛起，城市基础设施建设加快，产生了许多新兴工矿城市。

（2）城镇化波动发展阶段（1958—1965）。这个阶段是违背客观规律的城镇化大起大落时期。1958 年在大跃进的号召下，为了追求高速度，各自盲目扩大基础建设，导致农村人口大规模涌入城市。但由于宏观政策的失误，加上天灾人祸造成国民经济的萎缩，此时，国家又采取了调整政策，通过行政手段精简职工，动员城镇人口回乡，并同时调整了市镇设置，导致 7 年内城市净迁入率为 −17.6‰。

（3）城镇化停滞阶段（1966—1978）。由于十年动乱，国民经济面临崩溃，粮食生产停滞不前，当时的城市甚至无法容纳因自然增长而形成的城市人口，再加上大批知青和干部下放到农村，城市人口下降，大量工业配置到"三线"地区，分散的工业布局难形成聚集优势来发展城镇，小城镇出现萎缩。经过 12 年时间，城镇化从 1966 年 1.71% 仅增加到 1.79%。

（4）城镇化的快速发展阶段（1979 年以后）。十一届三中全会后，当局采取了一系列正确的方针、政策，如颁布新的户籍管理政策，调整市镇建制标准等，从而使城镇人口特别是大城市的人口机械增长较快，出现了城镇化水平的整体提高，有力地促进了城乡经济的持续发展。随着改革开放和现代化建设的推进，我国的城镇化过程也摆脱了长期徘徊不前的局面，步入了新中国成立以来城镇化发展最快的时期。特别是 20 世纪 90 年代末以来，国家及地方各级政府都将推进城镇化作为一项重大战略予以实施，不断消除阻碍城镇化发展的种种制度性障碍，跟进了若干配套制度，积极运用市场机制等，加速了城镇化进程。

这个时期我国出现了三种较为典型的城镇化模式。

20 世纪 70 年代中期，苏南地区的一些农村自主创办了乡镇企业，并得到大力支持和发展，大量农民出现了"进厂不进城，离土不离乡"，小城镇发展迅速，这就是城镇化道路上的"苏南模式"。这种模式在东部沿海地区、中部城镇密集地区均有很大发展。这种以小城镇自发成长、城镇工业为动力的城镇化模式，也称为"地方推动型"。

温州人善于经商经营，以发展家庭工业和民间市场为主要模式，以私营家庭工业为主发展小城镇，这种城镇化的道路称为"温州模式"，也称为"市场推动型"。

珠江三角洲地区，由于临近港澳，以外资的"三来一补"劳动密集型为主，乡镇工业也有很大发展,既带动了本地农村劳动力,也吸引了外来务工人员,这种类型称为"外资促进型"。

关于我国城镇化水平的预测,据已发表的不同专业的研究报告,对今后50年的城镇化水平的预测,具体数字虽有不同,但十分接近。预计2020年中国城镇化水平将达到45%~50%,2050年达到60%~65%,见表1-4。

表1-4　　　　　　　　　我国城镇化水平与世界城镇化水平对比

年份	1949年	1959年	1969年	1979年	1989年	1994年
城市数/个	140	183	175	216	450	622
城镇化水平/%	10.6	18.4	17.5	19.0	26.2	28.6
年均增长率/%	—	0.78	0.09	0.15	0.72	0.48
世界城镇化水平/%	28.0	31.0	37.0	40.0	49.0	52.0
与世界差距/%	17.4	12.6	19.5	21.0	22.8	—

第 2 章　中外城市规划思想的产生和发展

　　城市建设从无到有,经过各种思想的演变和方式的改革。中西方因在文化和传统上的差异,形成了不同的城市规划思想,自成体系。当代社会高速发展,全球化发展迅速,中西方联系越来越紧密,城市规划思想也在相互影响中向着更加自然和和谐的方面发展。

第 1 节　中外城市规划思想比较

一、中国古代城市规划思想

1. 中国古代城市规划思想发展

　　考古证实,我国古代最早的城市距今约有 3 500 年的历史。虽然至今尚未发现有专门论述规划和建设城市的中国古代书籍,但有许多理论和学说散落在政治、伦理和经史书籍中。几千年来,伴随着不同社会和政治背景,中国古代城市规划思想几经演变。

　　西周是我们奴隶制社会发展的重要时代,形成了完整的社会等级制度和宗教法礼关系,对城市建设制度也有严格的制约。《周礼·考工记》(大约 3 000 年前)记载了周代王城建设的空间布局:"匠人营国,方九里,旁三门。国中九经九纬,经涂九轨。左祖右社,面朝后市。市朝一夫"。因此,周代被认为是我国古代城市规划思想最早形成的时代,《周礼·考工记》的"营国"制度对我国古代城市规划活动有着深远的影响(图 2-1)。

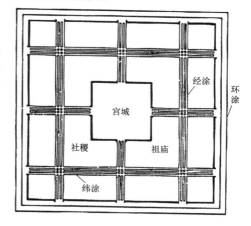

图 2-1　周王城复原想象图

　　东周的春秋战国时期是从奴隶制向封建制过渡的时期,也是中国古代社会文明发展的十分重要的时期。各种学术思想如儒家、道家、法家等都是在这个时期形成并传承后世。学术思想的百家争鸣,商业的发达,战争的频繁以及筑城与攻守技术的发展,形成了当时城市建设的高潮。因此,东周是我国古代城市规划思想的多元化时代。既有一脉相承的儒家思想,维护传统的社会等级和宗教礼法,表现为城市形制的皇权至上理念;也有以管子为代表的变革思想,在城市建设上提出:"高勿近阜而水用足,低勿近水而沟防省",强调"因天材,就地利,故城廓不必中规矩,道路不必中准绳"的自然至上理念,从思想上打破了《周礼·考工记》单一模式的束缚。

　　到了西汉的武帝时代,开始"废黜百家,独尊儒术",因为儒家提倡的礼制思想最有利于巩固皇权统治。礼制的核心思想是社会等级和宗法关系,《周礼·考工记》的城市形制正是礼制思想的体现。从此,封建礼制思想开始对中国长达 3 000 年左右的统治。从曹魏邺城、唐长安城到元大都和明清北京城,《周礼·考工记》的城市形制对中国古代都城的影响得到了越来越完整的体现。与此同时,以管子和老子为代表的自然观对中国古代城市形制的影响也是长期并存的。许多古代城市格局表现出自然而不完全循规蹈矩。特别是宋代以后,随着商品经济的发展,一些位于通航交汇处、水旱路交通交汇点的城市的布局开始冲破礼制约束,如汴梁(开封)、临安(杭州)等。

2. 中国古代城市规划的典型格局

  1)唐长安城

  长安城始建于隋,兴盛于唐,所以通常称为隋唐长安城。长安城始于隋文帝杨坚开皇二年(582),在结束了数百年南北朝分裂、混战的局面,实现了全国统一后,在原汉长安城东南新建了规模空前的都城。先筑城墙,修排水系统,开辟道路,划分坊里、建宫殿,然后逐步在坊里中兴建宅第,经过几次大规模的修建,长安城总人口达到近百万,称为当时世界上最大的城市。长安城体现了《周礼·考工记》记载的城市形制规则。

  唐长安城的居住分布采用坊里制,朱雀大街两侧各有 54 个坊里,每个坊里四周设置坊墙。坊里实行严格管制,坊门朝开夕闭。西处市肆内的道路呈井字形,道路宽度一般为 14～16m,街上密集布置着店铺,也是日出开、日暮闭(图 2-2)。

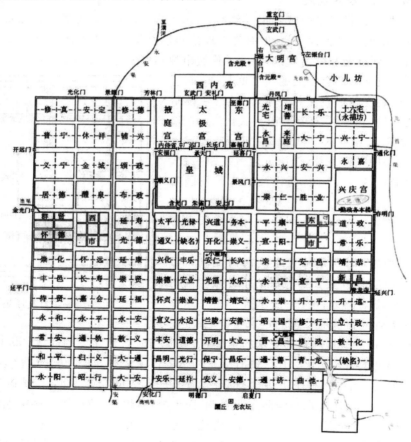

图 2-2 唐长安复原想象图

  2)元大都和明清北京城

  从 1267 年到 1274 年,元朝在北京修建新的都城,命名为元大都。元大都继承和发展了中国古代都城的传统形制,是继唐长安城之后中国古代都城的又一典范,并经明清两代的继承,发展成为至今留存的北京城。元大都城市格局的主要特点是三套方城、宫城居中和轴线对称的布局。三套方城分别是内城、皇城、宫城，各有城墙围合，皇城位于内城的南部中央，宫城位于皇城的东部，并在元大都的中轴线上。皇城东西分别设有太庙和社稷，商市集中于城北，体现了"左祖右社"和"面朝后市"的典型格局(图 2-3)。

　　历经元、明、清三个朝代，北京城并未遭战乱毁坏，保存了元大都的城市形制。明清北京城的内城范围在北部收缩了 2.5km 和在南部扩展了 0.5km，使中轴线更为突出，从外城南侧的永定门到内城北侧的钟鼓楼长达 8km，沿线布置了城阙、牌坊、华表、广场和宫殿，突出庄严雄伟的气势，显示封建帝王的至高无上。皇城前东西两侧各建太庙和社稷，又在城外设置了天、地、日、月四坛，在内城南侧的正阳门外形成商业市肆。清朝北京城没有实质性的变更，城市较为完整地保存至今(图 2-4)。

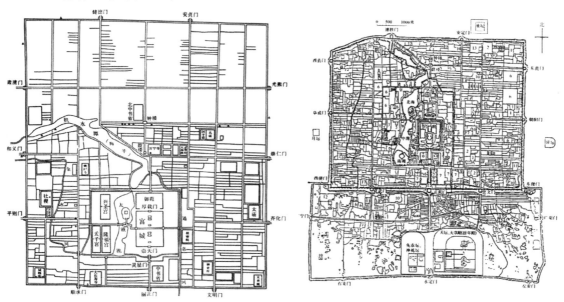

图 2-3　元大都复原图　　　　　　　　　图 2-4　明清北京城图

3. 中国规划思想的来源

　　从夏、商、周代的生态经验和文化积淀来看，围合的、资源丰富的自然景观是值得依恋和信赖的，是一种可供藏匿和依恃的天然庇护所。这与中国古代民居多以家族聚居，并采用木结构的低层院落式住宅的布局模式具有一定的关联性。由于院落要分清主次尊卑，从而产生了中轴线对称的布局手法。这种南北向中轴对称的空间布局方法由住宅组合扩大到大型的公共建筑，再扩大到整个城市。这表明中国古代的城市规划思想受到占统治地位的儒家思想的深刻影响。除了以上代表中国古代城市规划的、受儒家社会等级和社会秩序而产生的严谨、中心轴线对称布局外，中国古代文明的城市规划和建设中，大量可见的是反映"天人合一"思想的规划理念，体现的是人与自然和谐共存的观念。大量的城市规划布局中，充分考虑当地地质、地理、地貌的特点，城墙不一定是方的，轴线不一定是一条直线，自由的外在的形式下面是富于哲理的内在联系。

　　中国古代城市规划强调整体观念和长远发展，强调人工环境与自然环境的和谐，强调严格有序的城市等级制度。这些理念在中国古代的城市规划和建设实践中得到了充分的体现，同时也影响了日本、朝鲜等东亚国家的城市建设实践。

二、西方古代城市规划思想

1. 西方古代城市规划思想发展

欧洲的古代文明是一幅绚丽多彩的历史巨卷。从公元前 5 世纪到 17 世纪,欧洲经历了从古希腊和古罗马为代表的奴隶社会到封建社会的中世纪、文艺复兴和巴洛克几个历史时期,随着社会的变迁,不同的政治势力占据主导地位,不仅带来不同城市的兴衰,而且城市格局也表现出相应的特征。

1) 古希腊和古罗马的城市

古希腊是欧洲文明的发源地,在公元前 5 世纪,古希腊经历了奴隶制的民主政体,形成了一系列城邦国家。在古希腊繁盛时期,著名的建筑师希波丹姆提出了城市建设的希波丹姆模式,这种模式以方格网的道路系统为骨架,以城市广场为中心,以充分体现民主和平等的城邦精神。这一模式在其规划的米列都城中得到了完整的体现:城市结合地形形成了不规则的形状,棋盘式的道路网,城市中心由一个广场及一些公共建筑组成,主要供市民们集合和商业用,广场周围有柱廊,供休息和交易用。

古罗马时代是西方奴隶制发展的繁荣阶段。公元前 300 年间,罗马征服了全部地中海地区,在征服的地方建造了大量的营寨城。营寨城有一定的规划模式:平面呈方形或长方形,中间十字形街道,交点附近为露天剧场或斗兽场与官邸建筑群形成的中心广场。营寨城的规划思想深受君主控制目的的影响。随着国势强盛,领土扩大和财富的敛集,城市得到了大规模发展。除了道路、桥梁、城墙和输水道等城市设施以外,还大量建造公共浴池、斗兽场和宫殿等供奴隶主享乐的设施。到了罗马帝国时期(公元前 30 年罗马共和国执政官奥古斯都称帝),城市建设进入鼎盛时期,除了继续建造公共浴池、斗兽场和宫殿外,城市还成为帝王宣扬功绩的工具,广场、铜像、凯旋门和记功柱成为城市空间的核心和焦点(图 2-5)。

图 2-5 古罗马斗兽场

2) 中世纪的欧洲城市

古罗马帝国灭亡标志着欧洲进入封建社会的中世纪。由于以务农为主的日耳曼的南下,社会生活中心转向农村,手工业和商业十分萧条,城市处于衰落状态,古罗马城的人口也减至4 万。

中世纪的欧洲分裂成为许多小的封建领主王国,封建割据和战争不断,出现了许多具有防御作用的城堡。中世纪欧洲的教会势力十分强大,教堂占据了城市的中心位置,教堂的庞大体量和高耸尖塔成为城市空间布局和天际线的主导因素,使中世纪的欧洲城市景观具有独特的魅力。

10 世纪以后,手工业和商业逐渐兴起,一些城市摆脱了封建领主的统治,成为自治城市,公共建筑(如市政厅、关税厅和行业会所)占据了城市空间的主导地位。随着手工业和商业的继续繁荣,不少中世纪的城市终于突破封闭的城堡,不断向外扩张。

3)文艺复兴和巴洛克时期的城市

14 世纪以后的文艺复兴是欧洲资本主义的萌芽时期,科学、技术和艺术都得了飞速发展。在人文主义思想的影响下,许多中世纪的城市进行了改建,改建往往集中在一些局部地段,如广场建筑群方面。意大利的城市修建了不少古典风格和构图严谨的广场和街道,如罗马的圣彼得大教堂和威尼斯的圣马可广场(图 2-6,图 2-7)。

图 2-6　圣彼得大教堂

图 2-7　圣马可广场

在 17 世纪后半叶,新生的资本主义迫切需要强大的国家机器提供庇护,资产阶级与国家已结成联盟,反对封建割据和教会势力,建立了一批中央集权的君权专制国家。在城市建设上受古典主义思潮的影响,崇尚抽象的对称和协调,无论在平面布局或立面构图上,都不遗余力地强调轴线,强调主从关系。其中以巴黎的改建规划影响最大,轴线放射的街道(如爱丽舍田园大道)、宏伟壮观的宫殿花园(如凡尔赛宫)和公共广场(如协和广场)都成为当时城市建设模仿的典范(图 2-8,图 2-9)。

2. 西方城市规划思想的来源

西方文化发源于爱琴海区域,在以爱琴海为中心的希腊半岛和爱琴海诸岛及沿岸地区经过其定型时期,随后扩散到地中海沿岸广大地区。西方先民的生活场所土地贫瘠,受地中海式气候影响,缺乏适宜农耕的土地和气候,没有自给自足的天然庇护所,使栖息地的捍卫行为失去实际意义。因而西方先民没有一个支持集权社会的土壤和空间,稀缺的资源只能维持分散的小型城邦。这些城邦以占据制高点的城堡为中心,城堡是财富的聚集地。因而,西方人信赖的是以人工构筑的城堡,是对自身力量的信赖,在没有天然庇护可以依恃的情况下,炫耀自身

图 2-8　凡尔赛宫　　　　　　　　　　　图 2-9　爱丽舍田园大道

的强悍和对他人的震慑。因而,欧洲人更强调对制高点的控制,与之相匹配的是一种外向型的炫耀式的建筑景观。

三、其他古代文明的城市规划思想

除了中国和西方外,世界其他地方古代文明也有各自的城市规划思想和实践。

1. 古埃及

大约公元前 3 000 年,在小亚细亚已经存在耶立科(Jericho),在古埃及有赫拉考波立斯(Hierakonpolis)。埃及人信奉人死后的"永恒世界",其建设的重点是金字塔等国王的陵墓。因此,以死城撒卡拉的影像规划了作为生命载体的孟菲斯城的布局,还有作为帝国时期的底比斯,以及阿曼赫特普四世建设的新首都阿玛纳均没有留下清晰的痕迹,只有陵墓、庙宇以及狮身人面像依稀尚存。

为修建金字塔的工匠、奴隶提供生活居住设施的聚居地的卡洪城成为了代表古埃及文明的重要城市。它位于通往绿洲的要道上,是开发绿洲的人的必经之路,也是修建金字塔的大本营。卡洪城的形状为 380m×260m 的长方形,内部分为东西两大部分:①墙西为奴隶居住区,迎向西面沙漠吹来的热风;②墙东侧北部的东西向大道又将东城分为南北两部分,路北为贵族区,排列着大的庄园,面向北来的凉风,路南主要是商人、小吏和手工业者等中等阶层的居住区,建筑物零散分布呈曲尺形,在城市东南角为墓地。整个卡洪城布局严谨,社会空间区分严格(图 2-10)。

2. 美索不达米亚

古代两河流域文明发源于幼发拉底河与底格里斯河之间的美索不达米亚平原,其历经巴比伦时代(前 4000—前 1275)、亚述时代(前 1275—前 538)及波斯时代(公元前 538—前 333),前后持续达 3000 多年。其中充斥着战乱格局与统一局面的交替出现。与古埃及的城市雏形不同,由于美索不达米亚特定的地理位置,贸易、战争以及行政管辖的职能在其早期城市中就体现的较为突出,表现为厚重高大的城墙取代了庙宇,作为军事中心的国王宫殿以及发达的世俗建筑。比较著名的有波尔西巴(Borsippa)、乌尔(Ur)以及新巴比伦城。

波尔西巴建于公元前 3 500 年,空间特点是南北向布局,主要考虑当地南北向良好的通风;城市四周有城墙和护城河,城市中心有一个"神圣城区"。王宫布置在北端,三面临水,住宅庭院则混杂布置在居住区。

乌尔的建成时间约在公元前 2 500 年到公元前 2 100 年。该城有城墙和城壕,面积约88hm^2,人口 30 000～35 000 人。乌尔城平面呈卵形,王宫、庙宇以及贵族僧侣的府邸位于城市

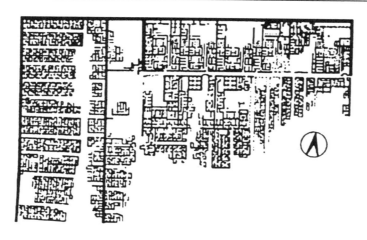

图 2-10　卡洪城平面图

北部的夯土高台上，与普通平民和奴隶的居住之间有高墙分割。夯土高台共 7 层，中心最高处
为神堂，之下有宫殿、衙署、商铺和作坊。乌尔城内有大量耕地（图 2-11）。

图 2-11　乌尔城复原想象图

　　早期的巴比伦始建于公元前 2000 年左右，被毁后公元前 650 年重建，分别是巴比伦王国
与新巴比伦王国的首都，也是当时美索不达米亚地区最繁华的政治、经济、商业与文化的中心。
巴比伦城的平面为 1.5km×2.5km 的不规则长方形，幼发拉底河从中间穿过。城市周边是双
重城墙和城壕，城墙上设 9 座城门。城市中有庙宇、宫殿以及普通住房。其中新巴比伦时期建
设的"空中花园"被誉为世界七大奇迹之一（图 2-12）。

四、中外城市规划思想对比

　　由于地理条件和政治状况的不同，中外古代城市规划思想各有自己形成的根源，但二者的
发展显示出迥然不同的轨迹。中国的城市规划思想两千年前就已经基本形成，而后的演变只
是其补充和改良，这有些类似中国的哲学发展史。而在外国，规划思想随着时空的不同发生了

图 2-12　古巴比伦城复原想象图

很大的变化,它在不断的自我否定和更新。这种现象在工业革命后越发的明显。

1. 外国古代城市规划思想的主要特征

（1）以神学为中心,上帝至高无上,神庙和教堂及其广场占据城市中最好的位置。

（2）有机生长是西欧中世纪城市建设的主线,大多城市都是在封建主的城堡周围逐渐"生长"起来的,建筑群具有优美的连续感、丰富感和活泼感,给人以美的享受,城市景观统一且多样化。

（3）文艺复兴时期,人与自然的大发现使西方人地关系产生彻底的"天人分离",人的价值理性得到了充分张扬。这个时期,西方城市规划中出现了一种理想主义思潮,以各种形状作为城市形态构想,城市平面轮廓、结构呈现出一种规则的几何图案模式。

（4）17 世纪后半叶,资产阶级唯理主义在城市建设中完全占据了统治地位。在城市建设中追求抽象的对称和协调,寻求纯粹几何结构和数学关系,强调轴线和主从关系,如法国的凡尔赛宫。

2. 中国古代城市规划思想的主要有特征

（1）"天人合一"的自然观。古代城市规划建设过程一直保持着对自然界的尊重和维护,如天、地、日、月,春夏秋冬四季,天文星象,珍禽异兽等,都能在城市规划中找到影子。

（2）象征手法的应用。如儒家提倡"居中不偏"、"不正不威"等思想,这种思想体现在城市规划中,则表现为"宫城居中"及中轴线对称布局。最为突出的象征手法应该是数字的应用。数字本身是抽象和无意义的,但有时也与一些观念形态结合起来。

（3）正确认识城市与区域的关系。公元前 2500 年左右,先秦的商鞅在《商君书》中已认识到城市不能孤立存在,必须和周围的区域统一规划。古代城市规划重视城市整体布局,对城市在政治、交通、军事等方面在区域中的战略地位,有着完整的认识和丰富的实践经验。

（4）融入自然的心理需求。城市建设充分考虑人工环境与自然环境的有机结合,强调无论城市总体建设或小空间组织都应体现巧夺天工、浑然天成的思想,使城市与自然系统有机结合,构造出适合城市活动行为模式的连续空间。

第 2 节　现代城市规划产生、发展及主要理论

一、历史背景

1. 现代城市规划产生的历史背景

18 世纪在英国开始的工业革命改变了人类的居住模式,创造了前所未有的财富,但也给

城市带来了种种矛盾。诸如交通拥挤、环境恶化等,危害了劳动人民的生活,妨碍了资产阶级的利益。因此从全社会的需求出发,展开了解决这些矛盾的城市规划方法的讨论。这些讨论在很多方面是过去对城市发展讨论的延续,同时又开拓了新的领域和方向,为现代城市规划的形成和发展在理论上、思想上做了充分的准备(图 2-13)。

图 2-13 　工业革命带来的城市问题

2. 现代城市规划形成的基础

现代城市规划是在解决工业城市所面临的问题,综合了各类思想和实践的基础上逐步形成的。在形成过程中,一些思想体系和具体实践发挥了重要作用,并直接规定了现代城市规划的基本内容。对现代城市规划史的回溯可以看到,现代城市规划发展基本上都是对过去这些不同方面的延续和进一步拓展。

1) 现代城市规划形成的思想基础——空想社会主义

空想社会主义是通过对理想的社会组织结构等方面的架构,提出了理想的社区和城市模式,尽管这些设想被认为只是"乌托邦"理想,但他们从解决最广大的劳动者的工作、生活等问题出发,从城市整体的重新组织入手,将城市发展问题放在更为广阔的社会背景中进行考察,并且将城市的物质环境的建设和对社会问题的最终解决结合在一起,从而能够解决更为实在和较为全面的城市问题,由此引起了社会改革家和工程师们的热情和想象。在这样的基础上,出现了许多城市发展的新设想和新方案。

空想社会主义是托马斯·莫尔(Thomas More,1477—1535)在 16 世纪时提出的。他期望通过对理想社会组织结构等方面的改革来改变当时他认为是不合理的社会,并描述了他理想中的建筑、社区和城市。欧文(Robert Owen)和傅里叶(Charleo Fourier)等人通过一些行动,推广和实践这些思想。如欧文提出了"新协和村"的方案,傅里叶提出以"法郎吉"为单位建设由 1500～2000 人组成的社区,废除家庭小生产,以社会大生产代替。以莫尔为代表的空想社会主义在一定程度上揭露了资本主义城市矛盾的实质,但他们实际代表了封建社会的小生产者,由于新兴资本主义对他们的威胁,引起畏惧心理及反抗,所以企图倒退到小生产的旧路上去。

2）现代城市规划形成的法律实践——**英国关于城市卫生和工人住房的立法**

19世纪中叶，英国城市尤其是伦敦和一些工业城市所出现的种种问题迫使英国政府采取一系列的法规来管理和改善城市的卫生状况。1833年，英国成立了专门的疾病调查委员会和英国皇家工人阶级住房委员会，并通过了《公共卫生法》。由此开始，英国通过一系列的卫生法规建立起一整套对卫生问题、公共住房的控制手段。这一系列法规直接孕育了1909年英国《住房、城镇规划法》的通过，从而标志着现代城市规划的确立。

3）现代城市规划形成的行政实践——**法国巴黎改建**

豪斯曼（George E. Haussman）在1853年开始作为巴黎的行政长官，看到了巴黎存在的各种城市问题，于是通过政府直接参与和组织，对巴黎进行了全面的改建。改建以道路切割来划分整个城市的结构，并将塞纳河两岸地区紧密地连接在一起。在街道改建的同时，结合整齐、美观的街景建设的需要，出现了标准的住房布局方式和街道设施。改造为当代资本主义城市的建设确立了典范，成为19世纪末20世纪初欧洲和美洲大陆城市改建的样板。

4）现代城市规划形成的技术基础——**城市美化**

城市美化源自于文艺复兴后的建筑学和园艺学传统。自18世纪后，中产阶级城市对四周由街道和连续的联排式住宅所围成的居住街坊中只有点缀性的绿化表示极端的不满意。在此情形下兴起的"英国公园运动"试图将农村的风景引入城市之中。这一运动的进一步发展出现了围绕城市公园布置联排式住宅的布局方式，并将住宅坐落在不规则的自然景色中的现象运用到实现如画的景观城镇布局中（图2-14）。而以1893年在芝加哥举行的博览会为起点的对市政建筑物进行全面改进为标志的"城市美化运动"（City Beautiful Movement），对城市空间和建筑设施进行美化的各方面的思想和实践，在美国城市得到了全面的推广。而该运动的主将伯汉姆（D. Burnham）于1909年完成的芝加哥规划被称为第一份城市范围的总体规划（图2-15）。

图2-14　克里夫兰：由树木和草地构成开放广场，建筑沿四周布置，道路沿广场环行

5）现代城市规划形成的实践基础——**公司城建设**

公司城的建设是资本家为了就近解决在其工厂中工作的工人的居住问题，从而提高工人的生产能力而由资本家出资建设、管理的小型城镇。这类城镇在19世纪中叶后在西方各国都有众多的实例。如凯伯里（George Cadbury）于1879年在伯明翰所建的模范城镇 Bournville；

图 2-15　芝加哥：密度更大、更建筑化、更几何化的城市形态

莱佛(W. H. Lever)于 1888 年在利物浦附近所建造的城镇 Port Sunlight 等。公司城的建设对霍华德城市理论的提出和付诸实践具有重要的借鉴意义，而且，后来在田园城市的建设和发展中发挥了重要作用的恩温(R. Unwin)和帕克(B. Parker)在 19 世纪后半叶的公司城设计中积累了大量经验，为以后的田园城市的设计和建设提供了基础。

三、现代城市规划的早期思想

1. 霍华德的"田园城市"

在 19 世纪中期以后的种种改革思想和实践的影响下，霍华德于 1898 年出版了以《明天：通往真正改革的平和之路》(*Tomorrow*：*A Peaceful Path to Real Reform*)为书名的论著，提出了田园城市的理论。希望彻底改良资本主义的城市形式，指出了在工业化条件下，城市与适宜的居住条件之间的矛盾，大城市与自然隔离的矛盾。霍华德认为，城市无限制发展与城市土地投机是资本主义城市灾难的根源，建议限制城市的自发膨胀，并使城市土地属于这一城市的统一机构；城市人口过于集中是由于城市吸引人口的"磁性"所致，如果把这些磁性进行有意识的移植和控制，城市就不会盲目膨胀；如果将城市统一为城市机构，就会消灭土地投机，而土地升值所获得的利润应该归城市机构支配。他为了吸引资本，实现其理论还声称，城市土地也可以由一个产业资本家或大地主所有(图 2-16)。

根据霍华德的设想，田园城市应该包括城市和乡村两部分。田园城市的居民生活于此，工作于此，在田园城市的边缘地区设有工厂企业。城市的规模必须加以限制，每个田园城市的人口限制在 3 万人，超过这一规模，就需要建设另外一个新的城市，目的是为了保证城市不过度集中和拥挤从而避免各类大城市的弊病，同时也可使每户居民都能极为方便地接近乡村自然空间。田园城市实质上就是城市和乡村的结合体，每一个田园城市的城区用地占总用地的 1/6，若干个田园城市围绕着中心城市(中心城市人口规模

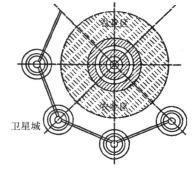

图 2-16　各田园城市与农牧区相隔

为 58000 人)呈圈状布置,借助于快速的交通工具(铁路)只需要几分钟就可以往来于田园城市与中心城市或田园城市之间。城市之间是农业用地,包括耕地、牧场、果园、森林以及农林学院、疗养院等,作为永久性保留的绿地,农业用地永远不得改作他用,从而把"积极的城市生活的一切优点同乡村的美丽和一切福利结合在一起",并形成一个"无贫民窟无烟尘的城市群"。

田园城市的城区平面呈圆形,中央是一个公园,有 6 条主干道路从中心向外辐射,把城市分成 6 个扇形地区。在其核心部位布置一些独立的公共建筑(市政厅、音乐厅、图书馆、剧场、医院和博物馆),在公园周围布置一圈玻璃廊道用作室内散步场所,与这条廊道连接的是一个个商店。在城市直径线的外 1/3 处设一条环形的林荫大道(Grand Avenue),并以此形成补充性的城市公园,在此两侧均为居住用地。在居住建筑地区中,布置了学校和教堂。在城区的最外围地区建设各类工厂、仓库和市场,一面对着最外层的环形道路,一面对着环形的铁路支线,交通非常方便(图 2-17)。

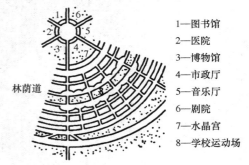

1—图书馆
2—医院
3—博物馆
4—市政厅
5—音乐厅
6—剧院
7—水晶宫
8—学校运动场

林荫道

图 2-17　1/6 片段的田园城市平面

霍华德于 1899 年组织了田园城市协会,宣传他的主张。1903 年组织了"田园城市有限公司",筹措资金,在距伦敦东北 56km 的地方购置土地,建立了第一座田园城市——莱切沃斯。该城市的设计始终在霍华德的指导下由恩温和帕克完成的。

2. 柯布西埃的现代城市设想——改造

与霍华德希望通过新建城市来解决过去城市尤其是大城市中所出现的问题的设想完全不同,柯布西埃则希望通过对过去城市尤其是大城市本身的内部改造,使这些城市能够适应城市社会发展的需要。

20 世纪 20 年代,以勒·柯布西埃、格罗皮乌斯、密斯·凡·德·罗为代表的现代建筑运动逐渐成为建筑界的主流。现代建筑运动注重功能、材料、经济性和空间,反对装饰和形式主义。1922 年,勒·柯布西埃出版了《明日的城市》(The City of Tomorrow),较全面地阐述了他对未来城市的设想:在一个 300 万人的城市里,中央是商业区,有 24 幢 60 座的摩天大楼提供商业商务空间,并容纳 40 万人居住;60 万人居住在外围的多层连续板式住宅中,最外围是供 200 万人居住的花园住宅。整个城市尺度巨大,高层建筑之间留有大面积的公园,建筑密度仅为 5%。采用立体交叉的道路与铁路系统直达城市中心。采用高容积率,低密度来达到疏散城市中心、改善交通、为市民提供绿地、阳光和空间的目标是这一规划方案所追求的目标(图 2-18,图 2-19)。

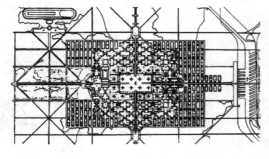

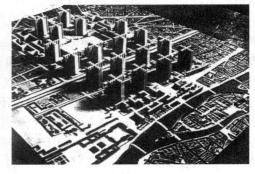

图 2-18　《明日的城市》方案　　　　　图 2-19　巴黎中心区改建规划

　　从某种意义上说,霍华德的田园城市理论与勒·柯布西埃的城市观经常被认为是对立面,但二者存在相似之处,只是解决问题的方法不同,针对工业革命以来的城市问题,勒·柯布西埃的解决方案是建设或改造大城市,而霍华德的解决方案是建设小城市群(社会城市)。

　　勒·柯布西埃的城市规划思想可以归纳为以下四点:

　　(1) 传统城市由于规模的增长和市中心拥挤程度的加剧已出现功能性老朽;

　　(2) 采用局部高密度建筑的形式,换取大面积的开敞空间以解决城市拥挤的问题;

　　(3) 在城市的不同部分用较为平均的密度,取代传统的"密度梯度"(即越靠近市中心密度越高的现象),以减轻中心商业区的压力;

　　(4) 采用铁路、人车分流高架道路等有效的城市交通系统。

3. 其他

1) 线形城市——近现代交通工具对城市形态的影响

　　西班牙工程师索里亚·玛塔 于 1882 年首先提出了线形城市理论。即城市沿一条高速、高运量的轴线无限延伸,以取代传统的由核心向外围一圈圈扩展的城市形态。带形城市的用地布置在带有有轨电车的主路的两侧,宽 500m,与主路垂直方向每隔 300m 设置一条宽 20m 的道路,形成梯子状的道路系统,其中除安排独立式住宅外,还设有公园、消防站、卫生站等公共设施。城市用地与农田之间设有林地(图 2-20)。

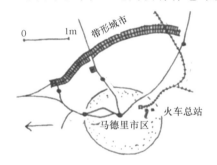

马塔在马德里外围建成的4.8公里带形城市

马塔的带形城市方案

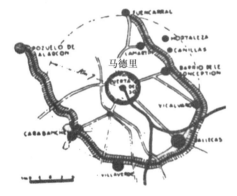

马塔在马德里周围规划的马蹄形带形城市方案

图 2-20　带形城市

　　后来,索里亚·马塔提出了"线形城市的基本原则",他认为,这些原则符合当时欧洲正在讨论的"合理的城市规划"的要求。在这些原则中,第一条是最主要的:"城市建设的一切问题,均以城市交通为前提"。最符合这条原则的城市结构就是使城市中的人从一个地点到其他任何地点在路程上的耗费时间最少。

　　马塔提出这种城市形态可以有三种实际运用模式,即:①在现有城市的近郊围成环状城市;②连接两个城市,形成带状城市;③在尚未城镇化的地区形成新城市。线形城市规划理论对 20 世纪的城市规划和城市建设产生了重要影响。20 世纪 30 年代中,苏联进行了比较全面的系统研究,提出了线形工业城市等模式,并在斯大林格勒等城市的规划实践中得到运用。在欧洲,哥本哈根的指状式发展和巴黎的轴向延伸等都可以说是线形城市模式的发展。

2)工业城市——近现代产业对城市形态的影响

工业城市的设想是法国建筑师嘎涅于20世纪初提出的,1904年在巴黎展出了这一方案的详细内容,1917年出版了名为《工业城市》的专著,阐述了他的工业城市的具体设想。这一设想成为解决旧有城市结构与新生产方式之间矛盾、顺应时代发展的代表性作品(图2-21)。在嘎涅提出的工业城市中,拥有规划人口3.5万,工业用地成为占据很大比例的独立地区,与居民区相呼应;工业区与居住区之间用绿带进行分隔,除运用铁路相互联结外,还留有各自扩展的可能。工业用地位于临近港口的河边,并有铁路直接到达;居住区呈线性与工业区相互垂直布置,中心设有集会厅、博物馆、图书馆、剧院等公共建筑;医院、疗养院独立设置在城市外面。

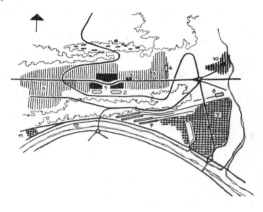

图 2-21　工业城市

工业城市方案中涉及的功能分区、便捷交通、绿化隔离等成为后来现代城市规划中的重要原则,时至今日依然发挥着重要作用。

3)西谛(Sitte)的城市形态研究

19世纪末,城市空间的组织基本上延续了由文艺复兴后形成的、经巴黎美术学院经典化并由豪斯曼巴黎改建所发扬光大和定型化了的长距离轴线、对称,追求纪念性和宏伟气派的特点;另一方面,由于资本主义市场经济的发展,对土地经济利益的过分追逐,出现了死板僵硬的方格城市道路网、笔直漫长的街道、呆板乏味的建筑轮廓线和开敞空间的严重缺乏,因此引来了人们对于城市空间组织的批评(图2-22)。

图 2-22　巴黎改建

西谛通过对城市空间的各类构成要素,如广场、街道、建筑、小品等之间的相互关系的探讨,揭示了这些设施位置的选择、布置以及与交通、建筑群体布置之间建立艺术的和宜人的相互关系的一些原则,强调人的尺度、环境的尺度与人的活动以及他们的感受之间的协调,从而建立起城市空间的丰富多彩和人的活动空间的有机构成。西谛通过具体的实例设计对此予以说明。他提出,在现代城市对土地使用经济性追求的同时也应强调城市空间的效果,"应根据既经济又能满足艺术布局要求的原则寻求两个极端的调和","一个良好的城市规划必须不走向任一极端"。要达到这样的目的,应当在主要的广场和街道设计中强调艺术布局,而在次要地区则可以强调土地使用的经济性,最终使城市空间在总体上产生良好的效果。

4)格迪斯(生物学家)学说

格迪斯作为生物学家最早注意到工业革命、城镇化对人类社会的影响,通过对城市进行生态学的研究,强调人与环境的相互关系,并揭示了决定现代城市成长和发展的动力。他的研究显示,人类居住地与特定地点之间存在着的关系是一种已经存在的、由地方经济性质做决定的精致的内在联系,因此,他认为场所、工作和人是结合为一体的。他指出,工业的集聚和经济规模的不断扩大,已经造成一些地区的城市发展显著的集中。在这些地区,城市向郊外的扩展已属必然并形成了这样一种趋势,使城市结合成巨大的城市聚集区或者形成组合城市。在这样的条件下,原来局限于城市内部空间布局的城市规划应当成为城市地区的规划,即将城市和乡村的规划纳入同一个体系中,使规划包括若干个城市以及他们周围所影响的整个地区。这一思想经美国学者芒福德(Lewis Mumford)等人的发扬光大,形成了对区域的综合研究和区域规划。

他提出,在进行城市规划前要进行系统的调查,取得第一手的资料,通过实地勘察了解所规划城市的历史、地理、社会、经济、文化、美学等因素,把城市的现状和地方经济、环境发展潜力以及限制条件联系在一起进行研究,在这样的基础上,才有可能进行城市规划工作。由此而形成了影响至今的城市规划过程的公式:"调查—分析—规划",即通过对城市现实状况的调查,分析城市未来发展的可能,预测城市中各类要素之间的相互关系,然后依据这些分析和预测,制订规划方案。

四、现代城市规划学科主要理论及发展

1. 城市分散发展的理论探讨

城市的分散发展理论实际上是霍华德田园城市理论的不断深化和运用,即通过建立小城市来分散大城市的集中,其中主要的理论包括了卫星城理论、新城理论、有机疏散理论和广亩城理论等。

1)从花园城市到卫星城理论、新城建设

卫星城理论是针对田园城市实践过程中出现的背离霍华德基本思想的现象,由恩温于1920年代提出的。霍华德的田园城市设想在20世纪初得到初步的实践,但在实际运用中,分化为两种不同的形式:一种是指农业地区的孤立小城镇,自给自足;另一种是城市郊区,那里有宽阔的花园。前者的吸引力较弱,也形不成如霍华德所设想的城市群,因此难以发挥其设想的作用。后者显然是与霍华德的意愿相违背的,它只能促进大城市无序地向外蔓延,而这本身就是霍华德提出所要解决的问题。在这样的状况下,到20世纪20年代,恩温提出卫星城概念,并以此来继续推行霍华德的思想(图2-23,图2-24)。

1924年,在阿姆斯特丹召开的国际城市会议上,提出建设卫星城是防止大城市规模过大和不断蔓延的一个重要方法,从此,卫星城便成为国际上通用的概念。在这次会议上明确提出了卫星城市的定义,认为卫星城市是一个经济上、社会上、文化上具有现代城市性质的独立城市单位,

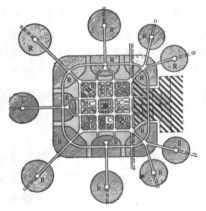
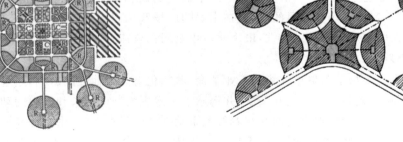

图 2-23　恩温卫星城示意图　　　　　图 2-24　恩温卫星城镇群示意图

但同时又是从属于某个大城市的派生产物。1944 年,阿伯克隆比(P. Alercrombie)完成的大伦敦规划中,规划在伦敦周围建立了 8 个卫星城,以达到疏解伦敦的目的,从而产生深远的影响(图2-25)。卫星城的概念强化了与中心城市(又称"母城")的依赖关系,在其功能上强调中心城的疏解,因此往往被作为中心城市某一功能疏解的接受地,由此出现了工业卫星城、科技卫星城甚至卧城等类型,成为中心城市的一部分。经过一段时间的实践,人们发现这些卫星城带来了一些问题,而这些问题的来源就在于对中心城市的依赖,因此开始强调卫星城市的独立性。在这种卫星

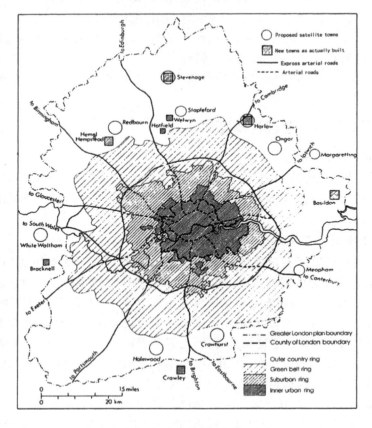

图 2-25　大伦敦规划方案图

城中,居住与就业岗位之间相互协调,具有与大城市相近似的文化福利设施配套,可以满足卫星城居民的就地工作和生活需要,从而形成一个职能健全的独立城市。

从 20 世纪中叶开始,人们对于这类按规划设计建设的新建城市通称为"新城"(New Town),一般已不再使用"卫星城"的名称。伦敦周围的卫星城根据其建设时期前后而称为第一代新城、第二代新城和第三代新城。新城的概念更强调了城市的相对独立性,它基本是一定区域范围内的中心城市,为其本身周围的地区服务,并且与中心城市发生作用,成为城镇体系中的组成部分,对涌入大城市的人口起到一定的截流作用,见表 2-1。

表 2-1　　　　　　　　　　　　　　田园城市、卫星城、新城理论的异同

类别	差异	相同
田园城市	理想城市模型,形不成霍华德设想的城市群,难以发挥其设想的作用	都是建立在通过建设小城市来疏解大城市功能的理论
卫星城	强调与中心城的依赖关系,功能上强调对中心城的疏解	
新城	强调城市的独立性,基本是一定区域内的中心城市	

2）有机疏散理论（沙里宁）

有机疏散理论(Theory of Organic Decentralization)是沙里宁为缓解城市过分集中所产生的弊病而提出的关于城市发展及其布局结构的理论。他在 1942 年出版的《城市:它的发展、衰败和未来》一书就详尽地阐述了这一理论(图 2-26)。

图 2-26　赫尔辛基规划

沙里宁认为,城市与自然界的所有生物一样,都是有机的集合体,因此城市建设所遵循的基本原则也与此相一致,由此,他认为"有机秩序的原则,是大自然的基本规律,所以这条原则也应当作为人类建筑的基本原则"。他认为有机疏散就是把大城市目前的那一整块拥挤的区域,分解成为若干个集中单元,并把这些单元组织成为"在活动上相互关联的有功能的集中点"。在这样的意义上,构架起城市有机疏散的最显著特点,便是原先密集的城区,将分裂成一个一个的集镇,它们彼此之间将用保护性的绿化地带隔离开来。

3）广亩城（赖特）

把城市分散发展推到极致的是赖特（F. L. Wright）。他要创造一种新的、分散的文明形式，这在小汽车大量普及的条件下成为可能。他在1932年出版的《消失中的城市》中写道，未来城市应当是无所不在又无所在的，"这将是一种与古代城市或任何现代城市差异如此之大的城市，以致我们可能根本不会认识到它作为城市而已来临"。在随后出版的《宽阔的田地》一书中，他正式提出了"广亩城市"的设想。这是一个把集中的城市重新分布在一个地区性农业的方格网上的方案。他认为，在汽车和廉价电力遍布各处的时代里，已经没有将一切活动都集中于城市中的需要，而最为需要的是如何从城市中解脱出来，发展一种完全分散、低密度的生活居住与就业结合在一起的新形式，这就是广亩城市。赖特对于广亩城市的现实性一点都不怀疑，认为是一种必然，是社会发展不可避免的趋势。他认为美国城市在20世纪60年代以后普遍的郊区化在相当程度上是广亩城思想的体现（图2-27）。

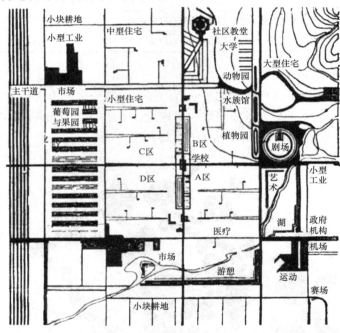

图 2-27 广亩城

2. 区域规划理论的发展

中心地理论

中心地理论是由德国城市地理学家克里斯塔勒和德国经济学家廖什分别于1933年和1940年提出的，他们认为"中心地"可以是城镇和各级商业中心，在不同的市场原则、行政原则、交通原则的支配下，城市或商业中心呈现不同的中心地网络结构，而且中心地和市场区大小的等级顺序有着严格的规定，即按照所谓K值排列成有规则的严密系列。

（1）市场原则　按照市场原则，即$K=3$的系统，低一级市场区的数量总是高一级市场区数量的3倍。在$K=3$的系统内，不同规模中心地出现的等级序列是1，2，6，18，…。

（2）交通原则　在交通原则的支配下的六边形网络的方向被改变。高级市场区的边界仍然通过6个次一级中心地，但次级中心地位于高级中心地市场区边界的中点，这样它的腹地分属两个较高级中心地的腹地内。在这个$K=4$的系统内，市场区数量的等级序列是1，4，16，64，…。

（3）行政原则　按行政原则组织的 $K=7$ 的系统中，六边形的规模被扩大，以便使周围 6 个次级中心地完全出于高级中心地的管辖之下。根据行政原则形成的中心地体系，每 7 个低级中心地有 1 个高级中心地，任何等级的中心地树木为较高等级的 7 倍。即 $1,7,42,294,\cdots$。

克里斯塔勒认为，在开放、便于通行的地区，市场经济的原则可能是主要的；在山间盆地山区，客观上与外界隔绝，行政管理更为重要；年轻的国家与新开发的地区，交通线对于移民来讲是"先锋性"的工作，交通原则占优势。克里斯塔勒得出结论是在三个原则共同作用下 ，一个地区或国家应当形成如下的城市等级体系：A 级城市 1 个，B 级城市 2 个，C 级城市 6~12 个，D 级城市 42~54 个，E 级城市 118 个。

3. 城市体系的研究

完整的城市体系包括三部分内容：特定地域内所有城市的职能之间的相互关系，城市规模上的相互关系和地域空间分布上的空间关系。

第 3 节　当代城市规划的主要理论和实践

一、当代城市规划的主要理论

1.《雅典宪章》(1933)

成立于 1928 年的国际现代建筑协会（CIAM）在 1933 年雅典会议上提出四大功能分区：居住、工作、游憩和交通功能，采用问题—对策的分析方法，一一加以论述，系统地提出了科学制定城市规划的思想和方法论。

《雅典宪章》的主要观点和主张有：① 城市的存在、发展及其规划有赖于所存在的区域（城市规划的区域观）；② 居住、工作、游憩、交通是城市的四大功能；③ 居住是城市的首要功能，必须改变不良的现状居住环境，采用现代建筑技术，确保所有居民拥有安全、建康、舒适、方便、宁静的居住环境；④ 以工业为主的工作区需依据其特性分门别类布局，与其他城市功能之间避免干扰，且保持便捷的联系；⑤ 确保各种城市绿地、开敞空间及风景地带；⑥ 依照城市交通（机动车交通）的要求，区分不同功能的道路，去确定道路宽度；⑦ 保护文物建筑与地区；⑧ 改革土地制度，兼顾私人与公共利益；⑨ 以人为本，从物质空间形态入手，处理好城市功能之间的关系，是城市规划者的职能。

作为建筑师应对工业化与城镇化的方法与策略，集中体现出以下特点：首先，现代建筑运动注重功能，反对形式的主张得到充分的体现，反映在按照城市功能进行分区和依照功能区分道路类型和等级等方面；其次，城市规划的物质空间形态侧面被作为城市规划的主要内容，虽然土地制度以及公与私之间的矛盾被提及，但似乎恰当的城市物质形态规划可以解决城市发展中的大部分问题。《雅典宪章》明确提出以人为本的指向，但因其对设计的过于自信使得通篇理论建立在"设计决定论"的基础之上，改造现实社会的主观理想和愿望与可以预期的结果被当做同一件事情来看待。广大市民只是被当做规划受众和被拯救的对象，如图 2-28 所示。

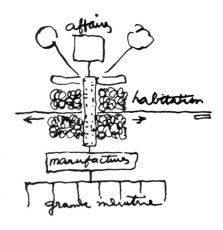

图 2-28　雅典宪章图示

2.《马丘比丘宪章》(1977)

20世纪70年代后期,国际建协鉴于当时世界城镇化趋势和城市规划过程中出现的新内容,于1977年在秘鲁的利马召开了国际性的学术会议,并签署了《马丘比丘宪章》,根据1930年之后近半个世纪以来的城市规划与建设实践和社会实际变化,对《雅典宪章》进行了补充和修正。

《马丘比丘宪章》共分12部分,对《雅典宪章》中所提出的概念和关注领域逐一进行分析,提出了以下修正和改进的观点:①不应因机械的分区而牺牲了城市的有机构成,城市规划应努力创造综合的多功能环境;②人的相互作用与交往是城市存在的基本依据,在安排城市居住功能时应注重各社会阶层的融合,而不是隔离;③改变以私人汽车交通为前提的城市交通系统规划,优先考虑公共交通;④注意节制对自然资源的滥采开发、减少环境污染、保护包括文化传统在内的历史遗产;⑤技术是手段而不是目的,应认识到其双刃剑的特点;⑥区域与城市规划是一个动态过程,同时包含规划的制定与实施;⑦建筑设计的任务是创造连续的生活空间,建筑、城市与园林绿地是不可分割的整体。

此外,《马丘比丘宪章》还针对世界范围内的城镇化问题,将非西方文化以及发展中国家所面临的城市规划问题纳入到考虑问题的视野中。

3.《华沙宣言》(1981)

1981年,国际建筑师联合会第十四届世界会议通过了《华沙宣言》,确立了建筑、人、环境作为一个整体的概念,并以此来使人们关注人、建筑和环境之间密切的相互关系,把建设和发展与社会整体统一起来进行考虑。

《华沙宣言》强调一切的发展和建设都应该考虑人的发展,并将生活质量作为评价规划最终标准,建立一个整体的综合原则,改变了《雅典宪章》以来的以要素质量进行评价的缺陷,并以此赋予了规划针对城市的具体要求和实际状况运用不同方法的灵活性。

《华沙宣言》继承了《雅典宪章》和《马丘比丘宪章》中合理的成分并加以综合,提出:规划工作必须结合不断发展中的城镇化过程,反映出城市及其周围地区之间实质上的动态统一性,并确立邻里、市区和城市其他构成要素之间的功能联系。

4.《环境与发展宣言》与《21世纪议程》

联合国环境与发展大会于1992年6月在巴西里约热内卢召开。与1972年旨在唤醒人们的环境意识的斯德哥尔摩人类环境会议相比,这次会议不但提高了对环境问题认识的广度和深度,而且把环境问题与经济、社会发展结合起来,树立了环境与发展相互协调的观点,找到了在发展中解决环境问题的正确道路,即被普遍接受的"可持续发展战略"。

会议通过了《里约热内卢环境与发展宣言》。这是一个有关环境与发展方面,国家和国际行动的指导性文件。它确定了可持续发展的观点,第一次在承认发展中国家拥有发展权力的同时,制订了环境与发展相结合的方针。

这次会议还通过了为各国领导人提供下一世纪在环境问题上战略行动的文件《二十一世纪议程》和《关于森林问题的原则声明》,声明认为出于经济、生态、社会和文化的原因,持续管理森林是重要的。

会议签署了旨在防止全球气候变暖的《气候变化框架公约》和推动保护生物多样性的《生物多样性公约》。《气候变化框架公约》呼吁各国将造成温室效应的二氧化碳等气体的排放量限制在最低水平。

会议上,非政府环保组织通过了《消费和生活方式公约》,认为商品生产的日益增多,引起自然资源的迅速枯竭,造成生态体系的破坏、物种的灭绝、水质污染、大气污染、垃圾堆积。因此,新的经济模式应当是大力发展满足居民基本需求的生产,禁止为少数人服务的奢侈品的生产,降低世界消费水平,减少不必要的浪费。

二、当代城市规划的主要实践

1. 基于可持续发展理念的城市规划实践——中新天津生态城

2007 年 4 月,温家宝和吴作栋共同提议,在中国北方本质性缺水、不占耕地等资源约束条件下,共同建设一座生态城市,并做到能复制、能实行、能推广,起到示范性作用。在此背景下,天津"中新生态城"落成了,它的建设显示了中新两国政府应对全球气候变化、加强环境保护、节约资源和能源的决心,为资源节约型、环境友好型社会的建设提供积极的探讨和典型示范。

其主要的规划特点体现在以下几个方面:①第一个国家间合作开发建设的生态城市;②选择在资源约束条件下建设生态城市;③以生态修复和保护为目标,建设自然环境与人工环境共融共生的生态系统,实现人与自然的和谐共存;④以绿色交通为支撑的紧凑型城市布局;⑤以指标体系作为城市规划的依据,指导城市开发和建设的城市;⑥以生态谷(生态廊道)、生态细胞(生态社区)构成城市基本构架;⑦以城市直接饮用水为标志,在水质性缺水地区建立中水回用、雨水收集、水体修复为重点的生态循环水系统;⑧以可再生能源利用为标志,加强节能减排,发展循环经济,构建资源节约型、环境友好型社会。

2. 知识经济、信息社会和经济全球化背景下的城市规划实践——产业园区

产业园区建设成为当代城市规划的重要实践,同时包括了发达国家的高科技园区和发展中国家的出口加工区。

我国当今一项重要的城市规划实践是开发区。联合国环境规划署(UNEP)认为,产业园区是在一大片的土地上聚集若干家企业的区域。它具有如下特征:开发较大面积的土地;大面积的土地上有多个建筑物、工厂以及各种公共设施和娱乐设施;对常驻公司、土地利用率和建筑物类型实施限制;详细的区域规划对园区环境规定了执行标准和限制条件;为履行合同与协议、控制与适应公司进入园区、制定园区长期发展政策与计划等提供必要的管理条件。

1) 产业园区的类型

(1) 特色产业园区是专门为从事某种产业的企业而设计的园区,园区的产业定位明确。这种园区一般是在区域特色工业也就是地方企业集群发展到一定阶段后出现的。

(2) 产业开发区式的产业发展方式往往是政府或企业在没有切实产业基础的地区征用土地完善基础设施,然后再运营相关成熟模式来形成园区,加上优惠政策招商引资,吸引企业进驻,所谓的"筑巢引凤",可以称之为先建园区后引产业的发展模式。

2) 产业园区的发展优势

(1) 产业园区可以产生明显的外部规模效应,从技术创新的角度看,园区以多种不同的方法建立了非常有益于创新的环境。

(2) 产业园区有利于大批中小企业向专业化、社会化发展,产生较强的内部规模效应。

(3) 产业园区促进了产业区域分工和新型产业基地的形成。

(4) 产业园区对地方经济社会发展和进步产生了较大的推动力。

(5) 产业园区可以集中治理污染,节约治理环境的成本。

(6) 产业园区促进产业国际竞争力的提高。

(7) 产业园区作为宏观政策贯彻实施服务基本对象。

第4节　城市规划理论的发展趋向

一、共同关注

1. 《威尼斯宪章》(1964)历史文化遗产问题

二战以后,针对战后重建的问题,在联合国教科文组织倡导下,国际文物工作者理事会(ICOM)《威尼斯宪章》文件扩大了文物古迹的概念:"不仅包括单个建筑,而且包括能够从中找出一种独特的文明、一种有意义的发展或一个历史事件见证的城市或乡村环境,这不仅包括伟大的艺术作品,而且亦适用于随着时光流逝而获得文化意义的过去一些较为朴实的艺术品。"文件还指出"古迹的保护包含着对一定规模的环境的保护,不能与其所见证的历史和其产生的环境分离"。关于保护的宗旨,文件说:"保护和修复古迹的目的旨在把他们既作为历史见证,又作为艺术品予以保护。"

2. 《斯德哥尔摩人类环境宣言》(1972)环境问题

1972年,联合国环境与发展大会在瑞典首都斯德哥尔摩召开,110多个国家参加的人类首次环境大会,通过了《联合国人类环境宣言》和《人类环境行动计划》,成立了联合国环境规划署(UNEP),确定每年6月5日为"世界环境日"。会议提出了7个共同观点和26项共同原则,以鼓励和指导世界各族人民保护和改善人类环境。斯德哥尔摩人类环境宣言是环境管理发展史上的第一座里程碑。

3. 《我们的共同未来》(1987)

1987年,《我们的共同未来》报告第一次提出"可持续发展"的观念。报告把"可持续发展"定义为:"既能满足我们现在的需求,又不损害子孙后代,满足他们需求的发展模式。"后来也被形象地称为"代际平等"。

4. 《全球21世纪议程》(1992)

《全球21世纪议程》是1992年6月3—14日在巴西里约热内卢召开的联合国环境与发展大会通过的重要文件之一,该文件着重阐明了人类在环境保护与可持续之间应作出的选择和行动方案,提供了21世纪的行动蓝图,涉及与地球持续发展有关的所有领域。是"世界范围内可持续发展行动计划",它是从目前至21世纪在全球范围内各国政府、联合国组织、发展机构、非政府组织和独立团体在人类活动对环境产生影响的各个方面的综合的行动蓝图。

该议程是将环境、经济和社会关注事项纳入一个单一政策框架的具有划时代意义的成就。其中载有2500余项各种各样的行动建议,包括如何减少浪费和消费型态,扶贫,保护大气、海洋和生活多样化、以及促进可持续农业的详细提议。《21世纪议程》内的提议仍然是适当的,后来联合国对于人口、社会发展、妇女、城市和粮食安全的各次重要会议又予以扩充并加强。

5. "人居环境"(1996)

早在1996年6月,在土耳其伊斯坦布尔召开的第二届联合国人类住区大会上,会上通过了指导世界各国人居发展的纲领性文件《人居议程》,发表了《伊斯坦布尔宣言》,各国政府在宣言中承诺,将致力于实现"人人有适当的住房"和"城镇化进程中人类住区可持续发展"的目标。

二、发展趋向

1. 可持续发展——环境保护趋向

可持续发展(Sustainable Development)的概念最先是在1972年在斯德哥尔摩举行的联

合国人类环境研讨会上正式讨论。这次研讨会云集了全球的工业化和发展中国家的代表,共同界定人类在缔造一个健康和富有生机的环境上所享有的权利。自此以后,各国致力界定"可持续发展"的含意,现时已拟出的定义已有几百个之多,涵盖范围包括国际、区域、地方及特定界别的层面,是科学发展观的基本要求之一。1992 年联合国环境与发展大会明确提出了"可持续发展"战略,特别是会议通过的《21 世纪议程》,要求世界各国制定适宜的可持续发展的战略与对策,它标志着环境保护进入新的历史阶段:可持续发展战略指导下的环境保护阶段。

可持续发展是人类对工业文明进程进行反思的结果,是人类为了克服一系列环境、经济和社会问题,特别是全球性的环境污染和广泛的生态破坏,以及它们之间关系失衡所做出的理性选择,"经济发展、社会发展和环境保护是可持续发展的相互依赖互为加强的组成部分"。从世界环境保护发展历程来看,可持续发展是环境保护工作发展到一定程度的必然要求,是人类历经沧桑后对环境保护认识的升华,人类对环境保护的认识从无到有,从先污染后治理到预防为主、防治结合,从末端治理到全过程控制,经历了一个漫长的发展过程。但是在全球经济趋向于一体化的今天,要彻底在短时间转变传统的生产模式、经济运行模式、消费方式模式并不可能,当代人类环境面临的困难是全球性的,因此只有通过全人类的长期的共同努力才能做到。

2. 文脉——城市规划文化研究趋向

文脉(Context)一词,最早源于语言学范畴。它是一个在特定的空间发展起来的历史范畴,其上延下伸包含着极其广泛的内容,从狭义上解释即"一种文化的脉络"。引申到城市研究领域,可以得到"城市文脉"的基本内涵:即在历史发展过程中以及特定条件下,人、自然环境、建成环境以及相应的社会文化背景之间一种动态的、内在的、本质联系的总和。

每一个人类的居住地都有它独特的品质,源于内在和外在原因的影响。历史上,有一些城镇在桥边生长起来,另一些由军事驻地、教育学术中心或宗教中心发展而来。其中一些是经过规划的,但大多数没有。随着工业化的进程,新的中心很快在原材料或动力资源附近发展起来,最终产生了工业大国的贸易中心和首都,但无论城市最初生存的理由是什么,如何影响了它最初的形式和建筑,这些皆被反映在它的地段和建筑的形式和结构上,代表了每个时代在城市演化中起的作用。

城市文脉作为一定环境条件下的人、建筑、城市及社会文化背景相互之间内在的、本质的联系,其传承对于城市的良性发展具有十分重要的意义。城市文脉研究的主要目的是在现代纷繁复杂的城市文脉中,准确捕捉到城市环境中有价值的历史文化信息,使得在进行相关城市问题研究及具体规划时不至于陷入盲从,同时强调在历史环境中注入新的生命,赋予城市以新的内涵,使新老建筑协调共生,历史的记忆得以延续。

3. 交往——社会学研究趋向

分析和研究某一社会阶层有各种不同的视角和方法。从社会交往或者交流出发或以其为核心,对社会结构和社会行为进行分析和研究,是其中较为独特而且硕果累累的一种视角。乔治·H.米德《心灵、自我与社会》提出符号互动论的研究方法。但是研究视角因过于拘泥于两个或少数主体间的交往行动,研究成果比较多地集中于个体的和微观的层面。而且这一视角对于社会交往概念的界定也过于泛泛,因为在这种理论看来,一切非个人的行为都具有交往的性质。随着社会网络研究的兴起,布迪厄、科尔曼、普特南和福山等当代著名社会学者又以社会交往、人际网络为核心,发展出一套经验与理论、宏观与微观相结合的社会资本理论。正是从这个逻辑架构出发,社会资本研究将以社会交往活动为中心的社会学研究引向了宏观社会研究,使以交往为中心的社会学研究真正成为可能。

　　尽管以交往为中心的社会学和社会心理学研究硕果累累,但纵观社会学理论的发展史,还是很少有学者从社会交往的角度研究一个阶级的特征。然而,从社会交往,尤其是社会资本的角度进行中产阶层特征的研究,不但是必要的,而且是很有意义的。作为一种行为方式,它对于我们正确认识社会阶层的边界有着重要的意义,因此这将是社会学未来的研究趋向。

第 3 章　城市规划职能、体系与内容

第 1 节　城市规划的职能与体系

一、城市规划的职能

城市规划是建设和管理城市的基本依据,是保证城市合理地进行建设和城市土地合理开发利用及正常经营活动的前提和基础,是实现城市社会经济发展目标的综合性手段。

在计划经济体制下,城市规划的任务是根据已有的国民经济计划和城市既定的社会经济发展战略,确定城市的性质和规模,落实国民经济计划项目,进行各项建设投资的综合部署和全面安排。

在市场经济体制下,城市规划的本质任务是合理地、有效地和公正地创造有序的城市生活空间环境。这项任务包括实现社会政治经济的决策意志及实现这种意志的法律法规和管理体制,同时也包括实现这种意志的工程技术、生态保护、文化传统保护和空间美学设计,以指导城市空间的和谐发展,满足社会经济文化发展和生态保护的需要。

依据城市的经济社会发展目标和环境保护的要求,根据区域规划等上层次的空间规划的要求,在充分研究城市的自然、经济、社会和技术发展条件的基础上,制定城市发展战略,预测城市发展规模,选择城市用地的布局和发展方向,按照工程技术和环境的要求,综合安排城市各项工程设施,并提出近期控制引导措施。

具体主要有以下九个方面:①收集和调查基础资料,研究满足城市经济社会发展目标的条件和措施;②研究确定城市发展战略,预测发展规模,拟定城市分期建设的技术经济指标;③确定城市功能的空间布局,合理选择城市各项用地,并考虑城市空间的长远发展方向;④提出市域城镇体系规划,确定区域性基础设施的规划原则;⑤拟定新区开发和原有市区利用、改造的原则、步骤和方法;⑥确定城市各项市政设施和工程措施的原则和技术方案;⑦拟定城市建设艺术布局的原则和要求;⑧根据城市基本建设的计划,安排城市各项重要的近期建设项目,为各单项工程设计提供依据;⑨根据建设的需要和可能,提出实施规划的措施和步骤。

二、城市规划体系

城市规划体系包括规划法规、规划行政和规划运作(规划编制和开发控制)三个组成部分。

1. 城市规划法规体系

城市规划法规体系包括主干法及其从属法规、专项法和相关法,规划法规是现代城市规划体系的核心,为规划行政和规划运作提供法律依据。城市规划法的诞生与公共政策、公共干预密切相关,土地权力中公共权高于所有权。

城乡规划法是平衡国家、地方、企业、居民这四者之间的利益,保证城市发展的活力,实现城市土地等空间资源最有效配置的一种行政法。城市规划的法规体系是与国家的行政体制密切相关的,这是由城市规划的政府行为特点决定的。城市规划的法规体系从法律层面上奠定了城市规划在国家事务中的重要地位,城市规划的法规体系不是一成不变的,随着国家经济社

会生活的变迁而变迁,"城乡统筹"观念的提出将很大程度上改变我国现行的城市规划法规体系。

国家城市规划法规体系是以《城乡规划法》为基本法,包括与之相配套的由行政法规组成的国家城市规划法规体系。地方城市规划法规体系是以各省、自治区、直辖市制定的《城乡规划法》实施条例或办法为基础的,以及与之相配套的行政法规组成的地方城市规划法规体系。

2. 城市规划行政体系

城市规划行政体系主要是通过"两证一书"的拟定与核发,实施对城市规划实施管理。

3. 城市规划运作体系

城市规划运作体系包括规划编制和开发控制。

城市规划是城市政府为达到城市发展目标而对城市建设进行的安排,尽管由于各国社会经济体制、城市发展水平、城市规划的实践和经验各不相同,城市规划的工作步骤、阶段划分与编制方法也不尽相同,但基本上都按照由抽象到具体,从发展战略到操作管理的层次决策原则进行。一般城市规划分为城市发展战略和建设控制引导两个层面。

开发控制主要有三种形式:①是通则式规划管理。比较具体地制定开发控制规划的各项规定,作为规划管理的唯一依据,规划人员在审理开发申请个案时,几乎不享有自由量裁权,具有确定性和客观性的优点,但在灵活性和适应性方面较为欠缺,如美国的区划制度。②是判例式规划管理。比较原则性地制定开发控制规划的各项规定,规划人员在审理开发申请个案时享有较大的自由量裁权,具有灵活性和适应性的优点,但在确定性和客观性方面较为欠缺,如英国的审批制度。我国开发控制基本属于判例方式,规划审批主要依据是控制性详细规划。③是将通则式与判例式相结合的混合式开发控制。

第2节 各层次规划编制的主要任务和内容

编制城市规划一般分总体规划和详细规划两个阶段进行。大城市、中等城市为了进一步控制和确定不同地段的土地用途、范围和容量,协调各项基础设施和公共设施的建设,在总体规划基础上,可以编制分区规划。编制城市总体规划,应当先组织编制总体规划纲要,研究确定总体规划中的重大问题,作为编制规划成果的依据。城市总体规划纲要是对现行城市总体规划以及各专项规划的实施情况进行总结,对基础设施的支撑能力和建设条件做出评价;针对存在问题和出现的新情况,从土地、水、能源和环境等城市长期的发展保障出发,依据全国城镇体系规划和省域城镇体系规划,着眼区域统筹和城乡统筹,对城市的定位、发展目标、城市功能和空间布局等战略问题进行前瞻性研究,作为城市总体规划编制的工作基础。设市城市和县级人民政府所在地镇的总体规划,应当包括市或者县的行政区域的城镇体系规划。城市详细规划应当在城市总体规划或者分区规划的基础上,对城市近期建设区域内各项建设作出具体规划。城市详细规划分为控制性详细规划和修建性详细规划。城市详细规划应当包括:规划地段各项建设的具体用地范围,建筑密度和高度等控制指标,总平面布置、工程管线综合规划和竖向规划。

一、城市总体规划纲要

城市总体规划应该根据城市经济、社会发展规划纲要,将其战略目标在城市物质空间上加以落实和具体化。为了使两者更好地衔接,在城市总体规划具体方案着手之前,先制定城市规划纲要。

城市规划纲要的任务是研究确立总体规划的重大原则,结合城市的经济、社会发展长远规划、国土规划、土地利用总体规划、区域规划,根据当地自然、历史、现状情况,确立城镇化地域发展的战略部署。

城市总体规划纲要是城市建设战略性的规划构想。在规划纲要阶段,除了研究确定城市的性质、规模之外,对可能产生的多个战略方案也应加以研究分析,诸如城市发展的方向、空间布局结构以及在时序关系上提出战略部署,如空间结构集中式或组团式,或先集中后分散的战略,先开发新区后改造旧区的战略等。规划纲要经城市人民政府同意后,作为编制城市规划的依据。

主要内容包括:

(1) 论证城市国民经济发展条件,原则确定城市发展目标。

(2) 论证城市在区域中的地位,原则确定市(县)域城镇体系的结构与布局。

(4) 原则确定城市性质、规模、总体布局、选择城市发展用地、提出城市规划区范围的初步意见。

(5) 研究确定城市能源、交通、供水等城市基础设施开发建设的重大原则问题。

(6) 实施城市规划的重要措施。

规划纲要成果以文字为主,辅以必要的城市发展示意性图纸,比例一般为 1/25 000 ～ 1/50 000。

二、城市总体规划

城市总体规划是综合研究和确定城市性质、规模和空间发展状态,统筹安排城市各项建设用地,合理配置城市各项基础设施,处理好远期发展和近期建设的关系,指导城市合理发展。城市总体规划的期限一般为 20 年,同时作出城市远景的轮廓性规划安排。近期建设规划期限一般为 5 年。建制镇总体规划期限可以为 10～20 年,近期建设规划 3～5 年。

城市总体规划应当包括:城市的性质、发展目标和发展规模,城市主要建设标准和定额指标,城市建设用地布局、功能分区和各项建设的总体部署,城市综合交通体系和河湖、绿地系统,各项专业规划,近期建设规划。

具体内容包括:

(1) 编制城镇体系规划。调整城镇体系规模结构、职能分区和空间布局。

(2) 确定城市性质和发展方向,划定城市规划区范围。

(3) 提出规划期内城市人口及用地发展规模,确定城市建设与发展用地的空间布局、功能分区,以及市中心、区中心位置。

(4) 确定城市对外交通系统的布局以及车站、铁路枢纽、港口、机场等主要交通设施的规模、位置,确定城市主、次干道系统的走向、断面、主要交叉口形式,确定主要广场、停车场的位置、容量。

(5) 综合协调并确定城市供水、排水、防洪、供电、通讯、燃气、供热消防、环卫等设施的发展目标和总体布局。

(6) 确定城市河湖水系的治理目标和总体布局,分配沿海、沿江岸线。

(7) 确定城市园林绿地系统的发展目标及总体布局。

(8) 确定城市环境保护目标,提出防治污染措施。

(9) 根据城市防灾要求,提出人防建设、抗震防灾规划目标和总体布局。

(10) 确定需要保护的风景名胜、文物古迹、传统街区,规定保护和控制范围,提出保护措施,历史文化名城要编制专门的保护规划。

(11) 确定旧区改建、用地调整的原则、方法和步骤,提出改善旧城区生产、生活环境的要求和措施。

(12) 综合协调市区与近郊区村庄、集镇的各项建设,统筹安排近郊区村庄、集镇的居住用地、公共服务设施、乡镇企业、基础设施和菜地、园地、牧草地、副食品基地,划定需要保留和控制的绿色空间。

(13) 进行综合技术经济论证,提出规划实施步骤、措施和方法的建议。

(14) 编制近期建设规划,确定近期建设目标、内容和实施部署。建制镇总体规划的内容可以根据其规模和实际需要适当简化。

城市总体规划的文件及主要图纸包括:

(1) 文件包括规划文本和附件,规划说明及基础资料收录附件。规划文本是对规划的各项目标和内容提出规定性要求的文件,规划说明是对规划文本的具体解释(以下有关条款同)。

(2) 图纸包括:市(县)域城镇布局现状图、城市现状图、用地评定图、市(县)域城镇体系规划图、城市总体规划图、道路交通规划图、各项专业规划图及近期建设规划图。图纸比例:大、中城市为1/10000~1/25000,小城市为1/5000~1/10000,其中建制镇为1/5000;市(县)域城镇体系规划图的比例由编制部门根据实际需要确定。

城市总体规划的强制性内容包括:

(1) 城市规划区范围。

(2) 市域内应当控制开发的地域。包括:基本农田保护区、风景名胜区、湿地、水源保护区等生态敏感区、地下矿产资源分布地区。

(3) 城市建设用地。包括:规划期限内城市建设用地的发展规模;土地使用强度管制区划和相应的控制指标(建设用地面积、容积率、人口容量等);城市各类绿地的具体布局;城市地下空间开发布局。

(4) 城市基础设施和公共服务设施。包括:城市干道系统网络、城市轨道交通网络、交通枢纽布局;城市水源地及其保护区范围和其他重大市政基础设施;文化、教育、卫生、体育等方面主要公共服务设施的布局。

(5) 城市历史文化遗产保护。包括:历史文化保护的具体控制指标和规定;历史文化街区、历史建筑、重要地下文物埋藏区的具体位置和界线。

(6) 生态环境保护与建设目标,污染控制与治理措施。

(7) 城市防灾工程。包括:城市防洪标准、防洪堤走向;城市抗震与消防疏散通道;城市人防设施布局;地质灾害防护规定。

三、城市近期建设规划

近期建设规划的期限原则上应当与城市国民经济和社会发展规划的年限一致,并不得违背城市总体规划的强制性内容。近期建设规划到期时,应当依据城市总体规划组织编制新的近期建设规划。

近期建设规划的内容应当包括:

(1) 确定近期人口和建设用地规模,确定近期建设用地范围和布局。

（2）确定近期交通发展策略，确定主要对外交通设施和主要道路交通设施布局；

（3）确定各项基础设施、公共服务和公益设施的建设规模和选址。

（4）确定近期居住用地安排和布局；

（5）确定历史文化名城、历史文化街区、风景名胜区等的保护措施，城市河湖水系、绿化、环境等保护、整治和建设措施。

（6）确定控制和引导城市近期发展的原则和措施。

近期建设规划的成果应当包括规划文本、图纸，以及包括相应说明的附件。在规划文本中应当明确表达规划的强制性内容。

四、分区规划

分区规划的主要任务是在总体规划的基础上，对城市土地利用、人口分布和公共设施、城市基础设施的配置作出进一步的安排，以便与详细规划更好地衔接。

分区规划内容包括：

（1）原则规定分区内土地使用性质、居住人口分布、建筑及用地的容量控制指标。

（2）确定市、区、居住区级公共设施的分布及其用地范围。

（3）确定城市主、次干道的红线位置、断面、控制点坐标和标高，确定支路的走向、宽度以及主要交叉口、广场、停车场位置和控制范围。

（4）确定绿地系统、河湖水面、供电高压线走廊、对外交通设施、风景名胜的用地界线和文物古迹、传统街区的保护范围，提出空间形态的保护要求。

（5）确定工程干管的位置、走向、管径、服务范围以及主要工程设施的位置和用地范围。

分区规划文件及主要图纸包括：

（1）文件包括规划文本和附件，规划说明及基础资料收录附件。

（2）图纸包括：规划分区位置图、分区现状图、分区土地利用及建筑容量规划图、各项专业规划图。图纸比例为 1/5 000。

五、控制性详细规划

控制性详细规划用以控制建设用地性质、使用强度和空间环境，作为城市规划管理的依据，并指导修建性详细规划的编制。控制性详细规划确定的各地块的主要用途、建筑密度、建筑高度、容积率、绿地率、基础设施和公共服务设施配套规定应当作为强制性内容。

控制性详细规划内容包括：

（1）详细规定所规划范围内各类不同使用性质用地的界线，规定各类用地内适建、不适建或者有条件地允许建设的建筑类型。

（2）规定各地块建筑高度、建筑密度、容积率、绿地率等控制指标；规定交通出入口方位、停车泊位、建筑后退红线距离、建筑间距等要求。

（3）提出各地块的建筑体量、体型、色彩等要求。

（4）确定各级支路的红线位置、体型、色彩等要求。

（5）根据规划容量，确定工程管线的走向、管径和工程设施的用地界线。

（6）规定相应的土地使用与建筑管理规定。

控制性详细规划的文件和图纸包括：

（1）文件包括规划文本和附件、规划说明及基础资料收录附件。规划文本中应当包括规划范围内土地使用及建筑管理规定。

（2）图纸包括规划地区现状图、控制性详细规划图纸。比例为 1/1000～1/2000。

六、修建性详细规划

修建性详细规划是针对当前需要进行建设的地区编制更为详细的城市规划，用以具体指导各项建设和工程设施的设计和施工。

修建性详细规划内容包括：①建设条件分析及综合技术经济论证；②布置总平面图；③道路交通规划设计；④绿地系统设计；⑤工程管线设计；⑥竖向规划设计；⑦估算工程量、拆迁量和总造价，分析投资效益。

修建性详细规划包括文件和图纸；文件为规划设计说明书；图纸：现状图、总平面图、各项专业规划图、竖向规划图、透视图。比例 1/500～1/2000。

第 3 节 城市规划行政与管理

一、城市规划行政

城市规划采用"两证一书"的拟定与核发实施管理。

1. 选址意见书

城市规划区内建设工程的选址和布局必须符合城市规划，设计任务书报请批准时，必须附有城市规划行政主管部门的选址意见书。选址意见书的目的是保障建设项目的选址和布局科学合理，符合城市规划的要求，实现经济效益、社会效益和环境效益的统一。选址意见书依据《城乡规划法》、城市总体规划、《建设项目选址规划管理办法》（建设部、国家计委建规字第583号文）发放。

选址原则包括：①符合城市规划确定的用地性质；②与城市道路、交通、能源、通讯、给水排水、煤气、热力等专项规划相衔接；③公共设施配套；④符合环保规划、风景名胜及文物古迹保护规划要求；⑤符合城市防洪、防火、防爆、防震等要求。

选址意见书由建设单位持批准立项的有关文件和项目的基本情况向规划部门提出申请。未选地址项目，由规划部门确定项目地址和用地范围，并以选址意见书的方式通知建设单位；已选地址项目，由规划部门予以确认或予以否认。

2. 建设用地规划许可证

项目选址批准后，需向规划部门正式办理申请用地手续，规划部门须提出规划设计条件，对用地的数量和具体范围予以确认，并核发"建设用地规划许可证"。按出让、转让方式取得的建设用地，应在合同内容中包括规划规定的地块位置、范围、使用性质和有关技术指标。"建设用地规划许可证"是向土地管理部门申请土地使用权必备的法律凭证。

建设用地规划设计条件一般包括土地使用规划性质、容积率、建筑密度、建筑高度、基地主要出入口、绿地比例以及土地使用其他规划设计要求。

3. 建设工程规划许可证的核发

建设单位或者个人在取得建设用地规划许可证后，方可向县级以上地方人民政府土地管理部门申请用地，经县级以上人民政府审查批准后，由土地管理部门划拨土地。在城市规划区内新建、扩建和改建建筑物、构筑物、道路、管线和其他工程设施，必须按规划设计条件提出设计成果,规划部门按批准的图纸组织放线、验线后,方可核发建设工程规划许可证。建设单位或者个人在取得建设工程规划许可证件和其他有关批准文件后,方可申请办理开工手续。

二、城市规划编制和审批

市人民政府负责组织编制城市规划。县级人民政府所在地镇的城市规划,由县级人民政府负责组织编制。城市总体规划和城市分区规划的具体编制工作由城市人民政府建设主管部门(城乡规划主管部门)承担。城市人民政府应当依据城市总体规划,结合国民经济和社会发展规划以及土地利用总体规划,组织制定近期建设规划。控制性详细规划由城市人民政府建设主管部门(城乡规划主管部门)依据已经批准的城市总体规划或者城市分区规划组织编制。修建性详细规划可以由有关单位依据控制性详细规划及建设主管部门(城乡规划主管部门)提出的规划条件,委托城市规划编制单位编制。

城市规划坚持分级审批制度,保障城市规划的严肃性和权威性。

直辖市的城市总体规划,由直辖市人民政府报国务院审批。省和自治区人民政府所在地城市或城市人口在 100 万以上的城市及国务院指定的其他城市的总体规划,由省、自治区人民政府审查同意后,报国务院审批。其他设市城市和县级人民政府所在地镇的总体规划,报省、自治区、直辖市人民政府审批,其中市管辖的县级人民政府所在地镇的总体规划,报市人民政府审批。其他建制镇的总体规划,报县级人民政府审批。

城市人民政府和县级人民政府在向上级人民政府报请审批城市总体规划前,须经同级人民代表大会或者其常务委员会审查同意。

城市分区规划经当地城市规划主管部门审核后,报城市人民政府审批。

城市详细规划由城市人民政府审批;编制分区规划的城市的详细规划,除重要的详细规划由城市人民政府审批外,由城市人民政府城市规划行政主管部门审批。

城市人民政府和县人民政府在向上级人民政府报请审批城市总体规划前,须经同级人民代表大会或者其常务委员会审查同意。

城市人民政府可以根据城市经济和社会发展需要,对城市总体规划进行局部调整,报同级人民代表大会常务委员会和原批准机关备案;但涉及城市性质、规模、发展方向和总体布局重大变更的,须经同级人民代表大会或者其常务委员会审查同意后报原批准机关审批。

三、规划师的职业道德

规划师的职业道德首先要从城市规划本身说起。城市规划的实质可以理解为指导各级政府和经济主体进行建设的公共政策,是在社会各个层面进行,并在政治经济主体之间进行资源分配的政治行为过程。目前,制定实施城市公共政策的最主要的主体是城市政府,因此规划师在工作中客观上受当地主管部门、政府领导的制约。

规划师的职业道德应该采取以下几点措施:

(1)应该将规划师的道德教育放在人才培养的重要地位,在既有的职业教育体系中,增加切实有效的职业道德教育。

(2)规范城市规划编制的行为,重新确立规划师的职业角色。城市规划是一个复杂而综合的社会过程,而不是个单纯的技术行为,更不应该将其作为一个商业行为。所有的城市规划从编制计划开始到编制成果的审查,都应该建立公示制度。将政府性的规划与市场性的设计进行严格的区分。

（3）强化城市规划法定的地位，为规划师坚守争议提供有力支持。进一步明确规划的严肃性和对违法行为的处罚权，并对规划师的正当职业行为和权益予以保障.使其免受不当的权力干扰。

（4）加快培育公民社会.加强社会力量对城市规划的全程监管。成熟健康的公民社会不仅可以对规划师的职业道德操守进行公正的监督，而且也是对规划公众性公平性和严肃性的有力保障,是规划师值得信赖和可以依托的重要力量。

第 4 章　城市用地及其规划

第 1 节　城市用地分类与评价

一、城市用地分类

1. 城市用地分类

城市用地的用途分类在城市的发展历史中,曾有不同的分类方法与用途名称。我国早年的用地功能地域划分为住宅区、工业区、商业区及文教区等类别。1990 年建设部统一了城市用地分类的划分方法和名称,颁布了《城市用地分类与规划建设用地标准》(GBJ 137—90)的国家标准,该标准将城市用地分为 10 大类、46 中类和 73 小类,以满足不同层次规划的要求。2008 年《城乡规划法》的颁布实施需要城乡统筹的新技术标准支撑,因此,为体现城乡统筹、区域一体化、土地集约利用的原则,新的《城市用地分类与规划建设用地标准》(GB 50137—2011)于 2012 年 1 月 1 日颁布实施。该标准体现了从城市为主向城乡并重的转变,采用分层次控制的综合用地分类体系,包括"城乡用地"和"城市建设用地"两个层级,分类层级与代码延续"树型多层级"模式。

1) 城乡建设用地分类

市域内城乡用地共分为 2 大类、8 中类、17 小类,表 4-1 所列为城乡用地中类项目。

表 4-1　　城乡用地分类

类别名称		范围
大类	中类	
H		建设用地	包括城乡居民点建设用地、区域交通设施用地、区域公用设施用地、特殊用地、采矿用地等
	H1	城乡居民点建设用地	城市、镇、乡、村庄以及独立的建设用地
	H2	区域交通设施用地	铁路、公路、港口、机场和管道运输等区域交通运输及其附属设施用地,不包括中心城区的铁路客货运站、公路长途客货运站以及港口客运码头
	H3	区域公用设施用地	为区域服务的公用设施用地,包括区域性能源设施、水工设施、通讯设施、殡葬设施、环卫设施、排水设施等用地
	H4	特殊用地	特殊性质的用地
	H5	采矿用地	采矿、采石、采沙、盐田、砖瓦窑等地面生产用地及尾矿堆放地
E		非建设用地	水域、农林等非建设用地
	E1	水域	河流、湖泊、水库、坑塘、沟渠、滩涂、冰川及永久积雪,不包括公园绿地及单位内的水域
	E2	农林用地	耕地、园地、林地、牧草地、设施农用地、田坎、农村道路等用地
	E3	其他非建设用地	

2）城市建设用地分类

城市建设用地共分为 8 大类、35 中类、44 小类,表 4-2 所列为城市用地的大类项目。

表 4-2 城市用地分类和代号

类别代码	类别名称	范围
R	居住用地	住宅和相应服务设施的用地
A	公共管理与公共服务用地	行政、文化、教育、体育、卫生等机构和设施的用地,不包括居住用地中的服务设施用地
B	商业服务业设施用地	各类商业、商务、娱乐康体等设施用地,不包括居住用地中的服务设施用地以及公共管理与公共服务用地内的事业单位用地
M	工业用地	工矿企业的生产车间、库房及其附属设施等用地,包括专用的铁路、码头和道路等用地,不包括露天矿用地
W	物流仓储用地	物资储备、中转、配送、批发、交易等的用地,包括大型批发市场以及货运公司车队的站场(不包括加工)等用地
S	交通设施用地	城市道路、交通设施等用地
U	公用设施用地	供应、环境、安全等设施用地
G	绿地	公园绿地、防护绿地等开放空间用地,不包括住区、单位内部配建的绿地

在详细规划阶段,用地进一步细分,在用地名称上,除相同功能性质的仍然沿用外,还需增加新的用途类别,例如上述总体规划用地分类中的居住用地。在详细规划阶段,居住小区又可细分为:住宅用地、道路用地、绿地、公共服务设施用地等,一般使用上述用地分类规范中的小类。

2. 城市用地构成

城市用地的构成,是基于城市用地的自然与经济区位,以及由城市职能所形成的城市功能组合与布局结构。其呈现不同的构成形态。

按照行政隶属的等次,宏观上可分为市区、地区、郊区等。按照功能用途的组合,分为工业区、居住区、市中心区、开发区等。不同规模的城市,因各种功能内容的不同,其构成形态也不一样。大城市和特大城市,由于城市功能多样而较为复杂,在行政区划上,常有多重层次的隶属关系,如市辖县、建制镇、一般镇等;在地理上有中心城区、近郊区、远郊区等,例如图 4-1 上海市城市总体规划的土地利用规划表达了清晰的中心城区、近郊区和远郊区的关系,图 4-2 汕头濠江新城概念规划用地布局规划表达了近郊新城的用地构成。

二、城市用地评价

1. 城市用地自然条件评价

城市用地的自然条件评价主要包括工程地质、水文、气候和地形等几个方面。

1）工程地质条件

(1)土质与地基承载力。在城市用地范围内,由于地层的地质构造和土质的自然堆积情况存在着差异,其构成物质也就各不相同,加之受地下水的影响,地基承载力大小相差悬殊。全面了解城市用地范围内各种地基的承载能力,对城市建设用地选择和各类工程建设项目的合理布置以及工程建设的经济性,都是十分重要的。此外,有些地基土质常在一定条件下改变

图 4-1　上海市总体规划用地布局规划图

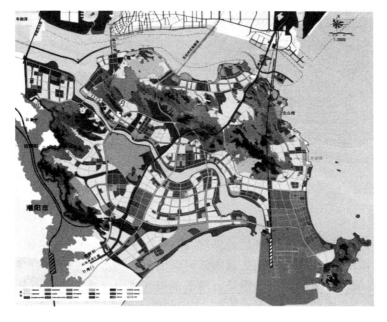

图 4-2　汕头濠江新城概念规划用地布局规划图

其物理性质,从而对地基承载力带来影响。

(2)地形条件。不同城市的地形条件,对城市规划布局、道路走向和线型、各项基础设施建设、建筑群体的布置、城市的形态与形象等,均会产生一定的影响。结合自然地形条件,合理规划城市各项用地和布置各项工程设施,无论是从节约土地和减少平整土石方工程投资,或者从城市管理等方面看,都具有重要意义。

(3)冲沟。冲沟是由间断流水在地层表面冲刷形成的沟槽。冲沟切割用地,使之支离破碎,对土地的使用十分不利。尤其在冲沟的发育地区,水土流失严重,而且道路的走向往往受其限制而增加线路长度和增设跨沟工程,给工程建设带来困难。规划前应弄清楚冲沟的分布、坡度、活动状况,以及冲沟的发育条件,以便及时采取相应的治理措施。

(4)滑坡与崩塌。滑坡与崩塌是一种物理工程地质现象。滑坡是由于斜坡上大量滑坡体在风化、地下水以及重力作用下,沿一定的滑动面向下滑动而造成的,常发生在山区或丘陵地区。

(5)岩溶。地下可溶性岩石(如石灰岩、盐岩等)在含有二氧化碳、硫酸盐、氯等化学成分的地下水的溶解与侵蚀之下,岩石内部形成空洞,这种现象称为岩溶,也叫卡斯特现象。

(6)地震。地震是一种自然地质现象,大多数地震是由地壳断裂构造运动引起的。所以,了解和分析当地的地质构造非常重要。在有活动断裂带的地区,最易发生地震,二者断裂带的弯曲突出处和断裂带交叉的地方往往是震中所在。在强震区一般不宜建设城市。在震区建设城市时,除指定各项建设工程的设防标准外,还需考虑震后疏散救灾等问题。地震断裂带上一般可设置绿化带,不得进行建设,同时也不能布置城市的主要交通干路。此外,在城市的上游不宜修建水库,以免地震时水库堤坝受损,洪水下泄,危及城市(图4-3)。

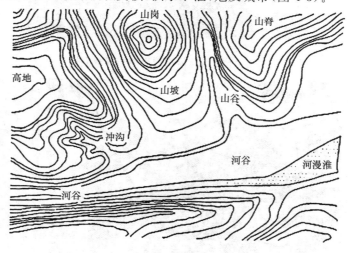

图 4-3　地貌类型

2)水文地质条件

一般指地下水的存在形式,含水层的厚度、矿化度、硬度、水温及水的流动状态等条件。地下水常常作为城市用水的水源,特别是远离江河湖泊或地面水水量不足、水质不符合卫生要求的城市,调查并探明地下水资源尤为重要。地下水按其成因与埋藏条件可分为三类,即上层滞水、潜水和承压水。其中能作为城市水源的,主要是潜水和承压水。潜水基本上是地表渗水而成,主要靠大气降水补给。承压水是指两个隔水层之间的重力水,由于有隔水顶板,受大气降水和地面污染较小,成为远离江河城市的主要水源。

　　地下水的水质、水温由于地质情况和矿化度不一,对城市用水和建筑工程的适用性应予以注意。以地下水作为水源,若盲目过量抽用,将会出现地下水位下降。这在一些大工业城市,后果非常明显。如无锡因大量抽取地下水,在 1980 年代末以后的 10 年间,地面已下沉 1m。

　　3) 气候条件

　　与城市规划与建设关系密切的气候条件主要有太阳辐射、风象、气温、降水与温度等。

　　(1) 太阳辐射。太阳辐射的强度与日照率,在不同纬度的地区存在着差异。分析研究城市所在地区太阳运行规律和辐射强度,对于建筑的日照标准、建筑朝向、建筑间距的确定,以及建筑的遮阳设施与各项工程的采暖设施的设置,提供规划设计的依据。

　　(2) 风象。风对城市规划与建设有多方面的影响,特别是在环境保护方面 。风是地面大气的水平移动,由风向和风速两个量表示。风向就是风吹来的方向,表示风向最基本的一个特征指标叫风向频率。风向频率一般分 8 个或 16 个罗盘方向观测,累计某个时期内各个方位风向的次数,并以各个风向的总次数的百分比来表示。即

$$风向频率 = \frac{某一时期内观测、累计某一风向发生的次数}{同一时期内观测、累计风向的总次数} \times 100\% 。$$

　　风速指单位时间内风所移动的距离,表示风速最基本的指标是平均风速。平均风速是按每个风向的风速累计平均值来表示的。根据城市多年风向观测记录汇总所绘制的风向频率图和平均风速图又称风玫瑰图。风玫瑰图是研究城市布局的重要依据(图 4-4)。

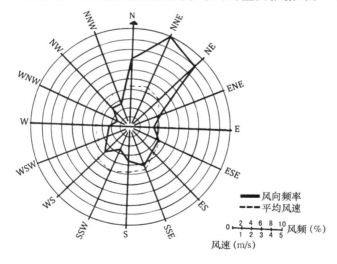

图 4-4　某城市地区累年风向频率、平均风速图

　　(3) 气温。气温对于城市规划与建设的影响体现在:如城市所在地区的日温差或年温差较大时,会给建筑工程的设施与施工带来影响;在工业配置时,需根据气温条件,考虑工业生产工艺的适应性与经济性问题;在生活居住方面,则应根据气温状况考虑生活居住区的降温或采暖设备的设置等问题。在日温差较大的地区(尤其是冬天),常常因为夜间城市地面散热冷却较快,大气层下冷上热,使城市上空出现逆温层现象,在静风或谷地地区,加上山坡气流下

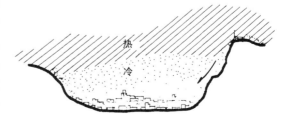

图 4-5　谷地逆温层结

沉,更加剧这一现象(图 4-5)。

在大中城市,由于建筑密集,绿地、水面偏少,生产与生活活动过程散发大量的热量,往往出现市区气温比郊外高的现象,即所谓"热岛效应"。针对这一现象,在规划布局时,可增设大面积水体和绿地,加强对气温的调节作用。

降水与温度。降水量的大小和降水强度对城市较为突出的影响是排水设施。此外,山洪的形成、江河汛期的威胁等也给城市用地的选择及城市防洪工程带来直接的影响。

一般城市因大量人工建筑物与构筑物覆盖,相对湿度比城市郊区低。湿度的大小还对城市某些工业生产工艺有所影响,同时又与居住环境是否舒适有关。

2. 城市用地适用性评定

城市用地的自然环境条件适用性评定是对土地的自然环境,按照生态系统需求、城市规划与建设的需要,进行土地使用的功能和工程的适宜程度,以及城市建设的经济性与可行性的评估。其作用是为城市用地选择和用地布局提供科学依据。

城市用地工程适宜性评定要因地制宜,特别是抓住对用地影响最突出的主导环境要素,进行重点分析与评价。例如,平原河网地区的城市必须重点分析水文和地基承载力的情况;山区和丘陵地区的城市,地形、地貌条件往往成为评价的主要因素。

我国一般将建筑用地的适宜性评价分为如下三类。

一类用地:指用地的工程地质等自然环境条件比较优越,能适应各项城市设施的建设需要,一般不需或只需稍加工程措施即可用于建设的用地。

二类用地:需要采取一定的措施,改善条件后才能修建的用地。它对城市设施或工程项目的分布有一定的限制。

三类用地:指不适于修建的用地或现代工程技术难以修建的用地,所谓不适于修建的用地是指用地条件差,必须付以特殊工程技术措施后才能用作建设的用地,这取决于科学技术和经济的发展水平。

用地类别的划分是需要按各地区的具体条件相对来拟定的,如甲城市的一类用地在乙城市可能是二类用地。同时,类别的多少也要视环境条件的复杂程度和规划的要求来确定,如有的分四类,有的只需二类即可。所以用地分类具有地方性和实用性,不同地区不能做质量类比。

为了说明用地类别划分,以平原地区的划分为例,供作参考,见表 4-3。

表 4-3　　　　　　　　　平原地区用地分类

用地类别		地基承载力 /(kg/cm²)	地下水位埋深 /m	坡度/%	洪水淹没程度	地貌现象
类	级					
一	1	>11.5	<2.0	<10	在百年洪水位以上	无冲沟
	2	>1.5	1.5~2.0	10~15	在百年洪水位以上	有停止活动的冲沟
二	1	1.0~1.5	1.0~1.5	<10	在百年洪水位以上	无冲沟
	2	1.0~1.5	<1.0	15~20	有些年份受洪水淹没	有活动性不大的冲沟
三	1	<1.0	<1.0	>20	有些年份受洪水淹没	有活动性不大的冲沟
	2	<1.0	<1.0	>25	洪水季节淹没	有活动性冲沟

图 4-6 为南方某城市所作的城市用地评定中的地形地貌分区、地质灾害分区和工程地质分区。图中分别标出了高程 50 米以上的剥蚀丘陵和土层液化塌陷区与工程地质不适建区的部位。为综合上述评价信息,最终做出的自然条件适用性评价图,其中按适用性程度划分为三类用地。

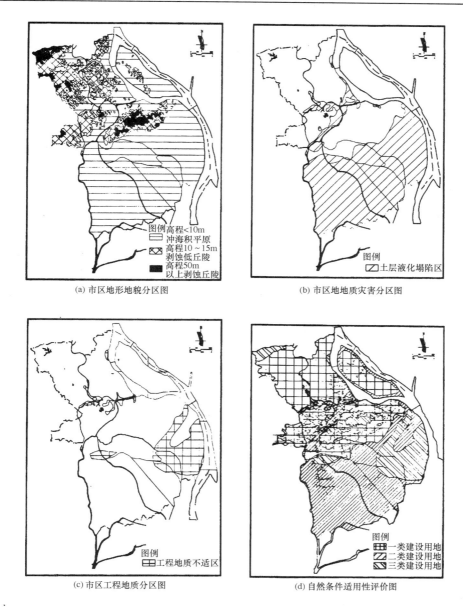

(a) 市区地形地貌分区图

(b) 市区地质灾害分区图

(c) 市区工程地质分区图

(d) 自然条件适用性评价图

图 4-6　城市用地评定图

3. 城市用地选择

城市用地选择就是合理选择城市的具体位置和用地的范围。对新建城市就是城市选址,对老城市就是确定城市用地的发展方向。城市用地选择需有用地适宜性评定的成果作为依据,同时还需综合考虑社会、经济、文化、环境等方面问题,以确定规划期内城市的明确边界。由于在用地适宜性评价中已经对危及环境安全和城市安全的要素进行了识别,并将之划定为禁建区,因此,在城市用地选择阶段,相对关注各种社会、经济和制度要素。通常涉及的方面诸如:

(1) 建设现状和使用。指用地内已有的建筑物、构筑物状态,如现有村、镇、或 其他地上、地下工程设施。新城址的选择和城市的扩张需要占用原有的村镇聚居点和乡镇工矿或军事设施等用地。城市需要对它们的迁移、拆除的可能性、动迁的数量、保留的必要与价值、可利用的潜力及经济代价做出评估。

（2）重大基础设施。指限制或促进城市发展的区域重大基础设施，如高速公路、铁路和重大水利、能源设施。在进行城市用地选择时，除对现状进行调研外，还需对目前尚未开始建设，但在国家或省市层面已经安排的重要基础设施进行研究，以确定其对城市将产生何种影响，并制定相应策略。

（3）区域关系。指一个城市与周边其他城市或地区的关联程度。当今的城市更逐渐依靠区域整体的实力进行竞争，各个城市或依靠强大的经济实力辐射其他城市，或接受更高层次城市的辐射，这种辐射在空间上体现为相互吸引。例如上海所在的长三角城市群，各个毗邻上海的城市几乎都选择向上海方向发展，以缩短自己到上海的交通时距。

（4）市政设施配套。指选择用地周边区域的水、电、气等供应网络以及道路桥梁等情况，即市政设施环境条件。基础设施是城市的主要支出领域，基础设施的容量与水平关系到相应建设的规模（如城市跨河发展时，桥梁的通行能力）、建设经济以及建设周期等问题。

（5）土地利用总体规划。指国土管理部门指定的土地利用总体规划，目前我国国土资源部编制的《土地利用总体规划》也对城市用地的边界作出了规定。在当前规划部门编制城市规划，特别是总体规划时，应当对该用地在国土部门编制《土地利用总体规划》中各个空间的用途规定及调整的可能性有所了解，并做好必要的沟通协调工作。

（6）社会遗存指用地范围内地下已挖掘、待探明的文化遗址、文物古迹以及有关部门的保护规划与规定等状况，原则上重要的文化遗存都应列入禁建区范围，然而文化遗存的星罗棋布，很难将所有文化遗存都列入禁建区保护。另外，对于一些重要遗存非常丰富的城市，城市空间的选择也必须在遗址保护区的夹缝中寻找。

（7）社会问题指用地的产权归属、涉及原住民或企业的社会、民族、经济等方面问题。2007年《物权法》以法律的形式明确了所有权人对自己的不动产或动产，依法享有占有、使用、收益和厨房的权利。因此，因城市建设需要征收集体所有的土地，应依法足额支付土地补偿费、安置补助费、地上附着物和青苗的补偿费费用，安排被征地农民的社会保障费用、保障被征地农民的利益。

第2节 城市用地规划

一、城市总体布局

城市总体布局是研究城市各项用地之间的内在联系，并通过城市主要用地组成的不同形态表现出来。城市总体布局是城市总体规划的重要内容，它是在城市发展纲要基本明确的条件下，在城市用地评定的基础上，对城市各组成部分进行统筹兼顾、合理安排，使其各得其所、有机联系。

1. 城市总体布局的基本原则

1）城乡结合，统筹安排

总体布局立足于城市全局，从国家、区域和城市自身根本利益和长远发展出发，考虑城市与周围地区的联系，统筹安排，同时与区域的土地利用、交通网络、山水生态相互协调。

2）功能协调，结构清晰

城市用地结构清晰是城市用地功能组织合理性的一个标志，它要求城市各主要功能用地

功能明确,各用地之间相互协调,同时有安全便捷的联系、保证城市功能整体协调、安全和运转
高效(图 4-7)。

图 4-7　泸州市城市发展概念规划-用地布局规划图

3) 依托旧区,紧凑发展

依托旧区和现有对外交通干线,就近开辟新区,循序滚动发展。新区开发布局应集中紧
凑,节约用地和城市基础设施投资,以利于城市运营,方便城市管理,减轻交通压力。

4) 分期建设,留有余地

城市总体布局是城市发展与建设的战略部署,必须有长远观点和具有科学预见性,力求科学
合理、方向明确、留有余地。对于城市远期规划,要坚持从现实出发,城市近期建设应以城市远期
发展为指导,重点安排好近期建设和发展用地,形成城市建设的良性循环(图 4-8,图 4-9)。

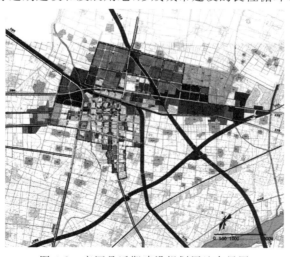

图 4-8　齐河县近期建设规划用地布局图

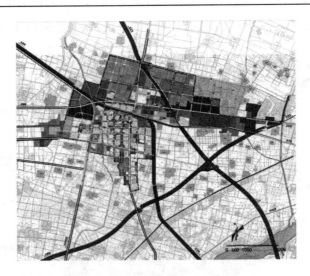

图 4-9　齐河县远景发展规划用地布局图

2. 自然条件对城市总体布局的影响

（1）地貌类型　地貌类型一般包括山地、高原、丘陵、盆地、平原、河流谷地等，它对城市的影响体现在选址和空间形态等方面（表 4-4）。

表 4-4　　　　　　　　　　　　　　　　　地形与城市结构的关系

		地形状况							
		陆　地				海　滨			
		高地	冲沟—丘陵	谷地	盆地	半圆剧场形海湾	河谷海湾谷地	半岛	河口
规划结构类型	集中型结构 平原								
	集中型结构 坡地								
	带状结构 线状的								
	带状结构 树枝状的								
	组团结构 一种高度的								
	组团结构 各种高度的								

平原地区地势平坦,城市可以自由扩展,因而其布局多采用集中式,如北京、济南、太原、石家庄等城市。

河谷地带和海岸线上的城市,由于海洋、山地和丘陵的限制,城市布局多呈狭长带状分布,如兰州、大连、深圳等城市。

江南水网密布,用地分散,城市多呈分散式布局,如苏州、绍兴、杭州等。

(2) 地表形态　地表形态包括地面起伏度、地表坡度、地面切割度等。其中,地面起伏度为城市提供了各具特色的景观要素,地面坡度对城市建设影响最为普遍和直接,而地面切割度则有助于城市特色的创造。

地表形态对城市布局的影响主要体现在:山体丘陵城市的市中心都选在山体的四周进行建设,既可以拥有优美的地表绿化景观,同时又可以俯瞰、眺望整个城市全貌,如围绕南山建设的南山首尔城市中心;其次,居住区一般布置在用地充裕、地表水源丰富的谷地中;再次,工业特别是有污染的工业布置在地形较高的下风向,以利于污染空气的扩散。

(3) 地表水系　流域的水系分布、走向对污染较重的工业用地和居住用地的规划布局有直接影响,规划中的居住用地、水源地、特别是取水口应安排在城市的上游地带。

(4) 地下水　地下水的矿化度、水温等条件决定着一些特殊行业的选址和布局,决定其产品的品质。

城市总体规划中,地下水的流向应与地面建设用地的分布以及其他自然条件一并考虑。防止因地下水受到工业排放物的污染,影响到居住区生活用水的质量。城市生活居住用地及自来水厂,应布置在城市地下水的上水位方向;工业区特别是污水量排放较大的工业企业,应布置在城市地下水的下水位方向。

(5) 风向　在进行城市用地规划布局时,为了减轻工业排放的有害气体对生活区的危害,通常把工业区布置在生活区的下风向,但应同时考虑最小风频风向、静风频率、各盛行风向的季节变换及风速关系。

(6) 风速　对城市工业布局影响很大。在城市总体布局中,除了考虑城市盛行风向的影响外,还应特别注意当地静风频率的高低,尤其在一些位于盆地或峡谷的城市,静风频率往往很高。如果只按频率不高的盛行风向作为用地布局的依据,而忽视静风的影响,那在静风日,烟尘滞留在城市上空无法吹散,只能沿水平方向慢慢扩散,仍然影响邻近上风侧的生活居住区,难以解决城市大气污染问题。

3. 城市用地布局主要模式

城市用地布局模式是对不同城市形态的概括表述,城市形态与城市的性质规模、地理环境、发展进程、产业特点等相互关联。大体分为以下类型:

(1) 集中式的城市用地布局。特点是城市各项用地集中连片发展,就其道路网形式而言,可分为网络状、环状、环形放射状、混合状以及沿江、沿海或沿主要交通干道带状发展等模式。

(2) 集中与分散相结合的城市用地布局。一般有集中连片发展的主城区、主城外围形成若干具有不同功能的组团,主城与外围组团间布置绿化隔离带。

(3) 分散式城市用地布局。城市分为若干相对独立的组团,组团间被山丘、河流、农田或森林分隔,一般是都有便捷的交通联系。

4. 城市总体布局基本内容

城市总体布局主要目的是为居民创造良好的工作环境、居住环境和休憩环境,核心问题是处理好居住与工业的合理关系。

（1）按组群方式布置工业企业，形成工业区。合理安排工业区与其他功能区的位置，处理好工业与居住、交通运输等各项用地之间的关系，是城市总体规划的首要任务。

（2）按居住区、居住小区等组成梯级布置，形成城市居住区。城市居住区的规划布置应能最大限度地满足城市居民多方面和不同程度的生活需要。一般情况下，城市居住用地由若干个居住区组成，根据城市居住区布局情况配置相应公共服务设施内容和规模，满足合理的服务半径，形成不同级别的城市公共活动中心，这种梯级组织更能满足城市居民的实际需求。

（3）配合城市各功能要素，组织城市绿地系统，建立各级休憩与游乐场所。将绿地系统尽可能均衡分布在城市各功能组成要素之中，尽可能与郊区绿地相连接，与江河湖海水系相联系，形成较为完整的绿地系统。

（4）按居民工作、居住、游憩等活动的特点，形成城市的公共活动中心体系。城市公共活动中心通常是指城市主要公共建筑物分布最为密集的地段，城市居民进行政治、经济、社会、文化等公共活动的中心。

（5）按交通性质和交通速度，划分城市道路的类别，形成城市道路交通体系。在城市总体布局中，城市道路与交通体系的规划占有特别重要的地位。按各种道路交通性质和交通速度的不同，对城市道路按其从属关系分为若干类别。交通性道路比如联系工业区、仓库区与对外交通设施的道路，以货运为主，要求高速；而城市生活性道路则是联系居住区与公共活动中心、休憩游乐场所的道路，以及他们各自内部的道路。

5. 城市总体布局的艺术性

城市空间布局应当在满足城市总体布局的前提下，利用自然和人文条件，对城市进行整体设计，创造优美的城市环境和形象。

（1）城市用地布局艺术。指用地布局上的艺术构思及其在空间上的体现，把山川河流、名胜古迹、园林绿地、有保留价值的建筑等有机组织起来，形成城市景观的整体框架。

（2）城市空间布局体现城市审美要求。城市之美是自然美与人工美的结合，不同规模的城市要有适当的比例尺度。城市美在一定程度上反映在城市尺度的均衡、功能与形式的统一。

（3）城市空间景观的组织。城市中心和干路的空间布局都是形成城市景观的重点，是反映城市面貌和个性的重要因素。城市总体布局应通过对节点、路径、界面、标志的有效组织，创造出具有特色的城市中心和城市干路的艺术风貌。

（4）城市轴线是组织城市空间的重要手段。通过轴线，可以把城市空间组成一个有秩序、有规律的整体，以突出城市的序列和秩序感。

（5）继承历史传统，突出地方特色。在城市总体布局中，要充分考虑每个城市的历史传统和地方特色，保护好有历史文化价值的建筑、建筑群、历史街区，使其融入城市空间环境中，创造独特的城市环境和形象。

二、主要城市建设用地规模与相互关系确定

1. 主要城市建设用地规模的确定

城市用地布局就是各种不同的城市活动的具体要求，为其提供规模适当、位置合理的土地。为此，首先应估算出城市中各类用地的规模以及各自之间的相对比例，按照各自对区位的需求，综合协调并形成总体布局方案。

城市用地规模的确定可以采用两种方法确定。一是按照人均用地标准计算总用地规模后，在主要用地种类之间按照一定比例进一步划分的方法；二是通过调查获得的标准土地利用

强度乘以各种城市活动的预测量分项计算,然后累加的方法。

　　影响不同类型城市用地规模的因素是不同的,即不同用途的城市用地在不同城市中变化的规律和变化的幅度是不同的。例如,影响居住用地规模的因素相对单纯并且易于把握。在国家大的土地政策、经济水平以及居住模式一定的前提下,采用通过统计得出的数据,结合人口规模的预测,很容易计算出城市在未来某一时点所需居住用地的总体规模。

　　相对于居住用地而言,工业用地规模的计算可能要复杂些,一般从两个角度出发进行预测。一个是按照各主要工业门类的产值预测和该门类工业单位产值所需用地规模来推算;另一个是按照各工业门类的职工数与该门类工业人均用地面积来计算。其中,城市主导产业的变化,劳动生产率的提高、工业工艺的改变等因素均会对工业用地的规模产生较大的影响。

　　商业商务用地规模的准确预测最为困难。这不仅因为该类用地对市场的需求更为敏感,变化周期较短,而且其总规模与城市性质、服务对象的范围、当地的消费习惯等因素有关,难以以城市人口规模作为预测的依据。同时,商业服务功能还大量存在于商业-居住、商业-工业等复合型土地利用形态中。规划中通常采用将商务、批发商业、零售业、娱乐服务业用地等分别计算的方法。

　　城市中的道路、公园、基础设施等公共设施的用地可以按照城市总用地规模的一定比例计算出来。例如,在目前我国的城市中,道路广场用地与公园绿地的面积分别占城市总用地的8%～15%。

　　此外,城市中还有些目的较为特殊但占地规模较大的用地,其规模只能按实际需要逐项计算。例如,对外交通用地,尤其是机场、港口用地,教育科研用地,用于军事、外事等目的特殊用地等。

　　城市用地规模是一个随时间变化的动态指标。通过预测所获得的用地规模只是对未来某个时间点所作出的大致估计。在城市实际发展过程中,不但各种用地之间的比例随时间变化,而且达到预测规模的时间点也会提前或延迟。

2. 主要城市建设用地位置及相互关系确定

　　在各种主要城市用地的规模大致确定后,需要将其落实到具体的空间中去。城市规划需要按照各类城市用地的分布规律,并结合规划所执行的政策与方针,明确提出城市用地布局的方案,同时进一步寻求相应的实施措施。通常影响各种城市用地的位置及其相互关系的主要因素可以归纳为以下几种,见表 4-5。

　　(1) 各种用地所承载的功能对用地的要求。例如,居住用地要求具有良好的环境,商业用地要求交通设施完备等。

　　(2) 各种用地的经济承受能力。在市场环境下,各种用地所处的位置及其相互之间的关系主要受经济因素的影响。对地租承受能力强的用地种类,例如商业用地在区位竞争中通常处于有利地位。当商业用地规模需要扩大时,往往会侵入其临近的其他种类的用地,并取而代之。

　　(3) 各种用地之间的相互关系。由于各种城市用地所承载的功能之间存在相互吸引、排斥、关联等不同的关系,城市用地之间也会相应地反映出这种关系。例如大片集中的居住用地会吸引为居民日常生活服务的商业用地,而排斥有污染的工业用地或其他对环境有影响的用地。

　　(4) 规划因素。虽然城市规划需要研究和掌握在市场作用下各类城市用地的分布规律,但这并不意味着对不同性质用地之间自由竞争的放任。城市规划所体现的基本精神恰恰是政府对市场经济的有限干预,以保证城市整体的公平、健康和有序。

表 4-5 主要城市用地类型的空间分布特征表

用地种类	功能要求	地租承受能力	与其他用地关系	在城市中的区位
居住用地	较便捷的交通条件、较完备的生活服务设施、良好的居住环境	中等、较低(不同类型居住用地对地租的承受能力相差很大)	与工业用地、商务用地等就业中心保持密切联系,且不受其干扰	从城市中心至郊区,分布范围较广
商务、商业用地(零售业)	便捷的交通、良好的城市基础设施	较高	一般需要一定规模的居住用地作为其服务范围	城市中心、副中心或社区中心
工业用地(制造业)	良好、廉价的交通运输条件、大面积平坦的土地	中等—较低	需要与居住用地之间保持便捷的交通联系,对城市其他用地有一定的负面影响	下风向、河流下游的城市外围或郊区

三、居住用地布局

居住用地是承担居住功能和生活活动的场所,随着城市功能的拓展,其概念已经上升到人居环境的层面。因此,选择适宜、恰当的用地,并处理好与其他类别用地的关系,同时确定居住功能的组织结构,配置相应的公共服务设施系统,创造良好的居住环境,是城市规划的目标之一。

1. 居住用地的组成

在居住用地中,除了直接建设各类住宅的用地外,还有为住宅服务的各种配套设施用地。例如,居住区内的道路,为社区服务的公园、幼儿园以及商业服务设施用地等。因此,城市总体规划中的居住用地按国标《城市用地分类与规划建设用地标准》(GB 50137—2011)规定,是指住宅和相应服务设施用地。

2. 居住用地指标

居住用地指标主要由两方面来表达:一是居住用地占整个城市用地的比重;二是居住用地的分级以及各项内容的用地分配与标准。

1)影响因素

(1)城市规模在居住用地占城市总用地的比重方面,一般是大城市因工业、交通、公共设施等用地较之小城市的比重要高,相对地居住用地比重会低些。同时也由于大城市可能建造较多高层住宅,人均居住用地指标会比小城市低些。

(2)城市性质一般老城市建筑层数较低,居住用地所占城市用地的比重会高些;而新兴城市,因产业占地较大,居住用地比重就比较低。

(3)自然条件如在丘陵或水网地区,会因土地可利用率低,需要增加居住用地的数量,加大该项用地的比重。此外,在不同纬度的地区,为保证住宅必要的日照间距,会影响到居住用地的标准。

(4)城市用地标准因城市社会经济发展水平不同,加上房地产市场的需求状况不一,也会影响到住宅建设标准和居住用地指标。

　　2）用地指标

　　（1）居住用地的比重国标《城市用地分类与规划建设用地标准》（GB 50137—2011）规定，居住用地占城市建设用地的比例为 25%～40%，可根据城市具体情况取值。如大城市可能偏于低值，小城市可能接近高值。在一些居住用地比值偏高的城市，随着城市发展，道路、公共设施等相对用地增大，居住用地的比重会逐步降低。

　　（2）居住用地人均指标国标《城市用地分类与规划建设用地标准》规定，人均居住用地指标为 23.0～38.0m²。

3. 居住用地的规划布局

　　1）居住用地的选择

　　居住用地的选择关系到城市的功能布局，居民的生活质量与环境质量、建设经济与开发效益等多个方面。一般应考虑以下几个方面要求：

　　（1）选择自然环境优良的地区，有适合的地下与工程地质条件，避免选择易受洪水、地震灾害和滑坡、沼泽、风口等不良条件的地区。在丘陵地区，宜选择向阳、通风的坡面。在可能情况下，尽量接近水面和风景优美的环境。

　　（2）居住用地选择应协调与城市就业区和商业中心等功能地域的相互关系，以减少居住—工作、居住—消费的出行距离与时间。

　　（3）居住用地选择要十分注重用地自身及用地周边的环境影响。在接近工业区时，要选择在常年主导风向的上风向，并按环境保护等法律规定保持必要的防护距离，为营造卫生、安宁的居住生活空间提供环境保证。

　　（4）居住用地选择应有适宜的规模与用地形状，从而合理组织居住生活、经济有效地配置公共服务设施等。合适的用地形状将有利于居住区的空间组织和建设工程经济。

　　（5）在城市外围选择方面要注意留有余地。在居住用地与产业用地相配合一体安排时，要考虑相互发展的趋势与需要，如产业有一定发展潜力与可能时，居住用地应有相应的发展安排与空间准备。

　　2）居住用地的规划布局

　　城市居住用地在总体布局中的分布，主要有以下方式：

　　（1）集中布置。当城市规模不大，有足够的用地且在用地范围内无自然或人为的障碍，而可以成片紧凑地组织用地时，常采用这种布置方式。用地的集中布置可节约城市市政建设投资，密切城市各部分在空间上的联系，在便利交通、减少能耗、时耗等方面可获得较好的效果。

　　但在城市规模较大、居住用地过于大片密集布置，可能会造成上下班出行距离增加，疏远居住与自然的联系，影响居住生态质量等诸多问题。

　　（2）分散布置。当城市用地受到地形等自然条件的限制，或因城市的产业分布和道路交通设施布局的影响时，居住用地可采取分散布置。前者如丘陵地区，居住用地沿多条谷地展开；后者如矿区城市，居住用地与采矿点相伴而分散布置。

　　（3）轴向布置。当城市用地以中心城市为核心，沿着多条由中心向外围放射的交通干线发展时，居住用地依托交通干线，在适宜的出行距离范围内，赋以一定的组合形态，并逐步延展。如有的城市因轨道交通的建设，带动了沿线房地产业的发展，居住区在沿线集结，呈轴线发展态势（图 4-10）。

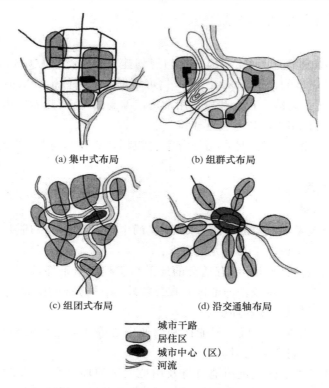

(a) 集中式布局　　　　(b) 组群式布局

(c) 组团式布局　　　　(d) 沿交通轴布局

———　城市干路
　　　居住区
　　　城市中心（区）
～～～　河流

图 4-10　几种不同类型的城市居住用地分布

四、公共设施用地布局

城市公共设施是以公共利益和设施的可公共使用为基本特性。公共设施的内容与规模在一定程度上反映出城市的性质、城市的物质生活与文化生活水平和城市的文明程度。

1. 公共设施用地的分类

城市公共设施种类繁多,且性质、归属不一。按照公共设施所属机构的性质及其服务范围,可以分为非地方性公共设施和地方性公共设施;按公共属性可以分为公益性设施和盈利性设施。《城市用地分类与规划建设用地分类标准》(GB 50137—2011)为区分公共设施的公益保障性和盈利性的特点,将公共设施用地分为公共管理与公共服务用地和商业服务业设施用地,见表 4-6。

表 4-6　　　　　　　　　　　　　城市公共设施用地分类

类别代码			类别名称	范　围
大类	中类	小类		
A			公共管理与公共服务用地	行政、文化、教育、体育、卫生等机构和设施的用地,不包括居住地中的服务设施用地
	A1		行政办公用地	党政机关、社会团体、事业单位等办公机构及其相关设施用地
	A2		文化设施用地	图书、展览等公共文化活动设施用地
		A21	图书展览设施用地	公共图书馆、博物馆、科技馆、纪念馆、美术馆和展览馆、会展中心等设施用地
		A22	文化活动设施用地	综合文化活动中心、文化馆、青少年宫、儿童活动中心、老年活动中心等设施用地

续表

类别代码			类别名称	范　围
大类	中类	小类		
A	A3		教育科研用地	高等院校、中等专业学校、中学、小学、科研事业单位等用地,包括为学校配建的独立地段的学生生活用地
		A31	高等院校用地	大学、学院、专科学校、研究生院、电视大学、党校、干部学校及其附属用地,包括军事院校用地
		A32	中等专业学校用地	中等专业学校、技工学校、职业学校等用地,不包括附属于普通中学内的职业高中用地
		A33	中小学用地	中学、小学用地
		A34	特殊教育用地	聋、哑、盲人学校及工读学校等用地
		A35	科研用地	科研事业单位用地
	A4		体育用地	体育场馆和体育训练基地等用地,不包括学校等机构专用的体育设施用地
		A41	体育场馆用地	室内外体育运动用地,包括体育场馆、游泳场馆、各类球场及其附属的业余体校等用地
		A42	体育训练用地	为体育运动专设的训练基地用地
	A5		医疗卫生用地	医疗、保健、卫生、防疫、康复和急救设施等用地
		A51	医院用地	综合医院、专科医院、社区卫生服务中心等用地
		A52	卫生防疫用地	卫生防疫站、专科防治所、检验中心和动物检疫站等用地
		A53	特殊医疗用地	对环境有特殊要求的传染病、精神病等专科医院用地
		A59	其他医疗卫生用地	急救中心、血库等用地
	A6		社会福利设施用地	为社会提供福利和慈善服务的设施及其附属设施用地,包括福利院、养老院、孤儿院等用地
	A7		文物古迹用地	具有历史、艺术、科学价值且没有其他使用功能的建筑物、构筑物、遗址、墓葬等用地
	A8		外事用地	外国驻华使馆、领事馆、国际机构及其生活设施等用地
	A9		宗教设施用地	宗教活动场所用地
B	B1		商业服务业设施用地	商业、商务、娱乐康体等设施用地,不包括居住用地中的服务设施用地
			商业设施用地	商业经营活动及餐饮、旅馆等服务业用地
		B11	零售商业用地	以零售功能为主的商铺、商场、超市等用地
		B12	批发市场用地	以批发功能为主的市场用地
		B13	餐饮用地	饭店、餐厅、酒吧等用地
		B14	旅馆用地	宾馆、旅馆、招待所、服务型公寓、度假村等用地
	B2		商务设施用地	金融保险、艺术传媒、技术服务等综合性办公用地
		B21	金融保险用地	银行、证券期货交易所、保险公司等用地
		B22	艺术传媒用地	文艺团体、影视制作、广告传媒等用地
		B29	其他商务设施用地	贸易、设计、咨询等技术服务办公用地

续表

类别代码			类别名称	范　围
大类	中类	小类		
B	B3		娱乐康体设施用地	娱乐、康体等设施用地
		B31	娱乐用地	单独设置的剧院、音乐厅、电影院、歌舞厅、网吧以及绿地率小于65%的大型游乐等设施用地
		B32	康体用地	单独设置的赛马场、溜冰场、跳伞场、摩托车场、射击场，以及通用航空、水上运动的陆域部分等用地
	B4		公用设施营业网点用地	零售加油、加气、电信、邮政等公用设施营业网点用地
		B41	加油加气站用地	零售加油、加气以及液化石油气换瓶站用地
		B49	其他公用设施营业网点用地	独立地段的电信、邮政、供水、燃气、供电、供热等其他公用设施营业网点用地
	B9		其他服务设施用地	业余学校、民营培训机构、私人诊所、宠物医院、汽车维修站等其他服务设施用地

2. 公共设施用地的指标

公共设施指标的确定，是城市规划技术经济工作的重要内容之一。它关系到居民的生活，同时对城市建设经济也有一定影响，特别是一些大量性公共设施和大型公共设施，指标确定的得当与否，更有重要的经济意义。

1）公共设施用地规模的影响因素

影响城市公共设施用地规模的因素较为复杂，很难确切地预测，而且城市之间存在较大的差异，无法一概而论。在城市总体规划阶段，公共设施的用地规模通常不包括与市民日常生活关系密切的设施的用地规模，而将其计入居住用地的规模，例如居住区内的小型超市、洗衣店、美容院等商业服务设施用地。

影响城市公共设施用地规模的因素主要有以下几个方面：

（1）城市性质，规模及城市布局的特点

城市性质不同，公共设施的内容及其指标应随之而异。如一些省会或地、县等行政中心城市，机关、团体、招待所以及会堂等设施数量较多，在旅游城市或交通枢纽城市，则需为外来游客或游客设置较多的旅馆、饭店等服务机构，因而相对地公共设施指标就要高一些。城市规模大小影响到公共设施指标的确定。规模较大的城市，公共设施的项目比较齐备，专业分工较细，规模相应较大，因而指标就比较高；而小城市，公共设施项目少，专业分工不细，规模相应较小，因而指标就比较低。但是在一些独立的工矿小城镇，为了设施配备齐全，而考虑为周围农村服务的需要，公共设施的指标又可能比较高。当城市空间布局不是集中成团状，而是成组群或是带状分布时，公共设施配置较为分散，但有些公共设施又必须具有基本的规模，这样就需要适当地提高指标。

（2）经济条件和人民生活水平

公共设施指标的拟定要从国家和所在城市的经济条件和人民生活实际需要出发。如果所订指标超越了现实或规划期内的经济条件和人民生活的需要，会影响居民对公共设施的实际使用、造成浪费。如果盲目降低应有的指标，不能满足群众正当的生活要求，会造成群众生活的不便。

（3）社会生活的组织方式

城市生活随着社会的发展，而不断地充实和变化。一些新的设施项目的出现，以及原有设施内容与服务方式的改变，都将需要对有关指标进行适时的调整或重新拟定。

（4）生活习惯的要求

我国地域辽阔，自然地理条件迥异，又是多民族的国家，因而各地有着不同的生活习惯。反映在对各地公共设施的设置项目、规模及其指标的制定上，应有所不同。例如南方多茶楼、游泳池等户外活动的项目，北方则多室内商场和市场，有的城市居民对体育运动特别爱好，有的小城市须有较多供集市贸易的设施。凡此，有关设施的指标就应该因地制宜，有所不同。

此外，公共设施的组织与经营方式及其技术设备的改革、服务效率的提高，对远期公共设施指标的拟定也会带来影响，应予以考虑。

2）公共设施用地规模的确定

确定城市公共设施的用地规模，要从城市对公共设施设置的目的、功能要求、分布特点、城市经济条件和现状基础等多方面进行分析研究，综合地加以考虑。

（1）根据人口规模推算

通过对不同类型城市现状公共设施用地规模与城市人口规模的统计比较，可以得出该类用地与人口规模之间关系的函数或者是人均用地规模指标。

（2）根据各专业系统和有关部门的规定来确定。有一些公共设施，如银行、邮局、医疗、商业、公安部门等，由于它们业务与管理的需要自成系统，并各自规定了一套具体的建筑与用地指标。这些指标是从其经营管理的经济与合理性来考虑。

（3）根据地方的特殊需要，通过调研，按需确定。在一些自然条件特殊、少数民族地区，或是特有的民俗民风地区的城市，某些公共设施需要通过调查研究，予以专门设置，并拟定适当指标。

3. 公共设施用地规划布局

城市公共设施的布局在不同的规划阶段，有着不同的布局方式和深度要求。总体规划阶段，在研究确定城市公共设施总量指标和分类分项指标基础上，进行公共设施用地的总体布局，包括不同类别公共设施分级集聚并组织城市不同层级的公共中心。在具体落实各种公共活动用地时，一般遵循以下几条原则。

1）建立符合客观规律的完整体系

公共设施用地，尤其是商务办公、商业服务等主要因市场因素变化的用地，其规划布局必须充分遵循其分布的客观规律。同时，结合其他用地种类，特别是居住用地的布局，安排好各个级别设施的用地，以利于商业服务设施网络的形成（图 4-11）。

2）采用合理的服务半径

根据服务半径确定其服务范围大小及服务人数多少，一次推算公共设施的规模。服务半径的确定首先是先从居民对设施方便使用的要求出发，同时也要考虑到公共设施经营管理的经济性与合理性。不同的设施有不同的服务半径。某项公共设施服务半径的大小，又将随它的使用频率、服务对象、地形条件、交通的便利程度以及人口密度的高低等而可有所不同。如小学服务半径通常以不超过 500m 为宜。在人口密度较低的地区，考虑到学校经营管理的经济性与合理性、学校合理规模的要求，服务半径可以定得大一点，反之，可小些。

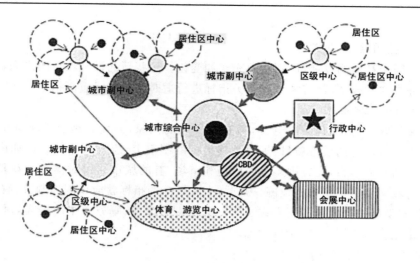

图 4-11　城市中各类公共活动中心的构成

3）与城市交通系统相适应

大部分全市性的公共设施用地均需要位于交通条件良好、人流集中的地区。城市公共设施用地布局需要结合城市交通系统规划进行,并注意到不同交通体系所带来的影响。在轨道公共交通较为发达的大城市中,位于城市中心的交通枢纽、换乘站、地铁车站周围通常是安排公共活动用地的理想区位。而在以汽车交通为主的城市中,城市干道两侧、交叉口附近、高速公路出入口附近等区位更适合布置公共设施用地。此外,社区设施用地的布局也要根据城市干道系统的规划,结合区内步行系统的组织进行。

4）考虑对形成城市景观的影响

公共设施种类多,而且建筑的形体和立面也比较多样而丰富。因此可通过不同的公共设施和其他建筑的协调处理与布置,利用地形等其他条件,组织街景与景点,以创造具有地方风貌的城市景观。

5）与城市发展保持动态同步

公共设施用地布局还要考虑到对现有同类用地的利用和衔接以及伴随城市发展分期实施的问题,使该类用地的布局不仅在城市发展的远期趋于合理,同时也与城市发展保持动态同步。

五、工业用地布局

工业是近现代城市产生与发展的根本原因。对于正处在工业化时期的我国大部分城市而言,工业不仅是城市经济发展的支柱与动力,同时也是提供大量就业岗位、接纳劳动力的主体。工业生产活动通常占用城市中大面积的土地,伴随包括原材料与产品运输在内的货运交通以及职工通勤为主的人流交通,同时还在不同程度上产生影响城市环境的废气、废水、废物和噪声。因此,工业用地布局既要能满足工业发展的要求,又要有利于城市本身健康地发展。

1. 工业用地的特点

根据工业生产自身的特点,通常工业生产的用地必须具备以下几个条件:

（1）地形地貌、工程、水文地质、形状与规模方面的条件。工业用地通常需要较为平坦的用地（坡度＝0.5%～2%）,具有一定的承载力（1.5kg/cm²）,并且没有被洪水淹没的危险,地块的形状与尺寸也应满足生产工艺流程的要求。

（2）水源及能源供应条件。可获得足够的符合工业生产需要的水源及能源供应，特别对于需要消耗大量水或电力、热力等能源的工业门类尤为重要。

（3）交通运输条件。靠近公路、铁路、航运码头甚至是机场，便于大宗货物的廉价运输。当货物运输量达到一定程度时（运输量≥10 万 t/年或单件在 5t 以上）可考虑铺设铁路专用线。

（4）其他条件。与城市居住区之间应有通畅的道路以及便捷的公共交通手段，此外，工业用地还应避开生态敏感地区以及各种战略性设施。

2. 工业用地的类型与规模

工业用地的规模通常被认为是在工业区就业人口的函数，或者是工业产值的函数。但是不同种类的工业，其人均用地规模以及单位产值的用地规模是不同的，有时甚至相差很大。例如，电子、服装等劳动密集型的工业不但人均所需厂房面积较小，而且厂房本身也可以是多层的；而在冶金、化工等重工业中，人均占地面积就要大得多（表 4-7）。同时随着工业自动化程度的不断提高，劳动者人均用地规模呈不断增长的趋势。因此，在考虑工业用地规模时，通常按照工业性质进行分类，例如，冶金、电力、燃料、机械、化工、建材、电子、纺织等；而在考虑工业用地布局时则更倾向于按照工业污染程度进行分类，例如，一般工业、有一定干扰和污染的工业、有严重干扰和污染的工业以及隔离工业等。事实上，这两种分类之间存在一定的关联。在我国现行用地分类标准中，工业用地按照其产生污染和干扰的程度，被分为由轻至重的一、二、三类。同时，工业用地在城市建设用地中的比例相应地为 15%～30%。

表 4-7　　　　　　　　　　　北美地区工业工地的规划标准

规模	标　　准
幅度	100～500 英亩（40～200hm²）
平均	300 英亩（120hm²）
最小规模	35 英亩（14hm²）
街区规模	（400～1000）英尺×（1000～20000）英尺＝[（120－300）m]×（300－600）m]
容积率（FAR）	0.1～0.3
停车位	0.8～1.0/工人
工人密度（总）	10～30 人/净英亩（25～75 人/hm²）
密集型工业	30 人/净英亩（75 人/hm²）
半密集型工业	14 人/净英亩（35 人/hm²）
发散型工业	8 人/净英亩（20 人/hm²）

3. 工业用地对城市环境的影响

工业生产过程中产生的污染物对周围其他用地，尤其是居住用地造成不同程度的影响。因此，对于工业用地的布局应尽量减少对其他种类用地的影响。通常采用的措施有以下几种。

（1）将易造成大气污染的工业用地布置在城市下风向。根据城市主导风向并在考虑风速、季节、地形、局部环流等因素的基础上，尽可能将大量排出废气的工业用地安排在城市下风向且大气流动通畅的地带，排放大量废气的工业不宜集中布置，以利于废气的扩散，避免有害气体的相互作用。

（2）将易造成水体污染的工业用地布置在城市下游。为便于工业污水的集中处理，规划中可将大量排放污水的企业相对集中布置，便于联合无害化处理和回收利用。处理后的污水也应通过城市排水系统统一排放至城市下游。

（3）在工业用地周围设置绿化隔离带。事实证明，达到一定宽度的绿化隔离带不但可以降低工业废气对周围的影响，也可以达到阻隔噪音的作用。易燃、易爆工业周围的绿化隔离带还是保障安全的必要措施。

居住用地对工业污染的敏感程度最高，所以从避免污染和干扰的角度看，居住用地应远离工业用地。但另一方面二者因职工通勤又需要相对接近。因此，就近通勤与减缓污染成为居住用地与工业用地布局中的一对矛盾。

4. 工业用地的选址

工业用地选址的要素除去我们前面所讲到的工业用地自身的特点外，还应考虑它与周围用地是否兼容，并有进一步发展的空间。按照工业用地在城市中的相对位置可分为三种类型（图 4-12）。

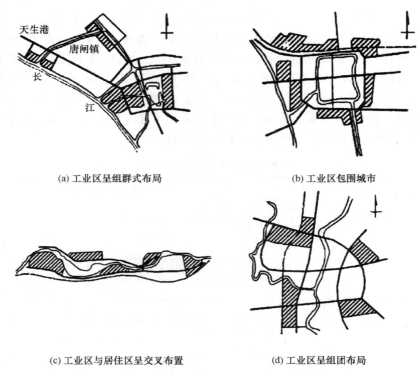

(a) 工业区呈组群式布局　　　　　　　(b) 工业区包围城市

(c) 工业区与居住区呈交叉布置　　　　(d) 工业区呈组团布局

图 4-12　工业用地在城市中的布局

（1）城市中的工业用地。通常无污染、运量小、劳动力密集、附加值高的工业趋于以较为分散的形式分布于城市之中，与其他种类用地相间，形成混合用途的地区。

（2）位于城市边缘的工业用地。占地与运输量较大、对城市有一定污染和干扰的工业更多选择城市边缘地区，形成相对集中的工业区。这样一方面可以获得廉价的土地和扩展的可能；另一方面可以避免与其他种类的用地之间产生矛盾。这样的工业区在城市中可能有数个。

（3）独立存在的工业用地。因资源分布、土地利用的制约甚至是政策因素，一部分工业用地选择与城市有一定距离的地段，形成独立的工业用地、工业组团或工业区。例如矿业城市中的各采矿组团、作为开发区的工业园区等。当独立存在的工业用地形成一定规模时，就需安排配套生活用地以及通往主城区的交通干线。

5．工业用地在城市中的布局

根据利于生产、方便生活且为将来发展留有余地、为城市发展减少障碍的原则，城市土地利用规划应从各个城市的实际出发，选择适宜的形式安排土地利用布局。除与其他种类用地交错布局形成混合用途中的工业用地外，常见的相对集中的工业用地布局形式有以下几种：

1）工业用地位于城市特定地区

工业用地相对集中地位于城市某一方位上，形成工业区，或者分布于城市周边。通常中小城市中的工业用地多呈此种形态布局，特点是总体规模较小，与生活居住用地之间具有较密切的联系，但容易造成污染，且当城市进一步发展时，有可能形成工业用地与生活居住用地相间的情况。

2）工业用地与其他用地形成组团

由于地形条件原因或者城市发展的时间积累，工业用地与生活居住用地共同形成了相对明确的功能组团。这种情况常见于大城市或山地丘陵城市，其优点是一定程度上平衡了组团内的就业与居住，但同时工业用地与居住用地之间又存在交叉布局的情况，不利于局部污染的防范。城市整体的污染防范可以通过调整各组团中的工业门类来实现。

3）工业园或独立的工业卫星城

工业园或独立的工业组团，通常有相对较为完备配套生活居住用地，基本上可以做到不依赖主城区，但与主城区有快速便捷的交通联系。如北京的亦庄经济技术开发区，上海的宝山、金山、松江等卫星城镇。

4）工业地带

当某一区域内的工业城市数量、密度与规模发展到一定程度时，就形成了工业地带。这些工业城市之间分工合作，联系密切，但各自独立并相对对等。德国著名的鲁尔地区在 20 世纪80 年代期间就是一种典型的工业地带。事实上，对工业地带中工业及相关用地规划布局已不属于城市规划的范畴，而更倾向于区域规划所应解决的问题。

六、物流仓储用地布局

随着经济全球化和现代高新技术的迅猛发展，现代物流在世界范围内获得迅速发展，成为极具增长前景的新兴产业。由于物流、仓储与货运存在关联性和与兼容性，国标《城市用地分类与规划建设用地标准》(GB 50137—2011)设立物流仓储用地，并按其对居住和公共环境的影响的干扰污染程度分为 3 类。

1．物流仓储用地的分类

这里所指的物流仓储用地包括物资储备、中转、配送、批发、交易等用地，包括大型批发市场以及货运公司车队的站场(不包括加工)等用地。按照我国现行的城市用地标准，物流仓储用地被分为：①一类物流仓储用地；②二类物流仓储用地；③三类物流仓储用地，见表4-8。

表 4-8　　　　　　　　　　　　　　　　　物流仓储用地分类

类别名称	范围
一类物流仓储用地	对居住和公共环境基本无干扰、污染和安全隐患的物流仓储用地
二类物流仓储用地	对居住和公共环境基本有一定干扰、污染和安全隐患的物流仓储用地
三类物流仓储用地	存放易燃、易爆和剧毒等危险品的专用仓库用地

2. 物流仓储用地在城市中的布局

物流仓储用地的布局通常从物流仓储功能对用地条件的要求以及与城市活动的关系这两个方面来考虑。首先,用作物流仓储的用地必须满足一定的条件,例如,地势较高且平坦,但有利于排水的坡度、地下水位低、地基承载力强、具有便利的交通运输条件等。其次,不同类型的物流仓储用地应安排在不同的区位中。其原则是与城市关系密切,为本市服务的物流仓储设施,例如综合性物流中心、专业性物流中心等应布置在靠近服务对象、与市内交通系统联系紧密的地段;对于与本市经常性生产生活活动关系不大的物流仓储设施,例如战略性储备仓库、中转仓库等,可结合对外交通设施,布置在城市郊区。因仓库用地对周围环境有一定的影响,规划中应使其与居住用地之间保持一定的卫生防护距离(表4-9)。此外,危险品仓库应单独设置,并与城市其他用地之间保持足够的安全防护距离。

表 4-9 仓储用地与居住用地之间的卫生防护距离

仓库种类	宽度/m
全市性水泥供应仓库、可用废品仓库	300
非金属建筑材料供应仓库、煤炭仓库、未加工的二级原料临时储藏仓库、500m² 以上的藏冰库	100
蔬菜、水果储藏库,600t 以上批发冷藏库,建筑与设备供应仓库(无起灰料的),木材贸易和箱桶装仓库	50

七、城市绿地布局

1. 城市绿地系统的组织

城市绿地指以自然植被和人工植被为主要存在形态的城市用地。它是城市用地的组成部分,也是城市自然环境的构成要素。城市绿地系统要结合用地自然条件分析,有机组织,一般遵循以下原则:

(1)内外结合,形成系统。以自然的河流、山脉、带状绿地为纽带,对内联系各类城市绿化用地,对外与大面积森林、农田以及生态保护区密切结合,形成内外结合、相互分工的绿色有机整体。

(2)均衡分布,有机构成城市绿地系统。绿地要适应不同人群的需要,分布要兼顾共享、均衡和就近分布等原则。居民的休息与游乐场所,包括各种公共绿地、文化娱乐设施和体育设施等,应合理地分散组织在城市中,最大程度方便居民使用,图4-15。

(3)远景目标与近期建设相结合,城市绿地系统规划必须先于城市发展或至少与城市发展同步进行。规划要从全局利益及长远观点出发,按照"先绿后好"的原则,提高规划目标,同时做到按照规划,分期、分批、有步骤、按计划实施。

2. 城市开放空间体系的布局

城市的绿地、公园、道路广场以及周边的自然空间共同组成了城市的开敞空间系统。开敞空间不仅是城市空间的组成部分,也要从生态、舒适度、教育、上海以及文化等多方面加以评价。1990年代,伦敦提出将建立开敞空间系统作为一个绿色战略(Green Strategy),而不仅仅是一个公园体系。

城市开敞空间体系的具体布局方式有多种形式,如绿心、走廊、网状、楔形、环状等(图4-14)。如德国科隆的环状加放射状结合的开敞空间系统;大伦敦绿环内的开敞空间系统;印度昌迪加尔城规划方案中,通过方格网和宽窄变化的公园网络组成相互叠合的网络结构。

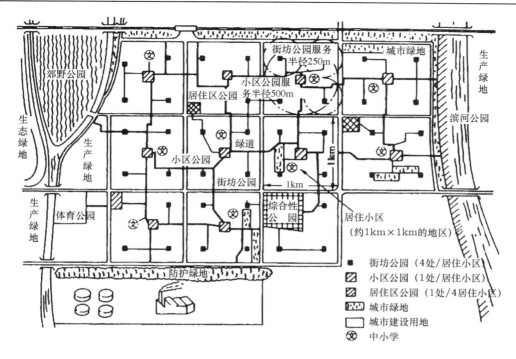

图 4-13　城市公园绿地布局示意图

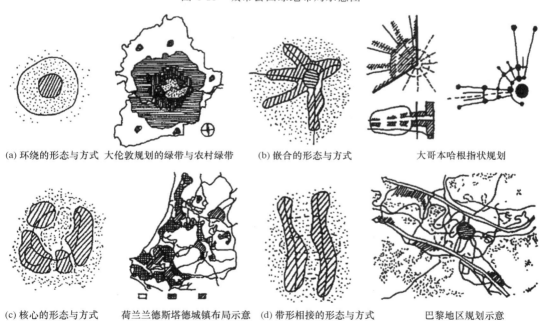

(a) 环绕的形态与方式　大伦敦规划的绿带与农村绿带　　(b) 嵌合的形态与方式　　　大哥本哈根指状规划

(c) 核心的形态与方式　荷兰兰德斯塔德城镇布局示意　(d) 带形相接的形态与方式　　巴黎地区规划示意

图 4-14　区域开敞空间体系的空间布局方式

第 5 章　城市总体布局

　　城市总体布局是城市的社会、经济、环境以及工程技术与建筑空间组合的综合反映,也是城市总体规划的重要工作内容。它是在基本明确了城市发展纲要的基础上,根据大体确定的城市性质和规模,结合城市用地评定,对城市各组成部分的用地空间进行统一安排、合理布局,使其各得其所、有机联系。它是一项为城市长期合理发展奠定基础的全局性工作,可作为指导城市建设的规划管理基本依据之一。

　　城市总体布局是通过城市用地组成的不同形态体现出来的。城市总体布局的核心是城市用地功能组织,它是研究城市各项主要用地之间的内在联系。根据城市的性质和规模,在分析城市用地和建设条件的基础上,将城市各组成部分按其不同功能要求有机地组合起来,使城市有一个科学、合理的用地布局。

第 1 节　城市总体布局的基本原则

　　城市总体布局要力求科学、合理,要切实掌握城市建设发展过程中需要解决的实际问题,按照城市建设发展的客观规律,对城市发展作出足够的预见。它既要经济合理地安排近期各项建设,又要相应地为城市远期发展作出全盘考虑。科学合理的城市总体布局必然会带来城市建设和经营管理的经济性。城市总体布局是在一定的历史时期、一定的自然条件、一定的生产、生活要求下的产物。通过城市建设的实践,得到检验,发现问题,修改完善,充实提高。

一、影响城市总体布局的因素

　　城市总体布局的形成与发展取决于城市所在地域的自然环境、工农业生产、交通运输、动力能源和科技发展水平等因素,同时也必然受到国家政治、经济、科学技术等发展阶段与政策的作用。

　　随着生产力的发展,科学技术的不断进步,规划布局所表现的形式也在不断发展。例如社会改革和政策实施的积极作用,工业技术革命及城市产业结构的变化、交通运输的改进与提高、新资源的发现、能源结构的改变等因素,都会对未来城市的布局产生实质性的影响。

　　城市存在于自然环境中,除了受到国家的政治、经济、科学技术等因素支配外,还有来自城市本身和城市周围地区两个方面的影响。生产力的发展水平和生产方式、城市的性质和规模、城市所在地区的资源和自然条件、生态平衡与环境保护、工业和交通运输等因素,都会在不同程度上影响城市总体布局的形成和发展。

二、城市总体布局的基本原则

　　城市总体布局应体现前瞻性,综合性和可操作性,紧密结合我国城镇化发展的基本方针,坚持走中国特色的城镇化道路,按照循序渐进、节约土地、集约发展、合理布局的基本要求,努力形成资源节约、环境友好、经济高效、社会和谐的城镇发展新格局,取得社会效益、经济效益和环境效益的统一。具体应当综合考虑以下四个方面的要求。

1.　增强区域整体发展观念，考虑城乡统筹发展

分析影响城市与区域整体性发展的各个因素，把握区域空间演化的整体态势。在城镇化发达地区，现在已出现了城市群、大都市连绵区等新形式的空间聚合模式，空间扩展、经济联系、交通组织等方面都呈现出一体化的态势。相对而言，欠发达地区的城市则呈现城镇化水平低、城镇规模小、功能弱、基础设施不健全等特点。

认真分析区域性产业结构调整和产业布局的影响。区域性的产业结构调整和转型发展可以直接影响到城市功能的转变。对于区域经济中心城市，应将产业结构的高级化作为主要方向。对一般城市，则应根据自身的条件，调整和完善城市产业结构，明确具有竞争能力又富有效益的产业，也就是发展优势较高的产业，并在规划布局中为之提供积极发展的条件。

认真分析区域性生态资源条件的承载能力。区域是生态与环境可持续发展的基本单位，良好城市环境的创造和生态环境的可持续发展必须基于区域的尺度寻求解决的方案和对策。

认真分析区域性重大基础设施建设的影响。一方面应加强对支撑城市发展的战略性基础设施的研究，一方面，重视新的区域性重大基础设施项目的建设对城市布局形态可能产生的影响。

促进城乡融合，建立合理的城乡空间体系。在城镇化进程中，应注重实现城市现代化和农村产业化同步发展。在发展大中城市的同时，有计划地积极发展小城镇，通过建立合理的城乡空间体系，以市域土地资源合理利用和城镇体系布局为重点，通过各级城镇作用的充分发挥，推动实现农村现代化，使城乡逐步融合，共同繁荣。

2.　重点安排城市主要用地，强化规划结构

集中紧凑，节约用地，提高用地布局的经济合理性。城市总体布局在保证城市正常功能的前提下，应尽量节约用地，集中紧凑，缩短各类工程管线和道路的长度，节约城市建设投资，方便城市管理。城市总体布局要十分珍惜有限的土地资源，尽量少占农田，不占良田，兼顾城乡，统筹安排农业用地和城市建设用地。

明确重点，抓住城市建设和发展的主要矛盾。努力找出并抓住规划期内城市建设发展的主要矛盾，作为构思总体布局的切入点。对以工业生产为主的生产城市，其规划布局应从工业布局入手；交通枢纽城市则应以有关交通运输的用地安排为重点；风景旅游城市应先考虑风景游览用地和旅游设施的布局。城市往往是多职能的，因此要在综合分析基础上，分清主次，抓住主要矛盾。

规划结构清晰明确，内外交通便捷。城市规划用地结构是否清晰是衡量用地功能组织合理性的一个指标。城市各主要用地既要功能明确，相互协调，同时还要有安全便捷的交通联系，把城市组织成一个有机的整体。城市总体布局要充分利用自然地形、江河水系、城市道路、绿地林带等空间来划分功能明确、面积适当的各功能用地，在明确道路系统分工的基础上促进城市交通的高效率，并使城市道路与对外交通设施和城市各组成要素之间均保持便捷的联系。

3.　弹性生长，近远期结合，为未来预留发展空间

重视城市分期发展的阶段性，充分考虑近期建设与远期发展的衔接。城市远期规划要坚持从现实出发，城市近期建设规划则应远期规划为指导。城市近期建设要坚持紧凑、经济、可行、由内向外、由近及远、成片发展，并在各规划期内保持城市总体布局的相对完整性。

旧区更新与新区建设联动发展。城市总体布局要把城市现状要素有机地组织进来，既要充分利用现有物质基础发展新区，又要为逐步调整或改造旧区创造条件。在旧城更新中要防止两种倾向，其一是片面强调改造，大拆大迁过早拆旧其结果就可能使城市原有建筑风貌和文物古迹受损;其二是片面强调利用,完全迁就现状,其结果必然会使旧城区不合理的布局长期得不到调整,甚至阻碍城市的发展。

考虑城市建设发展的不可预见性,预留发展弹性。所谓"弹性"即是城市总体布局中的各组成部分对外界变化的应变能力和适应能力,如对于经济发展的速度调整、科学技术的新发展、政策措施的修正和变更等的应变能力和适应能力。规划布局中某些合理的设想,若短期内实施有困难,就应当通过规划管理严加控制,为未来预留实现的可能性。

4. 保护生态和环境,塑造城市特色风貌

以生态与环境资源的承载力作为城市发展的前提。城市总体布局中,应控制无序蔓延,明确增长边界。同时要十分注意保护城市地区范围内的生态环境,力求避免或减少由于城市开发建设而带来的自然环境的生态失衡。

保护环境,因地制宜,建立城市与自然的和谐发展关系。城市总体布局要有利于城市生态环境的保护与改善,努力创造优美的城市空间景观,提高城市的生活质量。慎重安排污染严重的工厂企业的位置,预防工业生产与交通运输所产生的废气污染与噪声干扰。加强城市绿化建设,尽可能将原有水面、树林、绿地有机地组织到城市中来。

注重城市空间和景观布局的艺术性,塑造城市特色风貌。城市空间布局是一项艺术创造活动。城市中心布局和干道布局是体现城市布局艺术的重点,城市轴线是组织城市空间的重要手段。

第2节 城市总体布局模式

一、城市总体布局的集中和分散

城市的总体布局千差万别,但其基本形态大体上可以归纳为集中紧凑与分散疏松两大类别。各种理想城市形态也都基本可以回归到这两种模式。

在集中式的城市布局模式中,城市各项主要用地集中、成片、连续布置。城市各项用地紧凑、节约,便于行政领导和管理,有利于保证生活经济活动联系的效率和方便居民生活。有利于设置较为完善的生活服务设施,可节省建设投资。一般情况下,中小规模的城市较适宜采取集中发展的模式。但是,采用集中式发展的城市要注意预防过度集中造成的城市环境质量下降和功能运转困难,同时还应注意处理好近期和远期的关系。规划布局要具有弹性,为远期发展留有余地,避免虽然近期紧凑,但远期出现功能混杂的现象。

分散式的布局形态较适宜大城市和特大城市,以及受自然条件限制造成城市建成区集中布局困难的城市。由于受河流、山川等自然地形、矿藏资源或交通干道的分隔,形成相对独立的若干片区,这种情况下的城市布局比较分散,彼此联系不太方便,市政工程设施的投资会提高一些。它最主要的特征是城市空间呈现非集聚的分布方式,包括组团状、带状、星状、环状、卫星状等多种形态。

应该指出,城市用地布局采取集中紧凑或分散疏松,受到多方面因素的影响。而同一个城市在不同的发展阶段,其用地扩展形态和空间结构类型也可能是不同的。一般来说,早期的城市通常是集中式的,连片地向郊区拓展。当城市空间再扩大或遇到障碍时,则开始采取分散的发展方式。随后,由于发展能力加强,各组团彼此吸引,城市又趋集中。最后城市规模太大需要控制时,又不得不以分散的方式,在其远郊发展卫星城或新城。因此,选择合理的城市发展形态,需要考虑城市所处发展阶段的特点。

二、基本城市形态类型

1. 集中型形态

集中型形态(Focal Form)是指城市建成区主轮廓长短轴之比小于 4：1 的用地布局形态,是长期集中紧凑全方位发展形成的,其中还可以进一步划分成网格型、环形放射型、扇型等子类型。

网格型城市又称棋盘式,是最为常见和传统的城市空间布局模式。城市形态规整,由相互垂直的道路构成城市的基本空间骨架,易于各类建筑物的布置,但如果处理得不好,也易导致布局上的单调。这种城市形态一般容易在没有外围限制条件的平原地区形成,不适于地形复杂地区。这一形态能够适应城市向各个方向上扩展,更适合于汽车交通的发展。由于路网具有均等性,各地区的可达性相似,因此不易于形成显著的,集中的中心区。典型案例城市如西班牙巴塞罗那、美国的洛杉矶、英国的密尔顿·凯恩斯等。

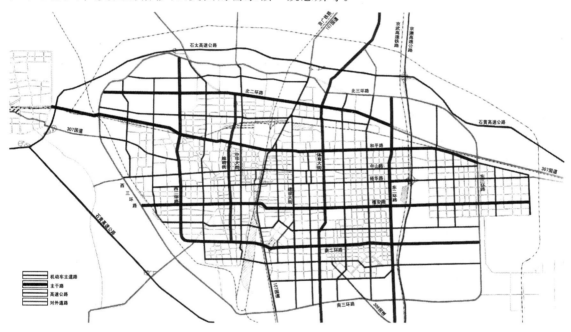

图 5-1 石家庄市的路网结构具有网格状特征

环形放射型是大中城市比较常见的城市形态,由放射形和环形的道路网组成,城市交通的通达性较好,有很强的向心紧凑发展的趋势,往往具有高密度较强的、展示性、富有生命力的市中心。这类形态的城市易于利用放射道路组织城市的空间轴线和景观,但最大的问题在于有可能造成市中心的拥挤和过度集聚,同时用地规整性较差,不利于建筑的布置。这种形态一般不适于小城市。主要案例城市如我国北京、法国巴黎、日本东京(图 5-2)、德国的卡尔斯鲁厄等。

2. 带型形态

带型形态(Linear Form)又称线状形态。是指城市建成区主体平面的长短轴之比大于 4：1 的用地布局形态。带形城市大多是由于受地形的限制和影响,城市被限定在一个狭长的

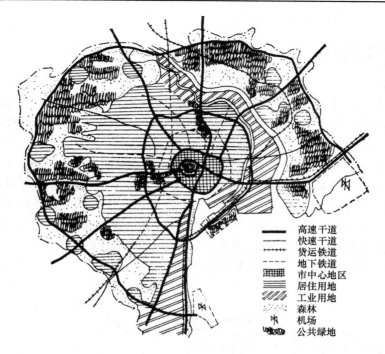

━━━	高速干道
───	快速干道
┼┼┼	货运铁道
─ ─ ─	地下铁道
▦	市中心地区
≡	居住用地
▨	工业用地
⋀	森林
✈	机场
▩	公共绿地

图 5-2　日本东京空间布局示意图

地域空间内,沿主要交通轴线两侧呈单向或双向发展,平面景观和交通流向的方向性较强。这种城市的空间组织有一定优势,但规模应有一定的限制。带形城市必须发展平行于主轴的交通线,但城市空间不宜拉得过长,否则市内交通运输的成本很高。其子形态有 U 形、S 形、环形等,典型城市如我国的深圳、兰州等。

环状形态在结构上可看成是带形城市在特定情况下首尾相接的发展结果。城市一般围绕着湖泊、山体。农田等核心要素呈环状发展,由于形成闭合的环状形态,与带状城市相比,各功能区之间的联系较为方便。由于环形的中心部分以自然空间为主,可为城市创造优美的景观和良好的生态环境条件。但除非有特定的自然条件限制或严格的控制措施,否则城市用地向环状的中心扩展的压力极大。典型案例如:新加坡、浙江台州、荷兰兰斯塔德地区(Randstad)等。

荷兰的兰斯塔德地区,也被称为绿心(Green Heart)地区,由阿姆斯特丹、鹿特丹、海牙和乌德勒支等共同组成的城市地区。位于莱茵河口的鹿特丹是重要的商业和重工业中心,其货物吞吐量曾长期位居世界第一。阿姆斯特丹是荷兰的首都和经济、文化、金融中心,海牙是国际事务和外交活动中心,乌德勒支是重要的交通运输枢纽城市。四个主要城市之间相距在60km 范围以内,这些城市共同组成了职能分工明确,专业化特点明显,相互关系密切的多中心的城镇群体。在这个城镇群体的中心是绿心,是荷兰精细农业和畜牧业最为发达的地区,也是周边城市群的游憩缓冲区。这一地区独特的空间形态源于其自然地理条件,但也是长期的规划控制的结果。

3. 放射型形态

放射型形态(Radial Form)是指城市建成区总平面的主体团块有三个以上明确发展方向的布局形态。大运量公共交通系统的建立对这一形态的形成具有重要影响,加强对发展走廊非建设用地的控制是保证这种发展形态的重要条件。包括指状、星状、花瓣状等子形态。典型案例城市如哥本哈根(Copenhagen)等。

星状形态的城市通常是从城市的核心地区出发,沿多条交通走廊定向向外扩张形成的空间形态,发展走廊之间保留大量的非建设用地。这种形态可以看成环形放射城市的基础上叠加多个线形城市形成的发展形态。

4. 星座型形态

星座型形态(Conurbation Form)又称为卫星状形态。城市总平面包含一个相当大规模的主体团块和三个以上较次一级的基本团块组成的复合形态。

星座型形态的城市一般是以大城市或特大城市为中心,在其周围发展若干个小城市而形成的。一般而言,中心城市有极强的支配性。而外围小城市具有相对独立性,但与中心城市在生产、工作和文化、生活等方面都有非常密切的联系。这种形态基本上是霍华德的田园城市和昂温的卫星城理论提出的城市空间形式,这种形态有利于在大城市及大城市周围的广阔腹地内,形成人口和生产力的均衡分布,但在其形成阶段往往受自然条件、资源情况、建设条件、城镇形状以及中心城市发展水平与阶段的影响。实践证明,为控制大城市的规模,疏散中心城市的部分人口和产业,有意识地建设远郊卫星城是有一定效果的。但卫星城的建设仍要审慎研究卫星城的现有基础、发展规模、配套设施以及与中心城市的交通联系等问题,否则效果可能并不理想。主要案例城市如伦敦、上海等。

5. 组团型形态

组团型形态(Cluster Form)是指城市建成区具有两个以上的相对独立的主体团块和若干基本团块组成的布局形式。一个城市被分成若干块不连续城市用地,每块之间被农田、山地、较宽的河流、大片的森林等分割。这类城市的规划布局可根据用地条件灵活编制,比较好处理城市发展的近、远期关系,容易接近自然,并使各项用地各得其所。关键是要处理好集中与分散的"度",既要合理分工、加强联系,又要在各个组团内形成一定规模,使功能和性质相近的部门相对集中,分块布置。组团之间必须有便捷的交通联系。

6. 散点型形态

散点型形态(Scattered Form)的城市没有明确的主体团块,相对独立的若干基本团块在较大的空间区域内呈现出自由、分散的布局特征。

三、多中心与组群城市

随着城镇化进程的推进,在一些城镇密集地区,城镇间的社会经济联系日趋紧密,呈现出明显的组群化发展特征。如日本的京阪神地区,以大阪为中心,在大阪湾东北沿岸半径 50km 空间范围内的新月形区域内构成的大阪都市圈,包括京都、神户和历史古都奈良等城市,人口达 1700 万人。随着关西国际航空港、关西文化学术研究城市、大阪湾跨地区开发等重大项目的建成,在上述城市相互连接的轴心上,组成了人口、产业、文化等高度集中的多中心网络型的都市圈结构,以建成国际交流的中枢城市为目标,激发城市活力,创造良好的城市环境。

这种组群城市的空间形态是城市在多种方向上不断蔓延发展的结果。多个不同的片区或城市组团在一定的条件下独自发展,逐步形成不同的多样化的焦点和中心以及轴线。这种空间形态的典型城市还有底特律、洛杉矶、鲁尔城镇群(图 5-3)等。

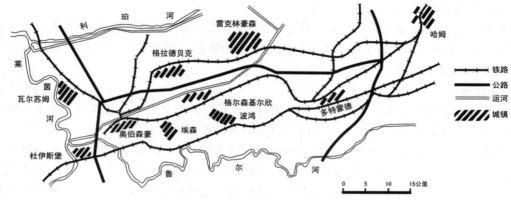

图 5-3 德国鲁尔城镇密集地区

第3节 不同类型的城市总体布局

一、矿业城市

在矿业城市中,矿区生产不同于一般工业生产,矿区资源条件是矿区工业布局的自然基础,矿区工业的布局与矿井分布有密切关系,因此矿藏分布对矿区城市的结构有决定性的影响。在一般情况下,矿井分布比较分散,因此也就决定了矿业城市总体布局分散性的特点。此外,矿区有一定的蕴藏量和一定的开采年限。因此,矿区城市的发展年限、规模和布局必须与矿区开发的阶段相适应。

例如煤矿城市,在矿区处于开始建设阶段,应着重考虑如何迅速建成煤炭工业本身比较完整的体系以及交通、电力、给排水、建筑材料等先行部门的配合建设(图 5-4);在矿区建设达到或接近规划最终规模时,应充分利用煤炭资源和所在城镇与地区的有利条件,合理利用劳动力,有重点地建设一些经济上合理而必要的加工工业部门,形成具有综合发展程度较高的采矿

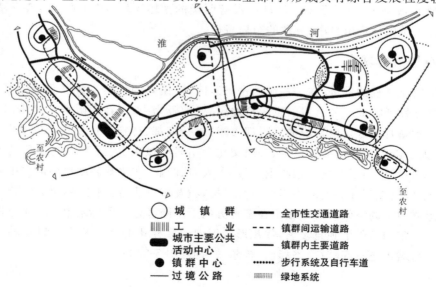

图 5-4 某工矿城市的城镇布局和交通组织规划示意图

业与制造业相结合的工矿城市;在矿区或矿井接近衰老阶段,则应及早寻找后备矿区,并事先考虑煤产递减期间和报废以后如何利用现有工业建筑、公用设施和居民点,规划好拆迁、改建、转产、城镇工业发展方向的调整及居民点的迁留等问题。

由于矿区大多分布在山区丘陵地带和地质构造比较复杂的地方,因此城市规划布局要很好地考虑地形条件和地质条件。矿区各项用地的布置要考虑到矿藏的范围,避免压矿(特别是浅层矿层),以免影响开采。

矿区生产需要频繁的交通运输,仅靠汽车运输是不够的,还必须考虑采用矿区内部窄轨铁路、内燃机车、架空索道、管道运输等专用交通方式。而且运输管线与设施占地较大,这对矿区工业生产布局有很大影响。

矿区工业生产的特点决定了矿区居民点难以集中布局,但居民点过于分散,不便组织生活,因此应做到集中与分散相结合。一般可选择条件较好,位置适中的地段作为整个矿区城市的中心居民点,选择其中人口、工业、生活服务与文化设施齐全的可作为全矿区的行政管理与公共服务的中心。其他的居民点规模应与矿井的生产能力相适应,并与中心居民点(城镇)有方便的交通联系。

矿区与农村的联系较为密切,在进行矿区总体布局的同时,应尽可能结合考虑矿区所在地区的工农业基本建设,把矿区的开发与农田基本建设、大工业与乡镇工业、矿区公路与农村规划道路、矿区供电和农村用电、村庄的改建与矿工生活区的组织、矿区公共服务设施的分布与农村使用要求等统一考虑,使工农业相互支援,城乡相互促进、协调发展。

二、风景旅游和纪念性城市

随着生产的不断发展和经济文化水平的提高,我国的旅游事业将不断地得到发展,风景旅游城市的建设也将进一步发展与提高。风景旅游城市首先体现在对风景的充分保护与开发利用,并为发展旅游事业服务这一主要的城市职能上。作为一个风景游览性质的城市,在城市布局上就应当充分发挥风景游览这一主要的经济和文化职能的作用。在风景游览城市的总体规划布局中,应着重处理好以下几个方面的关系:

1. 城市布局要突出风景城市的个性,维护风景和文物的完整性

我国许多著名的风景城市,无论在自然条件、空间组织、园林艺术及建筑等方面,都具有独特的风格,明显地区别于其他城市。风景游览城市的布局,首先必须强调突出城区和游览区的特色并充分发挥它们的固有特点。特别注意维护和发展风景城市的完整面貌,突出风景点的建设和历史文物古迹的保护。

2. 正确处理风景与工业的关系

首先,从工业性质方面加以严格控制,合理选择工业项目。在风景游览城市中,可以发展少量为风景游览服务的工业,以及清洁无害、占地小、职工人数少的工业。其次,合理选择工厂建设的地点,使工业建设有利于环境保护,并与周围自然环境取得配合。对具有特殊条件的风景城市,如当地有大量优质矿藏等必须发展对风景有影响的工业时,则应从更大的地区范围内合理地分布这些工业。对那些占地较多、污染较大的冶金、化工、水泥等工业应严格禁止设在市区及风景区的周围。对于已经布置在风景区或风景城市内的工业,应根据其对城市环境与风景的影响程度,分别采取强制治理、改革工艺、迁移等不同的办法、逐步加以解决。

3. 正确处理风景区与居住区的关系

一般不应该将风景良好的地方发展为居住区。这不仅会破坏风景区的完整性,同时居民的日常生活活动也对风景游览带来一定的影响。

4. 正确处理风景与交通的关系

　　风景旅游城市要求客运车站、码头尽可能靠近市区,而又不致影响城市与风景区的发展。运输繁忙的公路、铁路、港口、机场等,在一般情况下不应穿过风景游览区和市区。在临近湖泊、江河、海滨的风景城市,则应充分利用广阔的水面,组织水上交通。市内的道路系统,应按道路交通的不同功能加以分类与组织。游览道路的组织是道路系统中重要内容之一。游览道路的布局与走向应结合自然地形与风景特征,为游人创造良好的空间构图和最佳景观效果。

5. 正确处理风景游览与休、疗养地及纪念性城市的关系

　　在风景优美而又具备疗养条件的城市中,还往往开辟休、疗养区。风景区是对全体游人开放的,而休、疗养区则为一定范围内的休、疗养人员服务。因此,如果将休、疗养区设在许多风景点附近,在实际上势必缩小了游览面积,减少游览内容和可容纳的游人数量。往来频繁的游人也会影响休、疗养区的安全与卫生。休养区为健康人的短期休养服务,而疗养区为不同类型的病人服务,因此在用地布局上也有不同的要求。

　　纪念性城市的政治或文化历史意义比较重要,革命纪念旧址或历史文化遗迹在城市中分布较多,它们在城市布局中往往占有一定的主导地位,如革命圣地延安,历史名城遵义等。纪念性城市,在规划中,应突出革命纪念地和历史文物遗址在城市总体布局中的主导地位,正确处理保护革命纪念旧址,历史文物与新建建筑物之间的关系。搞好城市绿化布局与环境的配置,保持纪念性城市特有的风貌。

三、山区城市

　　山区城市的地形条件比较复杂,用地往往被江河、冲沟、丘谷分割,由于地形条件比较复杂,地形高差较大,平地很少,工农业在占地上的矛盾往往较为突出,这就给工业、铁路场站以及工程设施的布置带来一定的困难。一般情况下,首先应将坡度平缓的用地尽量满足地形条件要求较高的工业、交通设施等需要。此外,高低起伏的地形条件,也可以给规划与建设带来一些有利的因素,如利用地形高差布置车间、仓库及水塔、贮水池、烟囱等工程构筑物,利用自然地形屏障规划与布置各种地下与半地下建筑,利用自然水体、山岗丘陵布置园林绿化。山区城市的布局往往受到自然地形条件的限制,形成以下几种形式的分散布局:

1. 组团式布局

　　城市用地被地形分隔呈组团式布局。工业成组布置,每片配置相应的居住区和生活服务设施。片与片之间保持着一定距离。各片之间由道路、铁路或水运连接。在这类城市的总体布局中,工业的布局不宜分布过散,应根据工业的不同性质尽可能紧凑集中,成组配置。每个组团不宜太小,必须具备一定的规模和配置完善的生活服务设施。

2. 带状布局

　　受高山、狭谷和河流等自然条件的限制,城市沿河岸或谷地方向延伸形成带状布局。其主要特点是平面结构与交通流线的方向性较强,但其发展规模不宜过大,城市不宜拉得太长,必须根据用地条件加以合理控制,否则将使工业区与居住区等交错布置、或使交通联系发生困难,增加客流的时间消耗。城市中心宜布置在适中地段或接近几何中心位置。若城市规模较大,分区较多,除了全市性公共活动中心以外,还应建立分区的中心。工业与对外交通设施不应将城市用地两端堵塞封闭。在谷地布置工业,要特别注意地区小气候的特点与影响,避免将有污染的工业布置在容易产生逆温层的地带或静风地区(图5-5)。

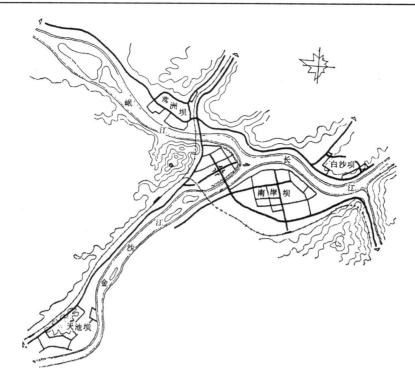

图 5-5　某带状城市布局示意图

3. 分片布局

是大城市或特大城市在山区地形条件十分复杂的条件下采取的一种布局方工(图 5-6)。

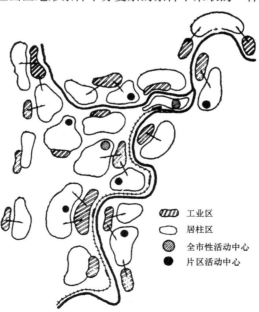

图 5-6　某山区城市的分片布局示意图

四、港口城市

港口是港口城市发展的基础。岸线的自然条件也是港口城市规划布局的基础,尤其深水岸线是港口城市赖以发展的生命线。港口城市的规划布局,应重点考虑以下几个方面的问题:

1. 统筹兼顾,全面安排,合理地分配岸线

岸线使用分配得合理与否对整个城市布局的合理性关系甚大。规划必须贯彻"深水深用、浅水浅用、分区管理、合理布局"的原则,使得每一段岸线都能得到充分地利用。根据港区作业与城市生产、生活的要求,统筹兼顾,全面安排港区各项用地、工业用地和城市各项建设用地。应根据不同要求,合理分配岸线,协调港口装卸运输和其他建设使用岸线的矛盾。对于城市人民的文化和生活必需的岸线要加以保证,为城市居民创造良好的生活与游憩条件。

2. 合理组织港区各作业区,提高港口的综合运输能力,使港口建设和城市建设协调发展

港区内各作业区的安排,对城市用地布局有直接的影响。客运码头应尽量接近市中心地段,并和铁路车站、市内公共交通有方便的联系。旅客进出码头的线路不应穿过港口其他的作业区。如果水陆联运条件良好,最好应设立水陆联运站。为城市服务的货运码头,应布置在居住区的外围,接近城市仓库区并与生产消费地点保持最短的运输距离。转运码头则要求布置在城市居住区以外且与铁路、公路有良好联系。大型石油码头应远离城市,其水域也应和港区其他部分分开,并位于城市的下风和河流的下游。超大型船舶的深水泊位,有明显地向河口港下游以及出海处发展的趋势。

海港城市的无线电台较多,因此对有关空域须加以合理规划与管理,为避免相互干扰,应分别设置无线电收发讯台的区域。收讯台占地较大,以远离市区为宜。发讯台占地较少,对城市影响也较小,可设在市区。

3. 结合港口城市特点,创造良好的城市风貌

充分利用港口城市独特的自然条件来创造良好的城市空间与总体艺术面貌。在城市空间布局与建筑艺术构图上,要考虑人们在城市内的日常活动的空间要求,还要考虑在海面上展望城市的面貌。

第 6 章 城市交通与道路系统

第 1 节 城市交通系统与城市发展

一、城市交通的基本概念

城市中不论是工作或商务活动,还是休闲、访友等社会活动都日益频繁,城市内部及城市间的联系也越来越密切。这些活动和联系必然伴随着人员和物资的移动。人们在空间的移动能力已经成为当今社会一个最基本的价值,成为实现社会变革,发展进步的前提条件。人们为克服空间距离因素制约实现自由移动能力已经是当今城市中人类的一项"根本权力"。这一能力不仅将影响到人们参与社会活动的能力,如工作、教育,还将影响到人们使用城市各项公共服务的方便程度,如就医、购物等。这一基本能力也就是我们通常所说的机动性(mobility)。

二、城市交通系统的构成

随着城镇化进程的不断推进,越来越多的人将居住在城市地区,城市是人类生产生活活动的聚集区,因此城市地区也成为各类中短距离交通最集中的区域,也是各类长途交通运输最主要的起止点。

1. 城市交通的分类

现代城市交通是由多部门共同构成的一个组织庞大、复杂、严密而精细的系统。根据不同的分类标准,可以从不同角度认识这一系统复杂的构成状况。

1)运输对象

根据运输对象不同,城市交通可以首先分成客运交通和货运交通两大系统。一般来说,城市的客货运交通分别由不同的子系统承担。在某些特殊的运输方式中,也会出现客货运共用同一系统的情况(如轮渡)。

2)空间分布

交通的起止点(即 O-D 点)是说明它与城市空间关系的主要依据(图 6-1)。其中:O-D 点均在中心城区范围内的交通,称为市内交通;O-D 点中一个在中心城区另一个在市域范围内的郊区,称为市域交通;前两者合称城市交通。O-D 点中只有一个在市域范围内的,称为城际交通(或对外交通),O-D 点均不在市域范围内,但交通流线却穿越城市区域的,称为过境交通。

3)运输方式

根据运输方式,城市交通可以分成道路交通(包括机动车、非机动车和步行)、轨道交通(又分地面、高架、地下等形式,包括地铁、轻轨、单轨等)、水上交通(包括轮渡、水上巴

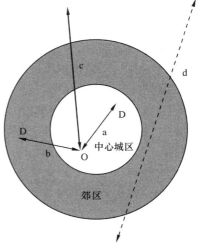

a—市内交通;b—市域交通;
c—城际(对外)交通;d—过境交通

图 6-1 城市交通分类示意图

士等)、空中交通(包括缆车、索道等)、管道运输、电梯传送带等。

4) 运行组织形式

城市交通又可分成个体交通和公共交通,其中前者包括个体机动交通(小汽车交通)和个体非机动交通(步行、自行车、电动自行车等)。

2. 城市交通方式之间的转换和衔接

1) 城市交通方式的多样性

城市客货运交通需求是多样化的,解决城市交通问题不应当着眼于某一交通方式,而必须通过建设可选择的、多样化、多模式集成的交通体系。交通是实现城市功能正常运转的重要基础,当代城市需要高效益和高效率的交通支持。为了克服空间距离的制约,人们逐步发展了高速交通工具,但乘客较少的话在经济上就不能支撑下去。慢速交通工具在现代城市交通体系中依然起着非常重要的作用。因此,城市交通是由多种速度构成的一个体系。

2) 交通出行和交通运输是一个连续的过程

交通运输是一个不间断连续的过程,减少内外交通的中转,提高门到门运输的程度,城市内外交通的界限将逐步消除。如铁路运输,有些城市已将国有铁路、市郊铁路与市区轻轨电车、地铁等线路连通;高速公路一般也与城区的快速路网(高架路)相衔接;水运方面,运河引进城市港区,成为港区的组成部分是非常普遍的。在客运方面,充分发挥各类运输方式的长处,以车站为结点,将轨道交通与道路交通、公共交通与个体交通,机动交通与非机动交通紧密衔接,组织方便的客运转乘也是现代交通运输的重要方法。

三、城市交通与城市发展的相互关系

城市的形成发展与城市交通建设之间有着非常密切的关系。城市交通是与城市同步形成的,城市的形成必包含城市交通的因素,一般先有过境交通,再沿交通线形成城市。因此,也可以说城市对外交通(由外部对城市的交通)是城市交通的最初形态。城市交通自始至终贯彻于城市的形成与发展过程之中。

随着城市功能的完善和城市规模的扩大,城市内部交通也随之形成与发展。同时,城市由于城市对外交通系统与城市对内交通系统的发展与完善而进一步发展与完善。这就是城市交通与城市相辅相成、相互促进的发展过程。城市的现代性在很大程度上取决于城市交通条件的改善。在马车时代城市的活动范围一般在 3～5km 内,有轨电车时代城市的活动范围可以达到 10～15km。今天多种交通方式并存使人们的活动范围可以扩大到 50～70km 以外。

为此,规划制定过程中应当注重交通规划与用地空间规划之间的相互协调和相互配合。但由于传统城市管理的部门分隔,土地使用与交通规划却常常成为相互分离的两项任务。这样的结果使交通规划或是加强了过去的发展趋势(如不断满足日益增长的小汽车的出行),或是诱导城市土地开发向我们并没有规划的地区发展。对土地使用规划来说也是一样,基于中心地理论的土地使用规划又常常忽略了大型交通基础设施投资对土地开发的影响。在很多情况下,用地规划仅仅将交通规划的很多内容作为一个外部条件,而不是将其作为一个需要与土地使用相互协调的规划因素一并加以考虑。正是土地使用与交通之间缺乏相互协调,造成城市道路交通构筑物越来越多,但城市交通却越来越拥挤的状况。一味通过大量投资提高道路容量来减少交通拥挤,其结果是带来更多的交通量,个体人反而越来越丧失了可以自由移动的能力,同时还带来了严重的污染、交通事故等问题。

因此,研究解决城市交通问题是城市规划的首要任务之一。城市中既要提高城市交通的效率,减少交通对城市生活的干扰,又要创造更宜人的城市环境。城市交通对城市发展的影响主要有以下几个方面。

1. 对城市空间区位的影响

交通是城市形成、发展的重要条件。良好的交通可达性可以减轻由于先天的空间区位不佳造成的对后续城市发展的不利影响。交通运输方式配备的完善程度与城市规模、经济、政治地位有着密切的关系。绝大多数城市都具有水陆交通条件,大部分特大城市都是水陆空交通枢纽。

2. 对城市发展规模的影响

城市交通对城市规模影响很大,它既是发展的因素也是制约的因素。市内交通联系的方便程度,在很大程度上会影响到中心城区的用地规模和人口规模。而便捷的对外交通联系,则提高了城市在区域上的集聚和扩散能力,至于是集聚效应抑或扩散效应主导,还取决于城市本身的综合吸引力。因此,城市交通对城市发展是一柄双刃剑。

3. 对城市空间布局的影响

城市交通对城市布局有重要的影响。城市道路系统是城市总体空间布局的基本骨架,对城市的空间形态和整体风貌起着决定性的作用。而城市的交通走廊往往是城市空间布局发展的走廊,哥本哈根的指状结构的空间形态与支撑这一结构的轨道交通密切相关。

第 2 节　城市道路系统规划

城市道路系统规划应当首先认识到城市道路系统的多功能特征。首先,道路具有交通功能,既满足城市居民工作生活出行的需要,也是城市货物运输和物资流通的主要通道。其次,城市道路系统具有组织功能,具有划分用地、组成街坊、构成城市形态等作用,是城市总体用地空间结构的基本骨架。再者,城市道路系统也是城市中重要的公共空间,为居民提供社会活动空间,保证城市的日照和自然通风,为基础设施和管线提供公共走廊。最后,城市道路系统还具有防灾功能,平时发挥着防火隔离带的作用,紧急情况下是重要的疏散避难场所。

一、城市道路系统布置的基本要求

城市道路用地面积应占城市建设用地面积的 8%～15%。对规划人口在 200 万以上的大城市,宜为 15%～20%。城市人均占有道路用地面积宜为 7～15m²。其中,道路用地面积宜为 6.0～13.5m²/人,广场面积宜为 0.2～0.5m²/人,公共停车场面积宜为 0.8～1.0m²/人。除了满足数量上的技术要求外,现代城市的道路必须满足交通安全、准时、便捷及城市环境品质提高的要求。

1. 重视交通与城市用地功能布局之间的互动关系

城市道路系统规划应该以合理的城市用地功能布局为前提,通过城市道路将城市各个组成部分联接成一个相互协调、有机联系的整体。但同时也要意识到,城市道路系统并非消极地适应于拟定的城市总体布局,交通设施也可以影响到城市功能和用地组织。在城市道路系统规划过程中,首先要注意到道路系统和用地布局之间的互动关系。

在城市道路系统规划中,首先要考虑到城市空间的联系和功能布局。切忌仅仅从点和线的联系来考虑道路功能的布局,某些城市过于强调控制城市主干道两侧的商业和公建设施的安排,使城市丧失活力,甚至使人们感到不安全。城市用地按功能布局时,要使各分区内既有各类就业的用地,又有居住用地,并配置相应的商业、医疗、文化娱乐等日常生活公共设施,使居民上下班及日常生活活动在尽可能较小的范围内即可解决,这样就形成了各分区内部安全、便利的交通系统。而居住区、工业区、仓库码头区、铁路车站、机场、市中心区、风景游览区、郊区等分区之间的交通,形成了全市性的交通系统,主要解决各分区之间客、货运的流通。

2. 均衡分布城市道路系统,保证一定的路网密度

在城市道路规划中要尽量使交通能够在全市范围内均衡分布,使得交通活动和其他城市功能能相互匹配。避免将交通任务过于集中于少数干道。通过技术手段虽然可以短时间内提高某些路段的通行能力,但如果我们不对城市交通模式作出根本性的调整,其作用很快就会被快速增长的交通量所抵消。为此,城市道路系统中交通干道应占有一定比例,通常用干道网密度来衡量,单位以 km/km^2 表示,即每平方公里城市用地面积内平均所具有的干道长度。干道网密度越大,交通联系也越方便,但密度过大,会造成城市用地不经济,增加建设投资。一般认为城市干道的适当间距为 $700\sim1100m$,干道网密度以 $2.8\sim1.8km/km^2$ 为宜。大城市道路网密度以 $4.0\sim1.8km/km^2$ 为宜,道路面积率以 20% 左右为宜。

3. 按照绿色交通优先的原则组织完整的道路系统

在进行城市用地功能组织的过程中,应该充分考虑城市交通的要求与步行、自行车和公共交通等绿色交通体系相结合,才能得到较为完善的方案。

城市空间策略的实现都需要有相应交通体系的支撑,而缺乏相应交通体系支撑的城市空间布局策略,无异于空中楼阁。规划中要考虑到网络的影响作用和城市骨干公共交通走廊的设置,对城市总体布局中的各项用地,特别是吸引人流、车流集散点的用地提出具体布置的意见,做到相互协调、有机联系。

4. 按交通性质区分不同功能的道路

城市客货运交通和汽车迅速增长,很多城市的交通问题日趋严重。大量客货运机动车交通、自行车上下班交通、日常生活的行人交通等,在城市干道和交叉口经常发生矛盾,形成交通拥挤、阻塞,引起交通事故。其中重要因素是道路使用效率最低的小汽车的快速增长。按客货流不同特性、交通工具不同性能、交通速度差异进行分流,将道路区分不同功能也是一种应对的方法。

5. 重视交叉口的设计和处理

交叉口也是城市道路系统中的一环,交叉口的通行能力取决于交通方式的组织,在城市中心地区应尽量避免大型展宽交叉口,给行人穿越道路提供方便。在人流和车流都很密集的地区必须采取立体化和区域交通组织的措施。繁忙路口大型公共建筑的布置必须妥善考虑进出这些建筑的人流和车流组织。在这些地区缺乏适当的交通组织将会对大范围的交通产生影响。

6. 充分利用地形,减少工程量

在确定道路走向和宽度时,尤其要注意节约用地和节省投资费用。自然地形对规划道路系统有很大影响。在地形起伏较大的丘陵地区和山区,道路选线常受地形、地貌、工程技术经济等条件的限制,有时候不得不在地面上作较大的改变,纵坡也要作适当的调整。如果片面强调平、直,就会增加土方工程量而造成浪费。因此,在规划道路系统时,要善于结合地形,尽量减少土方工程量,节约道路的基建费用,便于车辆行驶和地面水的排除。

道路选线还要注意所经地段的工程地质条件,线路应选在土质稳定、地下水位较深的地段,尽量绕过水文地质不良的地段。

7. 要考虑城市环境和城市面貌的要求

道路走向应有利于城市通风,一般应平行于夏季主导风向。南方海滨、江滨的道路要临水敞开,并布置一定数量且垂直于岸线的道路。北方城市冬季严寒且多风沙、大雪,道路布置应与大风的主导风向呈直角或一定的偏斜角度,避免大风直接侵袭城市。山地城市道路走向要有利于山谷风通畅。

在交通运输日益增长的情况下,对车辆噪声的防止应引起足够的重视。一般在道路规划时可采取的措施有:过境车辆不穿越市区;在道路宽度上考虑必要的防护绿地来吸收部分噪声。沿街布置建筑物时,在建筑设计中应做特殊处理,一般可采取建筑物后退红线,房屋山墙对道路,临街布置有专用绿地的公共建筑等措施,还可根据具体情况调整道路和横断面,另外道路两侧的公共建筑也可以起到隔离噪声的作用。

城市道路特别是干道反映着城市面貌。因此,沿街建筑和道路宽度之间的比例要协调,并配置恰当的树丛和绿带。同时还应根据城市的具体情况,把自然景色(山峰、湖泊、公共绿地)历史文物(宝塔、桥梁、古建筑)、重要现代建筑(电视塔、展览馆)贯通起来,在不妨碍道路主要功能的前提下,使之形成一个整体,使城市面貌更加丰富多彩。

8. 要满足敷设各种管线及与人防工程相结合的要求

城市中各种管线一般都沿着道路敷设,各种管线工程的用途不同,性能和要求也不一样。如电信管道,本身占地不大,但它需要较大的检修孔;排水管道埋设较深,施工开槽用地就较多;燃气管道要防爆,须远离建筑物;有些管道如采用架空敷设,尚需考虑管道净空高度,以便车辆通行。当几种管道平行敷设时,它们相互之间要求一定的水平距离,以便在施工养护时不致影响相邻管线的工作和安全。因此,规划道路时要考虑有足够的用地。一般管线不多时,应根据交通运输等要求来确定道路的宽度。

在规划道路中的纵断面和确定路面标高时,对于给水管、燃气管等有压力的管道影响不大,因为它们可以随着道路纵坡度的起伏而变化。雨水管、污水管是重力自流管,排水管道要有纵坡度,道路纵坡设计最好要予以配合。道路规划也应和人防、防灾工程规划相结合,以利战备、防灾疏散。城市要有足够数量的对外交通出口,有一个完善的道路系统,以保证平时、战时、受灾时交通通畅无阻。

二、城市道路系统的等级结构

为完善道路系统,通常采取交通分流的办法,即快与慢分流、客与货分流、过境与市内分流、机动车与非机动车分流。并采取开辟步行区,自行车道、快速公共交通专用道等辅助措施,以利于城市道路系统进一步完善提高。

1. 交通性道路和生活性道路

城市道路系统可分为主要道路系统和辅助道路系统。前者是由城市干道和交通性的道路所组成。主要解决城市中各部分之间的交通联系和对外交通枢之间的联系。其特点为行车速度大、车辆多、行人少,道路平面线型要符合快速行驶的要求,对道路两旁要求避免布置吸引大量人流的公共建筑。

辅助道路系统基本上是城市生活性的道路系统,主要解决城市中各分区的生产和生活组织。其特点是车速较低,以行人、自行车和短距离交通为主。车道宽度可稍窄一些,两旁可布置为生活服务的人流较多的公共建筑和停车场地,要保证有比较宽敞的人行和自行车使用的空间。

这两种不同性质道路应根据城市总体布局的要求加以区分。不应把两种类型重叠在一条干道上,以免影响行车速度和行人安全。交通性道路系统应突出其"通畅"的特征,并将城市的大部分车流(包括货运交通以及必须进入市区的市际交通)尽最大可能组织和吸引到交通干道上来。而生活性道路则应当突出其"通达"的特征,突出其服务于地区内部可达性的作用(图 6-2)。

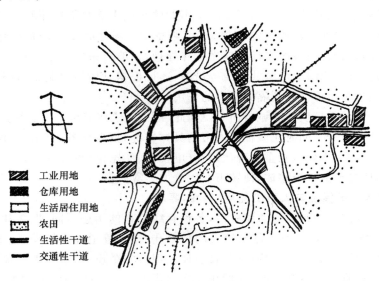

图 6-2 某城市道路规划中将生活性干道和交通性干道区分开来

2. 城市道路的分级

按照在道路网中的地位、交通功能以及对沿线建筑物的服务功能等,城市道路分成若干等级。根据我国《城市道路交通规划设计规范》(GB 50220—1995),我国的城市道路可分成以下四个等级。

1) 快速路:快速路为城市中大量、长距离、快速交通服务,通常设置在大城市和特大城市。快速路的对向车行道之间应设中间分车带,其进出口应采用全控制或部分控制。快速路两侧不应设置吸引大量车流、人流的公共建筑物的进出入口。

2) 主干路:主干路为全市性干道,应为连接城市各主要分区的主要通道,以交通功能为主。自行车交通量大时,宜采用机动车与非机动车分隔形式,如三幅路或四幅路。主干路两侧不应设置吸引大量车流、人流的公共建筑物的进出口。

3) 次干路:次干路也称区干道,应与主干路结合组成道路网,为联系主要道路之间的辅助交通路线,起集散交通的作用,兼有服务功能。

4) 支路:支路也称街坊道路,为次干路与街坊路的连接线,解决局部地区交通,服务功能为主。

国家行业标准《城市道路设计规范》CJJ 37—1990 从道路设计要求,将上述后 3 类常速道路又按城市规模、设计交通量等分为三个等级(表 6-1)。

3. 城市道路的等级结构

城市道路等级结构是指组成城市道路网络的城市快速路、主干路、次干路、支路的比例关系。由各类道路在路网中的作用及其所起到的功能分析,交通的合理流动应按支路、次干路、主干路、快速路的顺序进行。城市道路网规划应遵循"低速让高速,次要让主要,生活性让交通性,适当分离"的道路衔接原则,形成等级层次清晰、分工明确的道路系统。路网的等级结构是否合理,对道路功能和交通组织影响很大。合理的道路网等级结构应为"金字塔"形,即从快速路到支路比重逐渐增大。

表 6-1　　　　　　　　　　　　　　城市道路的等级细分

类型	级别	设计年限/年	计算车速/(km/h)	双向机动车车道数/条	机动车车道宽度/m	分隔带设置	横断面采用形式
快速路		20	80,60	4,8	3.75~4	必须设	双、四
主干路	Ⅰ	20	60,50	4,6	3.75	应设	双、三、四
	Ⅱ		50,40	≥4	3.75	应设	双、三
	Ⅲ		40,30	4	3.5~3.75	宜设	双、三
次干路	Ⅰ	15	50,40	4	3.75	应设	双、三
	Ⅱ		40,30	4	3.5~3.75	设	单,双
	Ⅲ		30,20	2—4	3.5	设	单,双
支路	Ⅰ	10	40,30	2—4	3.5~3.75	不设	单幅路
	Ⅱ		30,20	2	3.5	不设	单幅路
	Ⅲ		20	2	3.5	不设	单幅路

注:(1) 除快速路外,各类道路依城市规模分为Ⅰ、Ⅱ、Ⅲ级。大城市采用Ⅰ级、中等城市采用Ⅱ级、小城市采用Ⅲ级。
　　(2) 在该设计年限内,车行道的宽度应满足交通增长的要求。
　　(3) 道路宽度均以 m 计。

三、城市道路系统的平面布局

1. 城市干道网的布局形式

道路网空间结构形式是为适应城市发展,满足城市用地和城市交通以及其他需要而形成的,不同的社会经济条件、自然地理条件和建设条件,会产生不同的结构形式。同一个城市的不同地区也可能有这几种不同的形式,或不同形式的组合。通常,路网的基本型式大致可以分为:方格网、带形、放射式,环形放射式、自由式等(图 6-3)。

1) 方格网也称为棋盘式道路,是最常见的一种路网形式。道路网各部分的可达性均等,有较强的秩序性和方向感,易于识别,路网可靠度较高,有利于城市用地划分和建筑布置。其缺点是方格路网对角线方向交通非直线系数较大,路网空间形式较单调。

2) 带形路网是以一条或几条主要道路沿带状轴向延伸,并和一些相垂直的次级道路组成类似方格形的路网。这种路网型式可使城市沿交通轴向延伸并充分接近自然,对地形、水系等条件适应性较好,是带型城市的主要路网形式。

3) 放射式路网通常以广场或标志性建筑为中心,道路呈放射状向周边延伸,利用轴线构图和道路的引导来加强广场和城市造型的表现力。该路网型式的缺陷在于放射线间形成扇形交通盲区,导致向心交通压力增加,且非直线系数大。这种路网形式随着城市发展到一定规模后,常常增加环形道路联结各放射道路,而转化成环形放射式路网。

4) 环形放射状路网多用于大城市,放射线有利于城市中心同外围市区以及区的联系,环形线既有利于城市外围地区的相互联系,也在放射线之间形成联络线,可起到调剂和均衡放射

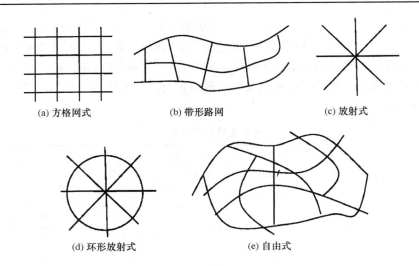

(a) 方格网式　　　(b) 带形路网　　　(c) 放射式

(d) 环形放射式　　　(e) 自由式

图 6-3　城市路网结构的五种基本形式

线交通负荷的作用。设置环形线是弥补放射性路网功能缺陷的必要手段。该路网形式的不足是容易引起城市沿环形干道开发建设,使城市呈同心圆式不断向外扩张。

5) 自由式路网多为因地形或其他条件限制而形成,没有一定的格式,非直线系数较大,识别性差,同时易形成畸形交叉,适合地形条件较复杂及其他限制条件较苛刻城市。如果综合考虑城市用地布局、建筑布置、交通组织和城市景观,也会产生良好的效果。

2．道路宽度的确定

城市道路横断面规划宽度称为路幅宽度,即道路红线之间的宽度,由车行道、人行道、分隔带和绿地等部分组成,是规划的道路用地总宽度。

城市道路宽度的确定应根据城市的性质,规模和道路系统规划的要求,并综合考虑交通量(机动车.非机动车和行人)、日照、通风、管线敷设以及建筑布置等因素,同时要综合不同城市在各时期内城市交通和城市建设上的不同特点,远近结合,统筹安排,适当留有发展余地。

机动车道宽度取决于通行车辆的车身宽度和车辆行驶中横向的必要安全距离,即车辆在行驶时摆动偏移的宽度,以及车身与相邻车道或人行道边缘必要的安全间隙、通车速度、路面质量、驾驶技术、交通秩序有关。一般城市主干路一条小型车车道宽度选用 3.5m,大型车道或混合行驶车道选用 3.75m,支路车道最窄不宜小于 3.0m,公路边停靠车辆的车道宽度为 2.5～3.0m。道路两个方向的车道数一般不宜超过 4～6 条,过多会引起行车紊乱,行人过路不便和驾驶人员操作不便。

3．道路横断面的基本形式

城市道路横断面的基本形式有四种(图 6-4),一般应根据道路性质、等级,并考虑机动车、非机动车、行人的交通组织以及城市用地等具体条件,因地制宜确定。

1) 一块板即单幅路。车行道完全不设分隔带,用交通标线分隔对向车流,或者不画标线,机动车在中间行驶,非机动车靠右边行驶的道路。一块板道路,车辆混行,安全系数很小,严重影响车辆行驶速度与交通安全。多用于"钟摆式"交通路段及生活性道路;适用于机动车交通量不大,非机动车较少的次干路、支路以及用地不足,拆迁困难的旧城市道路。一般行驶公交车辆的一块板次干路,其单向行车道的最小宽度应能停靠一辆公共汽车,通行一辆大型汽车,再考虑适当自行车道宽度即可。

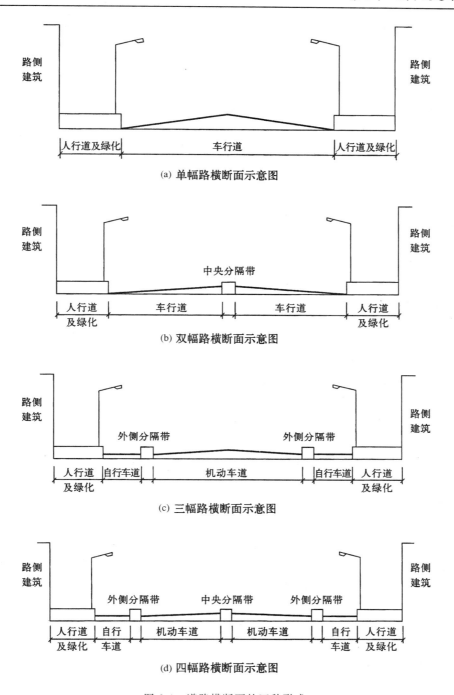

(a) 单幅路横断面示意图

(b) 双幅路横断面示意图

(c) 三幅路横断面示意图

(d) 四幅路横断面示意图

图 6-4　道路横断面的四种形式

2）两块板即双幅路。两块板是由中间一条分隔带将车行道分为单向行驶的两条车行道，机动车与非机动车仍为混合行驶；适用于机动车辆多，单向两条机动车车道以上，夜间交通量多，车速要求高，非机动车类型较单纯，且数量不多的联系远郊区间交通的入城干道；有平行道路可供非机动车通行的快速路和郊区道路以及横向高差大或地形特殊的路段，亦可采用双幅路。

3）三块板即三幅路。用两条分隔带分离上、下行机动车与非机动车车流，将车行道一分为三的道路。中间部分为机动车双向行驶车道,两侧为非机动车车道。分隔带可采用绿带、隔离墩、安全护栏等。适用于道路较宽、机动车量大,车速要求高,非机动车多,道路红线宽度大于或等于40m的交通干道。

4）四块板即四幅路。用三条分隔带分隔对向车流、机动车与非机动车车流,将车行道一分为四的道路。四块板道路的单向机动车车道数至少为两条,中间两部分分别为对向行驶的机动车车道,两侧为非机动车车道。四块板道路,实现了机动车与非机动车的完全分离,有利于提高车速,保证交通安全;但占地面积大,造价高。比较少见,主要用于高速道路和交通量大的郊区干道。适用于机动车速度高,单向两条机动车车道以上,非机动车多的快速路与主干路。

道路横断面设计要考虑近远期结合的要求,为了适应城市交通运输不断发展的需要,道路横断面的设计既要满足近期建设要求,又要能为向远期发展提供过渡条件,近期不需要的路面不应铺设。新建道路要为远期扩建留有余地,备用地在近期可加以绿化。对路基、路面的设计应以远期仍能充分利用为原则。

四、旧城道路系统的改善

旧城道路系统是在一定的历史条件和当地具体情况下形成的,由于缺乏统一规划与有序建设,以致道路系统不完善,许多城市原来的道路迫切需要改善。由于用地布局的不合理,带来不必要的穿越交通,因此对吸引大量货流和人流的单位在用地上做适当的调整,可以减少一部分城市道路交通量。旧城道路系统的改善措施主要有:

（1）对原有道路做必要的分工,重新分配车流和人流,尽可能减少各种车流之间以及车流与行人之间的干扰。

（2）利用平行的、路面宽度不足的街道,组织单向行车,提高行车的安全性和道路的通行能力。

（3）为了疏散闹市地区和车流量大的街道,或者为了适应市区外围地区建设发展的需要,修建环形干道和开辟绕行干道,对减轻旧有道路的交通负担、改善城市道路系统很有成效.

（4）封闭一些出入口或限制车流的转向。

仅仅依靠道路建设来改善城市交通,其作用是有限的。特别是在旧城区,我们既要保护旧城的风貌和肌理,又要改善旧城的可达性,以提高旧城居民的机动性,必须从交通运输系统的组织和交通需求管理方面结合道路改善和旧城的规划统一协调。

第3节 城市综合交通规划

一、城市交通规划的组成

1. 城市交通结构

在城市客运和货运交通中,各种不同交通方式在其总量中所占的比例称为城市交通结构。各种交通方式的速度,运载能力和占用道路的时空不同,对环境的污染也不同。因此,交通规划的基本任务就在于寻求一种较合理的交通结构,在适应和满足各种出行活动需求的情况下,使这些交通方式所占用的道路时间和空间的总和为最小,使有限的道路面积发挥最大的效能,使土地开发能取得最高的效益,对城市环境交通公害最小,同时,实现这样的交通结构所花的建设费用和运营费用又省。

1）城市客运交通方式与结构

小汽车交通、公共交通、非机动交通（以自行车、步行为主）是我国城市客运的主要交通方式。从总体上看，我国城市客运交通结构中个体机动车的使用比例上升很快，但非机动车交通出行依然保留较高比重。在大城市或都市区内应该鼓励公共交通的发展，特别是大运量轨道交通的作用。而轨道交通与自行车的换乘又可以有效地扩大轨道交通的影响范围，所以在规划中我们必须注意多模式集成化交通体系的建设。

2）公交优先

我国城市的空间形态属于集中紧凑型，居民的居住、购物、生活活动都集中在市区，为发展城市公共交通提供了良好的客运条件。在客运繁忙的大城市，应实施"公交优先"的管理模式，充分发挥公共交通的主导作用。在国内外一些城市采取了以下一些"公交优先"的措施：如交叉口公交车优先放行、开辟公交车专用道、允许公交车在单向交通道路上逆向行驶、限制小汽车进入市中心区域，在沿市郊高速公路与城市公交线路的交会处修建免费停车场以方便小汽车与公交换乘等。为了最大限度地接近居民、方便乘车，应将快速公共客运线路引进城区内部，并使住宅区布点与公共客运路线相结合。

2. 城市交通规划的组成

城市交通规划是城市规划体系的重要组成部分，《城市道路交通规划设计规范》（GB 50220—95）规定：城市道路交通规划应包括城市交通发展战略规划和城市道路交通综合网络规划两个组成部分。随着城市交通的发展和规划实践，城市交通规划的组成和研究内容不断得到充实和完善，规划设计的内容已经不局限于城市道路交通。按照规划内容和作用，城市交通规划可划分为以下四种类型。

1）城市交通发展战略规划

城市交通发展战略规划是引导城市交通发展的方向性规划及战略研究，重点是把握城市交通发展趋势、交通数量、交通结构的转化和控制交通需求的政策。规划内容包括：①确定交通发展目标和水平；②确定城市交通方式和交通结构；③确定城市交通综合网络布局，城市对外交通和市内的客货运设施的选址和用地规模；④提出实施城市交通规划过程中的重要技术经济对策；⑤提出有关交通发展政策和交通需求管理政策的建议。

2）城市综合交通体系规划

城市综合交通体系规划是指导城市交通建设的综合性规划，主要规划内容包括：①在分析论证未来交通需求的基础上，统筹安排城市各种交通网络和设施；②确定城市公共交通系统、各种交通的衔接方式、大型公共换乘枢纽和公共交通场站设施的分布和用地范围；③确定各级城市道路红线宽度、横断面形式，主要交叉口的形式和用地范围，以及广场、公共停车场、桥梁、渡口的位置和用地范围；④平衡各种交通方式的运输能力和运量；⑤对网络规划方案作技术经济评估，提出分期建设与交通建设项目时序的建议。

3）城市交通专项规划

城市交通专项规划主要是针对组成城市交通的各个子系统所编制的发展规划，以及配合城市重大交通工程建设编制的建设规划和交通组织方案，主要包括以下各类规划：①城市公共交通专项规划；②城市轨道交通线网规划；③城市停车设施规划；④城市交通管理规划；⑤城市轨道交通建设规划；⑥城市交通近期建设规划；⑦交通组织设计城市建设。

4）城市建设交通影响评价

交通影响评价是衡量城市用地开发与交通协调发展的重要手段和建设决策的重要依据。

其目的是在建设项目实施前,分析评价建设项目建成投入使用后对周围交通环境产生影响的程度和范围,以及制定相应的对策,使建设项目的交通设施配置与内外交通组织符合城市交通系统的规划和管理要求。

二、城市公共交通规划

城市公共交通也称公共运输,泛指所有收费提供客运交通服务的运输方式,也有极少数免费服务。公共交通系统由道路、交通工具、站点设施等物理要素构成,是重要的城市基础设施,是关系国计民生的社会公益事业。具有大运量,集约化经营,节省道路空间,污染少等特点。

1. 公共交通的分类

公共交通可以进一步细分为大众运输及共用交通。为公众提供快速运输服务的公共交通被称为"大容量快速交通系统",台湾地区使用"大众运输系统"一词,香港地区使用"集体运输系统"一词,中国大陆则使用"快速公交"一词。

城市公共交通实际上包含着丰富多样的交通方式,有公共汽车、无轨电车、有轨电车、快速公交、出租汽车、各种形式的轨道交通、缆车、索道以及轮渡、水上巴士等城市水上交通。城市公共交通服务质量的考核包括多项指标,如运营速度、准点率,方便程度和舒适度。

2. 城市公共交通的配置标准

城市公共交通规划应充分考虑城市的发展规模、用地布局和道路网规划。大城市应优先考虑发展公共交通,逐步取代远距离出行的自行车,抑制私人小汽车等工具的使用;小城市应完善市区到郊区的公共交通线路网。

1) 城市公共汽车和电车的规划拥有量:大城市应按每800~1000人一辆标准车,中、小城市应每1200~1500人一辆标准车的标准配置。

2) 城市出租汽车规划拥有量:根据实际情况确定,大城市每千人不宜少于2辆;小城市每千人不宜少于0.5辆,中等城市可在其间取值。

3) 规划城市人口超过200万人的城市,应控制预留设置快速轨道交通的用地。规划人口超过50万人的城市,应控制预留设置快速公共交通的用地。

3. 公交线网规划的原则和要求

公交线网规划应遵循如下基本原则:"市区线,近郊线和远郊线应紧密衔接;各线的客运能力应与客运量相协调;线路的走向应与客流的主流向一致;主要客流的集散点应设置不同交通方式的换乘枢纽,方便乘客停车与换乘"。

1) 公共交通线路网密度

是指每平方公里城市用地面积上有公共交通线路经过的道路中心线长度,单位为km/km²。规划的公共交通线路网密度在中心区应达到3~4km/km²;在城市边缘地区应达到2~2.5km/km²。

2) 乘客平均换乘系数

乘客平均换算系数是衡量乘客直达程度的指标,其值为乘车出行人次与换乘人次之和除以乘车出行人次。大城市不应大于1.5,中、小城市不应大于1.3。

3) 公共交通线路非直线系数

公共交通线路非直线系数是指公共交通线路首末站之间实地距离与空间直线距离之比,环行线的非直线系数则按主要集散点之间的实地距离与空间直线距离之比。线网规划应保证该系数不大于1.4。

4）线路长度

市区公共汽车与电车主要线路的长度宜为 8～12km；快速轨道交通的线路长度不宜大于 40min 的行程。

4. 公共交通车站点规划的基本要求

1）公共交通车站服务面积。公共交通车站的服务半径一般为 300～500m。以 300m 半径计算，不得小于城市用地面积的 50%；以 500m 半径计算，不得小于城市用地面积的 90%。

2）在路段上，同向换乘距离不应大于 50m，异向换乘距离不应大于 100m；对置设站，应在车辆前进方向迎面错开 30m。

3）在道路平面交叉口和立体交叉口上设置的车站，换乘距离不宜大于 150m，并不得大于 200m。

4）长途客运汽车站、火车站、客运码头主要出入口 50m 范围内应设公共交通车站。

5）公共交通车站应与快速轨道交通车站换乘。

5. 公共交通规划的相关概念

1）存车换乘。将自备车辆存放后，改乘公共交通工具而到达目的地的交通方式。

2）出行时耗。居民从甲地到乙地在交通行为中所耗费的时间。

3）港湾式停靠站。在道路车行道外侧，采用局部拓宽路面的公共交通停靠站。

4）路抛制。出租汽车不设固定的营业站，而在道路上流动，招揽乘客，采取招手即停的服务方式。

三、城市轨道交通规划

1. 轨道交通的定义

城市轨道交通是城市公共交通系统的重要组成部分。城市中使用车辆在固定导轨上运行并主要用于城市客运的交通系统称为城市轨道交通。是城市公共客运交通系统中具有中等以上运量的轮轨交通系统（有别于道路交通），主要为城市（有别于市际铁路，郊区及大都市圈范围）公共客运服务，是一种在城市公共客运交通中起骨干作用的现代化立体交通系统。其中快速轨道交通则是指以电能为动力，在轨道上行驶的快速交通工具的总称。通常可按每小时运送能力是否超过 3 万人次，分为大运量快速轨道交通和中运量快速轨道交通。

国家标准《城市公共交通常用名词术语》中，将城市轨道交通定义为"通常以电能为动力，采取轮轨运转方式的快速大运量公共交通之总称"。目前国际轨道交通有地铁、轻轨、市郊铁路、有轨电车以及磁悬浮列车等多种类型，号称"城市交通的主动脉"。城市轨道交通和其他公共交通相比，具有用地省、运能大的特点，轨道线路的输送能力可达到公路交通输送能力的近十倍。每一单位运输量的能源消耗量少，因而节约能源；采用电力牵引，对环境的污染小。

2. 轨道交通的分类

轨道交通的分类见表 6-2。

表 6-2　　　城市轨道交通的分类

名称	英文名称	定义
地铁 地下铁道	Metro 或 Underground Railway 或 Subway	是由电气牵引、轮轨导向、车辆编组运行在全封闭的地下隧道内，或根据城市的具体条件，运行在地面或高架线路上的大容量快速轨道交通系统

续表

名称	英文名称	定义
轻轨	Light Rail Transit	是一种使用电力牵引,介于标准有轨电车和快运交通系统(包括地铁和城市铁路),用于城市旅客运输的轨道交通系统
单轨系统	Monorail	是指通过单一轨道梁支撑车厢并提供导引作用而运行的轨道交通系统,其最大特点是车体比承载轨道要宽。以支撑方式的不同,单轨一般包括跨座式单轨和悬挂式单轨两种类型。
城市铁路	Urban Railway	是由电气或者内燃牵引,轮轨导向,车辆编组运行在市区、市郊以及卫星城之间,以地面专用线路为主的大运量快速轨道交通系统
有轨电车	Tram 或 Streetcar	是使用电力牵引、轮轨导向、单辆或两辆编组运行在城市路面线路上的低运量轨道交通系统
磁悬浮列车系统	Maglev Vehicle	一种运用"同性相斥、异性相吸"的电磁原理,依靠电磁力来使列车悬浮并行走的轨道运输方式。它是一种新型的没有车轮、采用无接触行进的轨道交通系统
线性电机车系统	Linear Motor Car	是由线性电机牵引,轮轨导向,车辆编组运行在小断面隧道、地面和高架专用线路上的中运量轨道交通系统。该系统与地下铁道、城市铁路、轻轨等有明显的区别
新交通系统	AGT-Automated Guideway Transit	从广义上来讲,是那些与现有运输模式不同的各种短距离新交通方式的总称。狭义的新交通系统则定义为,由电气牵引,具有特殊导向、操纵和转折方式的胶轮车辆,单车或数辆编组运行在专用轨道梁上的中小运量轨道运输系统

3. 轨道交通的技术特征

轨道交通根据服务对象和范围的不同,可分为列车服务客运专线、地区铁路和地铁及城市轨道交通三大类。其中,客运专线包括跨地区干线客运铁路网或者属于长客运专线的一部分,为中长距离旅客服务;城际铁路和地区地铁为都市群和地区内城镇居民中短距离旅客服务,其特点是线路经过小城镇,如地区中心至县级市,县级市至另一县级市,经济区域内中心城市至另一中心城市,县级市至经济繁荣人口较多的城镇;城市轨道交通(市区地铁、郊区铁路、轻轨)为市郊居民、市区居民和外来行人服务。各大类的技术特征有所不同(表6-3)。

表 6-3   各类轨道交通的技术特征

	线路长度	平均站间距离	列车最高运行速度	供电制式
客运专线	一般线路长度大于200km	30km	200-300km/h	AC25000V
地区铁路	一般线路长度大于50km,小于300km	5～10km	120～160km/h	AC25000V
城市轨道交通	市区轨道交通线路长度一般超过30km(城市环线除外);近郊轨道交通的半径一般为25km(站间距为4km,线路长度大于50km的远郊铁路一般划入地区铁路的范畴)	郊区铁路为2.0～4km;市区轨道交通(包括现代化有轨电车)为1.0～1.5km;市区轻轨列车、有轨电车为0.6～1.0km	郊区铁路为≤120km/h;市区地铁为80km/h;市区轻轨为≤70km/h	郊区铁路为DC1500V或AC25000V;市区地铁为DC1500V或DC750V;市区轻轨为DC750V或DC600V

4. 城市轨道交通线网的规划要求和基本方法

1）规划基本要求

城市轨道交通线网布局的合理性，对城市轨道交通的效率、建设费用，对沿线建筑文物的保护、噪声防治、城市景观等，都会产生巨大影响。城市轨道交通线网的布局，除考虑地区的繁华程度、人口稠密程度外，还须考虑到轨道交通线网具有调整优化城市布局和用地功能的潜在优势，即所谓"廊道效应"。

轨道交通建设应重视网络化运营效益，必须做好线网总图规划、线网实施规划和有关专题研究。线网总图规划应重点研究线网的总体结构形态、覆盖范围、分布密度、总体规模、换乘节点、车辆基地及其联络线分布等。采用定性、定量分析，经客流预测和多方案评比，确定远景线网总图规划。线网实施规划应重点研究线网的近期建设规模、建设时序、运行组织、工程实施、换乘接驳以及建设用地控制规划，支持远景线网规划的可实施性。在线网规划完成后，应对线网资源的综合利用进行专题研究，包括车辆与车辆基地、控制中心、供电、通信、信号、自动售检票等系统的资源共享和综合规划研究，以及沿线建设用地、开发用地、交通枢纽及停车换乘等用地的控制性详细规划研究。

2）线路总体布局

（1）拟建线路应依据城市轨道交通线网规划进行选线布站。根据在线网中功能定位和客流预测分析，明确线路性质、运量等级和速度目标。

（2）拟建线路应有全日客流效益、通勤客流规模、大型客流点的支撑。车站应服务于重要客流集散点，起讫点车站应与其他交通枢纽相配合，构筑城市交通一体化，并落实城市规划用地。

（3）拟建线路起、终点不应设在市区内大客流断面位置，也不宜设在高峰断面流量小于全线高峰小时单向最大断面流量 1/4 的位置。

（4）每条线路长度不宜大于 35km，旅行速度不应低于相关的规定。

（5）对超长线路应以最长交路运行 1h 为目标，旅行速度达到最高运行速度的 45%～50% 为宜。

（6）对穿越城市中心的超长型线路，应分析全线不同地段客流断面和分区 OD 的特征；分析在线网中车站和换乘点分布，分析列车在各区间的满载率，合理确定线路起讫点、站间距和旅行速度目标。

3）站点布局

（1）车站应布设在主要客流集散点和各种交通枢纽点上，其位置应有利乘客集散，并应与其他交通换乘方便。

（2）高架车站应控制造型和体量，中运量轨道交通的车站长度不宜超过 100m。站厅落地的高架车站宜设置站前广场，有利于周边环境和交通衔接相协调。

（3）车站间距应根据线路功能，沿线用地规划确定。在全封闭线路上，市中心区的车站间距不宜小于 1km，市区外围的车站间距宜为 2km。在超长线路上，应适当加大车站间距。

（4）当线路经过铁路客运车站时，应设站换乘。有条件的地方，可预留联运条件（跨座式单轨系统除外）。

四、非机动交通规划

非机动交通通常指的是步行或自行车等以人力为空间移动动力的交通方式。我国 2004

年 5 月 1 日起实施的《国家道路交通安全法》在附则一章中规定,"非机动车是指以人力或者畜力驱动,上道路行驶的交通工具,以及虽有动力装置驱动但设计最高时速、空车质量、外形尺寸符合有关国家标准的残疾人机动轮椅车、电动自行车等交通工具"。明确将电动自行车以及一部分助动车划入非机动车的范畴。因此,广义的非机动交通是指以步行及自行车为主体、以低速环保型助动车(最高车速不大于 20km/h,噪声较低,制动良好)为过渡性补充的交通系统。

1. 自行车交通

自行车是一种具有许多优点的交通工具,其最佳出行距离为 3～4km,其环保和便捷等特点是其他交通工具所无法代替的,在今后相当长的时期内,自行车交通仍将是城市客运的重要交通方式之一。随着机动车交通日益增长,为了确保自行车交通安全与提高城市交通的效率,大、中城市干路网规划中要充分考虑自行车的使用要求,使自行车与机动车分道行驶。

1) 自行车道路的分类

自行车道路由自行车专用路、城市干路两侧的自行车道、城市支路和居住区内的道路组成,构成能保证自行车连续交通的网路。其中,自行车专用路不容许非机动车以外的车辆使用,城市干路两侧的自行车道,在非自行车高峰时允许少量机动车限速使用。城市支路和居住区内部的道路为自行车和机动车共用的道路。

2) 自行车交通规划的基本要求

(1) 自行车道路规划要以自行车交通量分析论证为基础。

(2) 应以城市结构、功能分区性质、区片联系紧密程度、地形特征等要素作为自行车道路网规划的主要依据,对人口集中、出行率高的地段,如商业中心、学校、公园等自行车利用率高的地方,宜规划布置自行车专用路,形成与机动车交通相隔离的自行车交通通道。

(3) 从自行车交通本身的要求和交通管理的要求出发,自行车使用应有良好的交通环境和交通的连续性,尽可能规划设置相对独立的自行车系统,并保证自行车在城市各个部分的可达性。

(4) 自行车道路规划要与其他交通方式的规划结合进行,综合利用空间和设施,形成有机整体,方便自行车与其他交通方式的转换。

(5) 充分利用现有道路或街巷进行修整或拓宽,对自行车道与机动车道的交叉点进行优化设计,使之符合自行车安全通行的要求。自行车道路应设置安全、照明、遮荫等设施。

3) 自行车交通的技术要求

(1) 设计车速:在自行车交通分析中,自行车的设计车速宜按 11～14km/h 计算,交通拥挤地区或路况较差的地区,其行程车速宜取低限值。自行车专用路应按设计速度 20km/h 的要求进行线型设计。

(2) 车道宽度:一条自行车道的宽度为 1.5m,每增加一条车道宽度增加 1.0m,即两条自行车带宽度为 2.5m,三条自行车带的宽度为 3.5m。自行车道路双向行驶的最小宽度宜为 3.5m,混有其他非机动车时,单向行驶的最小宽度应为 4.5m。

(3) 规划通行能力:路段每条车道的规划通行能力按 1500 辆/h 计算,平面交叉口每条车道的规划通行能力按 1000 辆/h 计算;自行车专用路每条车道的规划通行能力按上述规定的 1.1～1.2 倍计算;自行车道内混有人力三轮车、板车等时,应折算为自行车交通量,当折算交通量与总交通量之比大于 30% 时,每条车道的规划通行能力应乘以 0.4～0.7 的折减系数。

(4) 自行车单向流量超过 10000 辆/h 时的路段,应设平行道路分流。当交叉口自行车流量超过 5 000 辆/h 时,应在道路网规划中采取自行车的分流措施。

2. 步行交通

居民在城市中活动离不开步行。根据城市居民出行特征调查,以步行作为出行方式的比重约占 30% 以上。因此,对这些步行者应予以关注,规划完善的步行系统,使步行者出行时不与车辆交通混在一起确保交通安全。对盲人和残疾人还应该考虑无障碍交通的特殊需要,我国许多城市正逐步进入老龄社会,步行系统的改善对老年人的日常活动和身体健康非常重要。

城市步行道路系统应该是连续的,并具有良好的步行环境。它是由人行道、人行横道、人行天桥和地道、步行林荫道和步行街等所组成的完整系统,保证行人可以不受车辆的干扰,安全地、自由自在地步行。

1) 步行街

步行街是步行交通方式中的主要形式,其类型有以下几种:

(1) 完全步行街。又称封闭式步行街。封闭一条旧城内原有的交通道路或在新城中规划设计一段新的街道,禁止车辆通行,专供行人步行,设置新的路面铺筑,并布置各种设施,如树木、座椅、雕塑小品等,以改善环境,使人乐意前往。

(2) 公共交通步行街。是完全步行街所做的改进,允许公共交通(汽车、电车或出租车)进入,以保持全城公共汽车网络系统的完整。它除了布置改善环境的设施外,还增加具有美观设计的停车站。这类步行街仍有车行道、人行道的高差之分。通常将人行道拓宽,车行道改窄,国外甚至有将车行道建成弯曲形,以降低车速的。

(3) 局部步行街。局部步行街又称半封闭式步行街。将部分路面划出作为专用步行街,仍允许客运车辆运行,但对交通量、停车数量以及停车时间加以限制,或每日定时封闭车辆交通,或节假日暂时封闭车辆交通。

(4) 地下步行街。地下步行街是 1920 年代兴起的,即在街道狭窄、人口稠密、用地紧张的市中心地区,开辟地下步行街。日本大阪是修建地下街最多的城市之一,我国的地下街已逐渐被人们所接受,特别是与大型公共交通枢纽结合的地下步行街,大多比较成功。

(5) 高架步行街。高架步行街是沿商业大楼的二层人行道,与人行天桥连成一体,成为全天候的空中走廊形式,雨、雪、寒、暑均可通行。

步行街规划设置要注重营造文化氛围。步行街要与城市的商业、文化传统紧密结合,要充分利用原有街区的风貌特色,增强步行街的文化内涵。过宽的道路将丧失步行街的商业氛围。路幅形式和宽度要与临街建筑的形式、高度相协调,步行街的路幅总宽度一般以 25~35m 为宜。步行街的横断面布置应满足步行交通方便、舒适,并有良好的绿化和休息场地,其间可配置小型广场。步行街绿化用地宽度占路幅总宽度的比例,一般为 30% 左右。步行街距主、次干道的距离不宜超过 200m,人流出入口距公交车站不宜超过 100m,步行街附近应有相应规模的机动车与自行车停车场,距人流出入口一般应在 100m 之内,并不得大于 200m。步行街的车行道宽度以能适应救护车、邮政车、消防车、早晚为商业服务的货车以及垃圾车辆出入为据,一般为 7~8m。

2) 人行天桥和地道

人行天桥和地道是步行交通系统重要的连接点,它们保证了步行交通系统的安全性与连续性。

人行天桥与地道布局应结合城市道路网规划,并考虑由此引起附近范围内人行交通所发生的变化,且对此种变化后的步行交通进行全面规划设计。天桥或地道的选择应根据城市道路规划,结合地上地下管线、市政公用设施现状、周围环境、工程投资以及建成后的维护条件等因素作方案比较。天桥与地道在路口的布局应从路口总体交通和建筑艺术等角度统一考虑,天桥与地道的设置应与公共交通站点结合,还应有相应的交通管理措施。天桥与地道的布局既要利于提高行人过街安全度,又要利于提高机动车道的通行能力。地面梯口不应占用人行步道的空间,人行步道至少应保留 1.5m 宽。天桥与地道可与商场、文体场(馆)、地铁车站等大型人流集散点直接连通以发挥疏导人流的功能。

天桥桥面净宽不宜小于 3m,地道通道净宽不宜小于 3.75m。天桥与地道每端梯道或坡道的净宽之和应大于桥面或地道净宽 1.2 倍以上。梯道、坡道的最小净宽为 1.8m。考虑兼顾自行车推车通行时,一条推车带宽按 1m 计,天桥或地道净宽按自行车流量计算增加通道净宽,梯道、坡道的最小净宽为 2m。考虑推自行车的梯道,应采用梯道带坡道的布置方式,一条坡道宽度不宜小于 0.4m,坡道位置视方便推车流向设置。

天桥桥下为机动车道时,最小净高为 4.5m,行驶电车时,最小净高为 5.0m。天桥桥下为非机动车道时,最小净高为 3.5m,如有从道路两侧的建筑物内驶出的普通汽车需经桥下非机动车道通行时,其最小净高 4.0m。天桥、梯道或坡道下为人行道时,净高为 2.5m,最小净高为 2.3m。

地道通道的最小净高为 2.5m,地道梯道踏步中间位置的最小垂直净高为 2.4m,坡道的最小垂直净高为 2.5m,极限为 2.2m。梯道坡度不得大于 1∶2,手推自行车及童车的坡道坡度不宜大于 1∶4,残疾人坡道的设置应以手摇三轮车为主要出行工具,并考虑坐轮椅者、用拐杖者、视力残疾者的使用和通行,坡道不宜大于 1∶12,有特殊困难时不应大于 1∶10。

五、城市货运交通规划

1. 城市货运方式

城市货运方式有公路、铁路、水运、航空和管道运输等。在组织货运时,应根据各种运输方式的特点和适用条件,以经济、便捷、灵活、安全为原则,充分发挥各种运输方式的优势,选择有效的联合运输方式,使货物在运输过程中尽可能实现直达运输,减少因中途多次转驳而造成的货损与时滞。公路运输的优点是门到门,组织灵活,中途转驳少,时效高。在 200km 以内的运输成本,相比其他运输方式有一定的优势。但远程运输的经济性就不如铁路和水运。

2. 城市货运交通组织的层次

城市货运交通可以分以下三个层次进行组织:

1)过境货运交通

城市往往是一个区域的货物中转中心。过境的货运交通与城市内部的生产、生活关系小。因此,城市生产水平越高,过境交通量越少;反之,城市生产水平越低,过境交通量越大;中小城市的过境交通量常常超过市内交通量。为此,过境货运交通应尽可能布置在城市外围,避免对市区造成不必要的交通干扰。

2)出入市货运交通

出入市货运交通与城市对外辐射的活力有密切关系,一是中心城市与市辖范围内各县城之间的联系,二是市际间乃至国际间的联系。各种等级的城市在其经济区域内都有承上启下的功能。中心城市的职能越强,出入市货运交通量就越大。

　　3）市内货运交通

　　市内货运交通是和城市内部的自身生产、生活和基本建设有关的货物运输。基建材料、燃料以及钢铁等原材料的存储因其占地面积大，有些还有污染，因而应当安排存放在郊区，平均运距较大，为 5～8km。而市民日常生活用品以及设在市区内工厂的原料及产品，一般就近分散存放在市区边缘的仓储用地内，平均运距不大，中小城市 2～3km，大城市约 4～5km。

3. 货运道路和货运车场

　　城市货运道路是城市干道系统的重要组成部分，是城市货物运输的重要通道。它应满足城市内大型工业设备、产品和救灾物资、设备的运输要求。在道路标准、桥梁荷载等级、净空界限等方面均应予以特殊考虑。

　　城市货运的车辆日趋大型化，其尾气、噪声和振动对环境的污染与干扰较大，妥善规划货运道路可使其不良影响降低到最小，也可防止过境的运输车辆在市内乱穿。

　　在城市主要货流集散点之间规划货运道路，可使货运距离缩短，减少货运周转量，有利于提高运输效率，改善城市环境和房地产的开发效益。货运车辆场站是货运车辆停放、维修、保养和人员管理的基层单位。

　　货运车场一般按所运货物种类的专业要求分类管理。如建材、燃料、石油、化工原料及制品、钢铁、粮食、农副产品和百货等货物的运输，均有不同的车种与车型要求，应分别分散布置在全市各地，站场布局应与主要货源点，货物集散点结合，以便就近配车，方便用户，减少空驶。但对于大型货场以及高级保养场，由于货车数量大，设备复杂，投资大，应适当集中，设在城市边缘区，减少对城市的干扰和污染。为此，货运车辆的场站设施，宜采取大、中、小相结合及分散布置的原则。

4. 货物流通中心

　　货物流通中心是组织，转运、调节和管理物资流通的场所，是集货物储存、运输、商贸为一体的重要集散点，是为了加速物资流通而发展起来的新兴运输产业。按其功能和作用可分为集货、分货、配送、转运、储调、加工等组成部分，按其服务范围和性质，又可分为地区性货物流通中心、生产性货物流通中心、生活性货物流通中心三种类型。

　　1）地区性货物流通中心

　　服务于地区的区域性的综合物流中心，也是城市外向联系的重要环节，其规模较大、运输方式多样，应设置在城市边缘地区的货运干路附近。其数量视城市规模和经济发展水平而定，大城市一般至少应设两处，一方面便于对外联系，同时避免穿越市区，减轻城市交通压力。地区性货物流通中心的规模应根据货物流量、货物特征和用地条件来确定。

　　2）生产性货物流通中心

　　主要服务于城市的工业生产，是原材料与中间产品的储存、流通中心，是生产性物资与产品的运输、集散、贮存、配送等功能有机地结合起来的货物流通综合服务设施。它对于节约用地、加速货物流通、提高运输效率、改善城市交通等具有重要的价值。由于生产性货物流通中心的货物种类与城市的产业结构、产品结构、城市工业布局有着密切的联系，因此，一般均有明确的服务范围，规划选址应尽可能与工业区结合，服务半径不宜过大，一般采用 3～4km，用地规模应根据需要处理的货物数量计算确定，新开发区可按每处 6 万～10 万 m^2 估算。

　　3）生活性货物流通中心

　　主要为城市居民生活服务，是居民生活物资的配送中心。一般是以行政区来划分服务范围的。生活性货物流通中心所需要处理的货物种类与城市居民消费水平、生活方式密切相关，处理的货物数量与人口密度及服务的居民数量有关，服务范围和用地规模均不宜太大。大中城市的规划选址宜采用分散方式，小城市可适当集中。每处用地面积不宜大于 5 万 m²，服务半径以 2～3km 为宜，人口密度大的地区可适当减小服务半径。

货物流通中心的规模与分布，应结合城市土地开发利用规划、人口分布和城市布局等因素，综合分析、比选确定。货物流通中心的规划应贯彻节约用地、争取利用空间的原则。地区性、生产性、生活性及居民零星货物运输服务站的用地面积总和，不宜大于城市规划总用地面积的 2%，此面积不包括工厂与企业内部仓储面积。城市货物流通中心的用地面积计入城市交通设施用地内。

第 4 节　城市交通设施规划

一、停车场规划

停车场也称静态交通，是城市道路交通不可分割的组成部分。城市停车场分成配建停车场、公共停车场、路内停车场三类。一般城市较少设置公共停车场，车辆随意停在路边不仅占据街道空间，有碍市容，也严重影响街道的通行能力、行车速度和行车安全。因此，在进行城市规划时，应布置街道范围之外专用的公共停车场。

随着城市交通量的日益增长，停车问题已经非常迫切。停车控制是城市交通政策的一个重要手段，一般都采取按地区、时段级差收费的办法，来控制城市中心区小汽车的过度使用。城市中心区的停车场规模不宜过大，可避免车辆进出停车场造成交通拥挤。

1. 停车场的设置规模

当考虑停车场建设水平目标时，应考虑影响停车需要的多种因素。包括：城市规模、中心商业区吸引力的强弱、城市的土地利用、汽车保有状况、城市公共交通的服务水平、城市停车控制方法等。

城市规划中对停车场用地（包括绿化、出入口通道以及某些附属管理设施的用地）进行估算时，每辆车的用地可采取如下指标：小汽车为 30～50m²，大型车辆为 70～100m²，自行车为 1.5～1.8m²。对小型停车场，在小城镇和城市中心用地紧张地区宜取低值。

我国城市道路交通规划设计规范规定，城市公共停车场的用地总面积按规划城市人口每人 0.8～1.0m² 进行计算，其中机动车停车场的用地为 80%～90%，自行车停车场的用地为 10%～20%。市区宜建停车楼或地下停车库。

2. 停车场的布局

1）城市外来机动车公共停车场和市内机动车公共停车场

停车场的分布应根据不同类型车辆的要求分别考虑。城市外来机动车公共停车场，主要为过境的和到城市来装运货物的机动车停车而设，由于这些车辆所装载的货物品种较杂，其中有些是有毒、有气味、易燃、易污染的货物以及活牲畜等，为了城市安全防护和卫生环境，不宜入城。装完待发的货车也不宜在市区停放过夜，应停在城市外围靠近城市对外道路的出入口附近。其车位数约占城市全部停车位的 5%～10%。

市内机动车公共停车场主要为本市的和外来的客运车辆在市中心区和分区中心地区办事停车服务，所以设置了大量停车泊位，以客车为主。在市中心区和分区中心地区的停车位数应

占全部停车位的 $50\%\sim70\%$。

不同地块的停车需求量和停车高峰时段是不同的，视土地和建筑物的使用性质而定，可以将几处不同高峰时段的停车需求组合在一起，提高停车位的利用率。市内自行车公共停车场主要为本市自行车服务，停车场宜多，可分散到各种公共设施建筑、对外交通站场、公共交通和轮渡站、邮电设施和公共绿地的附近，各停车场的规模视建筑的性质而定。

2）停车场的位置选择

汽车停车场一般安排在主要交通汇集处。对已形成的城市繁华地区，因空余场地较少，宜作分散性多点设置，也就是采用小型的路侧和路外停车场相结合的方式。对一般地区和城市边远地区，则在主要交通汇集处和城市外围地区易于换乘公共交通的地段设置路外专用停车场。大型停车场宜设置在城市外环干道上，面向各对外公路，以减少车辆进入市内。大型公共交通站场的布点，原则上要分散，要与客运负荷相协调。一般中小型停车场和自行车停车场宜分散布置，特别是在城市的轨道交通站点地区要充分考虑自行车的停放，并配备相应的服务设施。发达国家一般都鼓励使用自行车，并提供尽可能完善的服务设施。

在大量人流汇集的文化生活设施附近（如公园、体育场、影剧院、商业广场和重要商业街道进出口处等），特点是车辆多，与自行车的停放干扰大，因而组织停车和出入较为复杂。这类公共停车场有两种情况：一种情况是在人流大量集散的文化生活设施群体地段，配置路外综合性公共停车场。除大型设施布置汽车停车坪外，还须在附近地段配置综合性公共交通站场，以利于人流的迅速疏散。另一种情况是在大型文化生活设施前布置停车场，如大型多功能体育设施，占地面积大，使用率低，其交通特点是交通量大、集中，又有单向不均衡性。它的停车场必须能容纳大量的多类型的车辆，可以停放大客车、小汽车和大量自行车。各类车辆的出入口须与周围街道相连接，达到互不干扰。合理组织几条客运能力较大的公共交通疏散线，在高峰人流时实施多方向疏散。同时规划附近的街道网与其环通，使之具有较大的集散能力。

3）停车场的服务半径

公共停车场要与公共建筑布置相配合，要与火车站、长途汽车站、港口码头、机场等城市对外交通设施接驳，从停车地点到目的地的步行距离要短，所以，公共停车场的服务半径不能太大。用户至公共停车场的可达性好，吸引来此停放的车辆就多，反之，吸引停车量就少，不能很好地发挥作用。根据调查和观测，建议停车场的服务半径为：

机动车公共停车场的服务半径，在市中心地区不应大于 200m；一般地区不应大于 300m；自行车公共停车场的服务半径宜为 $50\sim100m$，并不得大于 200m。

3. 机动车停车设施规划

1）规划原则

（1）按照城市规划确定的规模、用地、与城市道路连接方式等要求及停车设施的性质进行总体布置。

（2）停车设施出入口不得设在交叉口、人行横道、公共交通停靠站及桥隧引道处，一般宜设置在次要干道上，如需要在主要干道设置出入口，则应远离干道交叉口，并用专用通道与主干道相连。

（3）停车设施的交通流线组织应尽可能遵循"单向右行"的原则，避免车流相互交叉，并应配备醒目的指路标志。

（4）停车设施设计必须综合考虑路面结构、绿化、照明、排水及必要的附属设施的设计。

（5）停车场的竖向设计应与排水设计结合，最小坡度与广场要求相同，与通道平行方向的最大纵坡度为 1%，与通道垂直方向为 3%。

（6）机动车停车场的出入口应有良好的视野。出入口距离人行过街天桥、地道和桥梁、隧道引道须大于 50m；距离交叉路口须大于 80m。机动车停车场车位指标大于 50 个时，出入口不得少于 2 个；大于 500 个时，出入口不得少于 3 个。出入口之间的净距须大于 10m，出入口宽度不得小于 7m。

2）路边停车带

一般设在行车道旁或路边。多系短时停车，随到随开，没有一定的规律。在城市繁华地区，道路用地比较紧张，路边停车带多供不应求，所以多采用计时收费的措施来加速停车周转，路边停车带占地为 16～20m²/停车位。

3）路外停车场

包括道路以外专设的露天停车场和坡道式、机械提升式的多层、地下停车库。停车设施的停车面积规划指标是按当量小汽车进行估算的。露天停车场占地为 25～30m²/停车位，室内停车库占地为 30～35m²/停车位。停车库具体包括直坡道式停车库、螺旋坡道式停车库、错层式（半坡道式）停车库和斜楼板式停车库四种类型。

4．自行车停车设施设计

1）规划设计原则

（1）在公共建筑附近就近布置，以便于停放。

（2）在城市中应分散多处设置，方便停放。

（3）停车场出入口宽度，一般至少应 2.5～3.5m。

（4）停车场内交通路线应明确，行车方向要一致，线路尽量不交叉。

（5）固定停车场应有车棚，内设车架、存放和管理。

（6）场内尽可能加以铺装，以利排水。

2）规划的技术要求

自行车公共停车场的服务半径宜为 50～100m，并不得大于 200m。自行车的停放方式有垂直式、斜放式两种。每辆车占地 1.4～1.8m²。自行车公共停车场宜分成 15～20m 长的段，每段设一个出入口，宽度不得小于 3.0m；500 个车位以上的停车场出入口不得少于两个。

自行车停车场的规模应根据所服务的公共建筑性质、平均高峰时吸引车次总量，平均停放时间、每日场地有效周转次数以及停车不均衡系数等确定，场地铺装应平整、坚实、防滑。坡度宜小于或等于 4.0%，最小坡度为 0.3%。停车区宜有车棚、存车支架等设施。

5．公共交通首末站设计

公共交通首末站除满足车辆停放及掉头所需场地外，还应考虑工作人员工作与休息设施所需面积。专用回车场应设在客流集散的主流方向同侧，共出入口不得直接与快速路、主干路相连。回车场的最小宽度应满足公共交通车辆最小转弯半径需要，公共汽车为 25～30m；无轨电车为 30～40m。

二、交通枢纽

1．城市交通枢纽的概念

交通枢纽是在两条或者两条以上运输线路的交汇、衔接处形成的，具有运输组织、中转、装卸、仓储、信息服务及其他服务功能的综合性设施。一般由车站、港口、机场和各类运输线路、库场以及运输工具的装卸、到发、中转、联运、编解、维修、保养、安全、导航和物资供应等项设施组成。服务于一种交通方式的枢纽称为单式交通枢纽,服务于两种或两种以上交通方式的枢纽叫做综合交通枢纽。

2．交通枢纽的分类

城市交通枢纽可以分为城市客运交通枢纽和货运交通枢纽两大类。

1）按交通功能划分

（1）城市对外交通枢纽功能是将城市公共交通与铁路、水路、航空、长途汽车交通连接起来,使乘客用尽可能较短的时间完成一次出行。

（2）市内交通枢纽的功能是沟通市内各功能分区之间的交通联系。特定设施服务的枢纽的功能是为体育场、全市性公园等大型公共活动场所的观众、游人的集散服务。

2）按交通方式划分

（1）交通方式间的换乘枢纽指公共电车、汽车交通与地铁、轻轨、港口、渡口、铁路、航空等交通衔接的枢纽。这类枢纽主要完成交通方式转换,同时也可实行线路转换。

（2）相同客运交通方式的转换枢纽指公共电车、汽车不同线路的转换,与长途汽车的转换枢纽。

3）按交通组织划分

（1）公共交通首末站换乘枢纽有多条公交线路的起点、终点,有相应的停车场地和调度设施。

（2）公共交通中途站换乘枢纽:是多条公共交通的通过站。

4）按布置形式划分

（1）立体式枢纽:枢纽站分地下、地面、地上多层,设有商业、问询等综合服务。

（2）平面枢纽:枢纽站设置在地面层,视客流多少确定枢纽规模。

5）服务区域划分

（1）市级枢纽:为全市服务,客流集散量大,公交线路多,设备齐全。区级枢纽:连接各区交通中心、卫星城市的公交线路的起终点枢纽。

（2）地区性枢纽:设在地区客流集散点处的枢纽,服务范围小,设备简单。

3．交通枢纽的特点

（1）交通枢纽是多种运输方式的交汇点,是大宗客货流中转、换乘、换装与集散的场所,是各种运输方式衔接和联运的主要基地。

（2）交通枢纽是同一种运输方式多条干线相互衔接,进行客货中转及对营运车辆、船舶、飞机等进行技术作业和调节的重要基地。

（3）从旅客到达枢纽到离开枢纽的一段时间内,为他们提供舒适的候车、船、机环境,包括餐饮、住宿、娱乐服务,提供货物堆放、存储场所,包括包装、处理等服务办理运输手续,货物称重,路线选择,路单填写和收费旅客构票,检票运输工具的停放、技术维修和调度。

（4）交通枢纽大多依托于一个城市,对城市的形成和发展有着很大的作用,是城市实现内外联系的桥梁和纽带。

4．客运交通枢纽的布置

现代客运交通必须把步行、自行车、公共交通、汽车、铁路、飞机、轮船等交通工具通过交通转换点设施组织成为综合交通系统。通过广场、停车场、公交总站等各种形式,达到快速、安全、便捷、舒适地达到行客运换乘的目的。在城市总体布局时不要将主要吸引人流的公共建筑过分地集中,以免造成交通组织和管理上的困难。

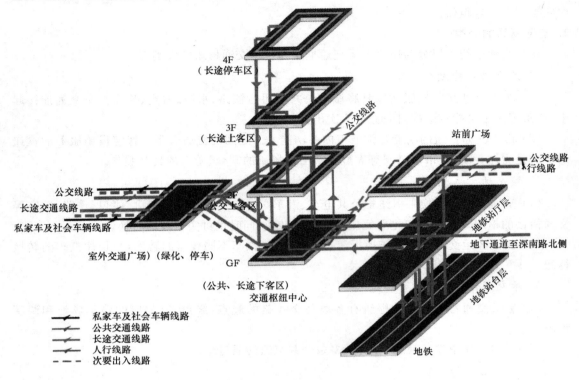

图 6-5　某交通枢纽交通流线分析图

随着城市交通的发展,平面的道路体系往往无法满足需要,这时候就可以考虑建设由行驶在不同空间层次的各种交通工具所组成的立体体系,以地面为主,空中和地下为补充(图6-5)。

城市地下公共交通的发展,对换乘车辆枢纽点布局也提出了新的要求。不少城市采取了塔式和综合式的联合车站,有的地下车站不仅可以换乘好几种交通工具,而且还分层设置商店、仓库、停车场等设施,这样,旅客转乘、购物都很方便。

第 7 章　城市规划中的工程规划

城市规划需要综合解决许多工程问题,如给水工程、排水工程、电力系统工程、电讯系统工程、燃气供应工程、供热系统工程、城市防灾工程等。本教材只选择与制定城市规划时关系较密切的部分加以简要叙述。在城市规划工作中,规划师要在总体规划与详细规划阶段,按不同的深度要求与其他专业工程师合作,同步予以解决。

第 1 节　城市给水规划

一、城市给水规划的内容

根据城市和区域水资源的状况,最大限度地保护和合理利用水资源,合理选择水源,确保城市水源规划和水资源利用平衡;确定城市自来水厂等给水设施的规模、容量;科学布局给水设施和各级给水管网系统,满足用户对水质、水量、水压等要求制定水源和水资源的保护措施。具体内容如下。

1. 城市用水量预测

首先进行城市用水现状与水资源研究,结合城市发展总目标,研究确定城市用水标准。在此基础上,根据城市发展总目标和城市规模,进行城市近远期规划用水量预测。

2. 城市给水水源规划

在进行城市现状水源与给水网络研究的基础上,依据城市给水系统规划目标、区域给水系统与水资源调配规划,以及城市规划总体布局,进行城市取水工程、自来水厂等设施的布局,确定其数量、规模、技术标准,制定城市水资源保护措施。

3. 城市给水网络与输配设施规划

在研究城市现状给水网络的基础上,根据城市给水水源规划、城市规划总体布局,进行城市给水网络和泵站、高位水池、水塔、调节水池等输配设施规划与布局;并及时反馈城市规划部门,落实各种设施用地布局。城市给水网络与输配设施规划将作为各分区给水管网规划的依据。

二、用水量预测

城市用水量预测有以下几种方法。

1）城市用水分类

通常在进行用水量预测时,根据用水目的不同,以及用水对象对水质、水量和水压的不同要求,将城市用水分为四类:生活用水、生产用水、市政用水和消防用水。

2）城市用水量标准

居民生活用水一般包括居民的饮用、烹任、洗刷、沐浴、冲洗厕所等用水。居民生活用水标准与当地的气候条件、城市性质、社会经济发展水平、给水设施条件、水资源量、居住习惯等都有较大关系。单位通常按 L/（人·日）计。

公共建筑用水包括娱乐场所、宾馆、集体宿舍、浴室、商业、学校、办公等用水。

工业企业生产用水量,根据生产工艺过程的要求确定,可采用单位产品用水量、单位设备日用水量、万元产值取水量、单位建筑面积工业用水量作为工业用水标推。

市政用水量包括用于街道保洁、绿化浇水和汽车冲洗等市政用水,由路面种类、绿化面积、气候和土壤条件、汽车类型、路面卫生情况等确定。

消防用水量按同时发生的火灾次数和一次灭火的用水量确定。其用水量与城市规模、人口数量、建筑物耐火等级、火灾危险性类别、建筑物体积、风向频率和强度有关。

未预见用水根据《室外给水设计规范》(GBJ 13—86)规定,城镇未预见用水及管网漏失水量按最高可用水量的 15%～25% 计算。

3)城市用水量预测与计算,一般采用多种方法相互校核

(1)人均综合指标法人均综合指标是指城市每日的总供水量除以用水人口所得到的人均用水量。确定了用水量指标后,再根据规划确定的人口数,就可以计算出用水量总量,见下式:

$$Q = Nqk$$

式中 Q——城市用水量;

N——规划期末,人口数;

q——规划期限内的人均综合用水量标准;

k——规划期用水普及率。

(2)单位用地指标法:确定城市单位建设用地的用水量指标后,根据规划的城市用地规模,推算出城市用水总量.

(3)年递增率法。

(4)用水量变化:

日变化系数 K_d＝年最高日用水量/年平均日用水量

K_d 通常为 1.1～1.5。

规划时,可参考如下值:特大城市,1.1～1.2;大城市,1.15～1.3;中小城市 1.12～1.5。气温较高的城市可选用上限值。

时变化系数 K_h＝最大日最大时用水量/最大日平均时用水量

K_h 通常为 1.3～3.0。

三、城市给水水源规划

水资源是指人类可以利用的那一部分淡水资源,如河流、湖泊、水库中的地表水,以及可逐年恢复的地下水。给水水源可分为地下水源和地表水源两大类。

1. 城市水源选择的原则

(1)水源具有充沛的水量,满足城市近、远期发展的需要。

(2)水源具有较好的水质。

(3)选择水源时还应考虑取水工程本身与其他各种条件,如当地的水文、水文地质、工程地质、地形、人防、卫生、施工等方面条件。

(4)水源选择应考虑防护和管理的要求,避免水源枯竭和水质污染;保证安全供水和经济性。

2. 城市水源保护

1)地表水源的卫生防护

取水点周围半径 100m 的水域内,严禁捕捞、停靠船只、游泳和从事可能污染水源的任何活动,并应设有明显的范围标志。

取水点上游 1000m 至下游 100m 的水域,不得排入工业废水和生活污水,其沿岸防护范围不得堆放废渣,不得设立有害化学物品仓库、堆放或装卸垃圾、粪便和有毒物品的码头,沿岸农田不得使用工业废水或生活污水灌溉及施用持久性或剧毒的农药,不得从事放牧等有可能污染该段水域水质的活动。

以河流为给水水源的集中式给水,应把取水点上游 1000m 以外的一定范围河段划为水源保护区,严格控制上游污染物排放量。排放污水时应符合有关要求,以保证取水点的水质符合饮用水水源水质要求。

水厂生产区的范围应明确划定,并设立明显标志,在生产区外围不小于 10m 范围内不得设置生活居住区和修建禽畜饲养场、渗水厕所、渗水坑,不得堆放垃圾、粪便、废渣或铺设污水渠道,应保持良好的卫生状况和绿化。

2）地下水源的卫生防护

取水构筑物的防护范围,应根据水文地质条件、取水构筑物的形式和附近地区的卫生状况进行确定,其防护措施与地面水的水厂生产区要求相同。

在单井或井群影响半径范围内,不得使用工业废水或生活污水和施用有持久性毒性或剧毒的农药,不得修建渗水厕所、渗水坑、堆放废渣或铺设污水渠道,并不得从事破坏深层土层的活动。如取水层在水井影响半径内不露出地面或取水层与地面水没有互相补充关系时,可根据具体情况设置较小的防护范围;在水厂生产区的范围内,应按地面水厂生产区的要求执行。

四、城市给水工程规划

城市给水工程规划按工作过程,分为取水工程、净水工程和输配水工程,构成给水系统。给水系统的布置形式包括统一给水系统、分质给水系统、分区给水系统、循环给水系统和区域性给水系统等。

1. 城市给水工程布置原则

（1）根据城市规划的要求、地形条件、水资源情况及用户对水质、水量和水压等要求来确定布置形式、取水构筑物、水厂和管线的位置。

（2）从技术经济角度分析比较方案,尽量以最少的投资满足用户对水量、水质、水压和供水可靠性的要求。考虑近远期规划结合、分期实施。

（3）在保证水量的条件下,优先选择水质较好,距离较近,取水条件较好的水源。当地水源不能满足城市发展要求,应考虑远距离调水或分质供水,保证城市供水可持续发展。

（4）水厂位置应接近用水区,以降低输水管道的工作压力和长度。净水工艺力求简单有效,并符合当地实际情况,以便降低投资和生产成本。

（5）充分考虑用水量较大的工业企业重复用水的可能性,努力发展清洁工艺,以利于节约水资源,减少污染和减少费用。

（6）给水处理厂的厂址应选择在工程地质条件较好的地方,水厂周围应具有较好的环境卫生条件和安全防护条件,并便于考虑沉淀池料泥及滤池冲洗水的排除;当取水地点距离用水区较近时,水厂一般设置在取水构筑物附近,通常与取水构筑物建在一起。

（7）输水管定线时力求缩短线路长度,尽量沿现有或规划道路定线,减少与河流、铁路、公路、山丘的交叉,便于施工和维护。

（8）管网干管布置的主要方向应按供水主要流向延伸,管网布置必须保证供水安全可靠,宜布置成环状。

2. 给水管网的布置形式

城市用水经过净化之后,通过安装大口径的输水干管和敷设配水管网,将水输配到各用水地区。输水管道不宜少于两条,给水管网的布置形式主要有树状网和环状网。

(1)树状网以水厂泵站或水塔到用户的管线布置成树枝状,管径随所供给用户的减少而逐渐变小。树状网构造简单、长度短、节省管材和投资,但供水的安全可靠性差,并且在树状网末端,因用水量小,管中水流缓慢,甚至停留,致使水质容易变坏,而出现浑浊水和红水的可能。

(2)给水管线纵横,相互接连,形成闭合的环状管网。环状网中,任一管道都可由其余管道供水,从而提高了供水的可靠性。环状网能降低管网中的水头损失,并大大减轻水锤造成的影响。但环状网由于增加了管线的总长度,使投资增加。环状网用在供水安全可靠性要求较高地区。

3. 城市给水管网敷设

(1)水管管顶以上的覆土深度,在不冰冻地区由外部荷载、水管强度、土壤地基、与其他管线交叉等情况决定,金属管道一般不小于 0.7m,非金属管道不小于 1.0~1.2m。

(2)冰冻地区,管道除以上考虑外,还要考虑土壤冰冻深度。缺乏资料时,管底在冰冻线以下的深度如下:管径 $d=300\sim600$mm 时为 0.75m,$d>600$mm 时,为 0.5m。

(3)给水管道相互交叉时,其净距不应小于 0.15m,与污水管相平行时,间距取 1.5m。

(4)给水管线穿越铁路和公路时,一般均在路基下垂直方向穿越,也可根据具体情况架空穿越(图 7-1)。

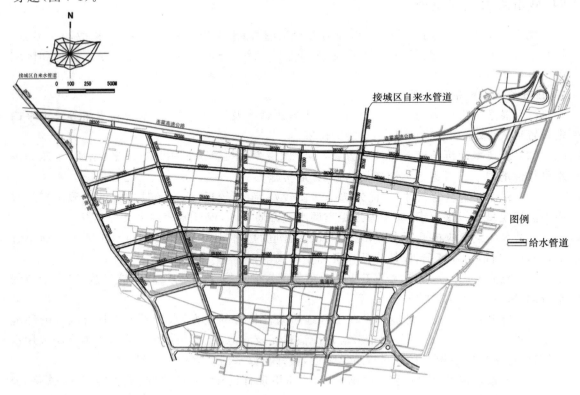

图 7-1 给水工程规划图

第 2 节　城市排水规划

一、城市排水规划的内容

根据城市自然环境和用水状况,合理确定规划期内污水处理量,污水处理设施的规模与容量,降水排放设施的规模与容量;科学布局污水处理厂(站)等各种污水处理与收集设施、排涝泵站等雨水排放设施,以及各级污水管网;制定水环境保护、污水治理与利用等对策与措施。

二、排水量预测

1. 城市污水量预测和计算

城市污水量包括城市生活污水量和部分工业废水量,与城市性质、发展规模、经济生活水平、规划年限等有关。生活污水量的大小直接取决于生活用水量。通常生活污水量占生活用水量的 70%～90%。

污水量与用水量密切相关,通常根据用水量乘以污水排除率即可得污水量。根据规划所预测的用水量,通常可选用城市污水排除率、城市生活污水排除率和城市工业废水排除率来计算城市污水量。另外应当注意,地下水位较高的地方,应适当考虑地下水的渗入量。

2. 变化系数

在进行污水系统的工程设计时,常用到变化系数的概念,从而考虑污水处理厂和污水泵站的设计规模和管径。

一日之中,白天和夜晚的污水量不一样;各小时的污水量也有很大变化;即使在 1h 内污水量也是变化的。但是,在城市污水管道规划设计中,通常都假定在 1h 内污水流量是均匀的。

污水量的变化情况常用变化系数表示。变化系数有日变化系数、时变化系数和总变化系数。

三、排水体制与排水工程系统

1. 城市排水工程的体制分类

对生活污水、工业废水和降水采用的不同的排除方式所形成的排水系统,称为排水体制,又称排水制度,可分为合流制和分流制两类。

1) 合流制排水系统

将生活污水、工业废水和雨水混合在单一的管渠系统内进行排除。

(1) 直排式合流制。管渠系统的布置就近坡向水体,分若干个排水口,混合的污水经处理和利用直接就近排入水体。这种排水系统对水体污染严重,目前一般不宜采用。

(2) 截流式合流制。在早期直排式合流制排水系统的基础上,临河岸边建造一条截流干管,同时,在截流干管处设溢流井,并设污水厂。晴天和初雨时,所有污水都排送至污水厂,经处理后排入水体。当雨量增加,混合污水的流量超过截流干管的输水能力后,将有部分混合污水经溢流井流出直接排入水体。这种排水系统比直排式有了较大改进。但在雨天,仍有部分混合污水不经处理直接排入水体,对水体污染较严重。为了进一步改善和解决污水厂晴、雨天水量变化较大引起的管理问题,可在溢流井后设贮水库,待雨停之后,把混合污水送污水厂进行处理,但投资很大。截流式合流制多用于老城改建。

2) 分流制排水系统

分流制排水系统是将生活污水、工业废水和雨水分别在两个或两个以上各自独立的管渠内排除的系统。

（1）完全分流制。分设污水和雨水两个管渠系统，前者汇集生活污水、工业废水，送至处理厂，经处理后排放和利用；后者汇集雨水和部分工业废水（较洁净），就近排入水体。该体制卫生条件较好，但仍有初期雨水污染问题，其投资较大。新建的城市和重要工矿企业，一般应采用该形式。工厂的排水系统，一般采用完全分流制，甚至要清浊分流，分质分流。有时，需几种系统来分别排出不同种类的工业废水

（2）不完全分流制。只有污水管道系统而没有完整的雨水管渠排水系统。污水经由污水管道系统流至污水厂，经过处理利用后，排入水体；雨水通过地面漫流进入不成系统的明沟或小河，然后进入较大的水体。该种体制投资省，主要用于有合适的地形，有比较健全的明渠水系的

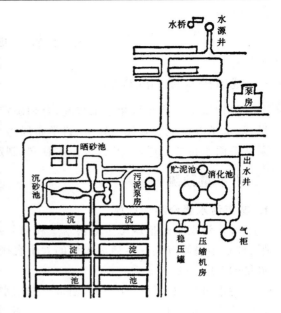

图 7-2　污水处理厂平面设置

地方，以便顺利排泄雨水。对于新建城市或发展中地区，为了节省投资，常先采用明渠排雨水，待有条件后，再改建雨水暗管系统，变成完全分流制系统。对于地势平坦，多雨易造成积水地区，不宜采用不完全分流制。

2. 城市排水工程系统的布置形式

城市排水系统的平面布置，根据地形、竖向规划、污水处理厂位置、周围水体情况、污水种类和污染情况及污水处理利用的方式、城市水源规划、大区域水污染控制规划等来确定。下面是几种以地形为主要因素的布置形式。

（1）正交式布置。在地势向水体适当倾斜的地区，各排水流域的干管可以短距离与水体垂直相交的方向布置。其干管长度短、口径小，造价经济。这种方式在现代城市中仅用于排除雨水。

（2）截流式布置。对于正交式布置的管网，在河岸敷设总干管，将各干管的污水截流送至污水厂，这种布置称为截流式。这种方式对减轻水体污染，改善和保护环境有重大作用。适用于分流制污水排水系统，将生活污水及工业废水经处理后排入水体。也适用于区域排水系统，区域总干管截流各城镇的污水送至城市污水厂进行处理。在地势向河流方向有较大倾斜的地区，为了避免因干管坡度及管内流速过大，使管道受到严重冲刷或跌水井过多，可使干管与等高线及河道基本上平行，主干管与等高线及河道成一倾斜角敷设（图 7-3）。

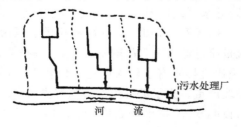
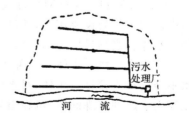

图 7-3　排水系统截流布置和扇形布置

（3）分区式布置。在地势高低相差很大的地区，当污水不能靠重力流流至污水处理厂时，

可采用分区布置形式,分别在高、低区敷设独立的管道系统。高区污水以重力流直接流入污水厂,低区污水利用水泵抽送至高区干管或污水厂。这种方式只能用于个别阶梯地形或起伏很大地区,其优点是能充分利用地形排水、节省电力。若将高区污水排至低区,然后再用水泵一起抽送至污水厂则是不经济的。

　　(4) 分散式布置。当城市周围有河流,或城市中央部分地势高,地势向周围倾斜的地区,各排水流域的干管常采用辐射状分散布置,各排水流域具有独立的排水系统。这种布置具有干管长度短、口径小、管道埋深浅、便于污水灌溉等优点,但污水厂和泵站的数量将增多。在地形平坦的大城市,采用辐射状分散布置可能比较有利(图 7-4)。

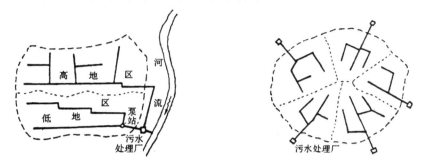

图 7-4　排水系统分区布置和分散布置

3. 排水管网布置原则

　　(1) 尽可能在管线较短和埋深较小的情况下,让最大区域上的污水自流排出。

　　(2) 地形是影响管道定线的主要因素,污水管道尽量采用重力流形式,避免提升。

　　(3) 管道定线尽量减少与河道、山谷、铁路及各种地下构筑物交叉,并充分考虑地质条件的影响;污水干管一般沿城市道路布置。

　　(4) 由于污水管道渗漏的污水会对其他管线产生影响,所以应考虑管道损坏时,不影响附近建筑物、构筑物的基础或污染生活饮用水。

　　(5) 管道的埋设深度指管底内壁到地面的距离,通常在干燥土壤中,污水管道最大埋深不超过 7~8m;在多水、流沙、石灰岩地层中,不超过 5m;管道的覆土厚度是管道外壁顶部到地面的距离;通常最大覆土厚度不宜大于 6m;在满足各方面要求的前提下,理想覆土厚度为1~2m。

　　(6) 在排水区域内,对管道系统的埋设深度起控制作用的点称为控制点。在规划设计时,尽量采取一些措施来减少控制点管道的埋深。

　　(7) 雨水管渠系统应充分利用地形,就近排入水体,尽量避免设置雨水泵站。

　　雨水出口的布置有分散和集中两种布置形式。当出口的水体离流域很近,水体的水位变化不大,洪水位低于流域地面标高,出水口的建筑费用不大时,采用分散出口,以便雨水就近排放,使管线较短,减小管径。反之,则可采用集中出口。

　　(8) 充分利用地形,选择适当的河湖水面和洼地作为调蓄池,以调节洪峰、降低沟道设计流量,减少泵站的设置数量。必要时,可以开挖一些池塘、人工河,以达到储存径流,就近排放的目的。

　　(9) 城市中靠近山体建设的区域,除了应设雨水管道外,尚应考虑在规划地区周围或超过规划区设置排洪沟,以拦截从分水岭以内排泄下来的洪水,使之排入水体,保证避免洪水的损害。

（10）管线布置应简捷顺直，不要绕弯，注意节约大管道的长度；管线布置考虑城市的远、近期规划及分期建设的安排，与规划年限相一致。

四、污水处理厂的位置与用地要求

污水处理厂的作用是对生产或生活污水进行处理，以达到规定的排放标准。污水处理厂应设在地势较低、便于城市污水流入的位置处，靠近河道，宜布置在城市水体的下游。污水处理厂应离开居住区，保持一定宽度的隔离地带，地形有一定的坡度，有利于污水、污泥的自流。厂址布置考虑城市的远、近期发展要求，同时考虑扩建的可能性。

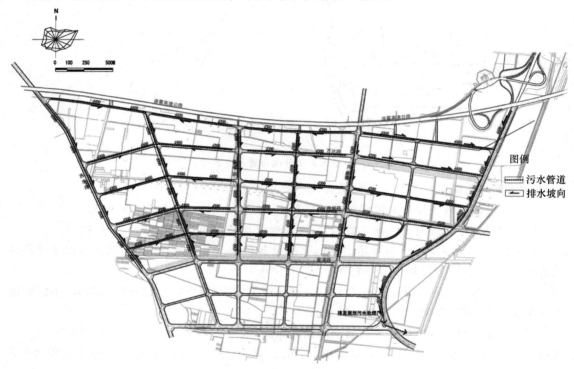

图 7-5　排水工程规划图

第 3 节　城市能源规划

城市能源工程规划包括能源结构的选择、城市电力规划、供电电源的选择、城市用电量估算、供电分区的划分、电厂的位置、电力高压走廊的位置、变电站的选址；城市燃气工程系统规划包括燃气厂的选址、燃气管网系统、加压站、储气罐、液化气站的位置；城市供热工程系统规划包括确定城市集中供热对象，供热标准，供热方式；合理确定城市供热量和负荷选择并进行城市热源规划，确定城市热电厂、热力站等供热设施的数量和容量；科学布局各种供热设施和供热管网；制定节能保温的对策与措施，以及供热设施的防护措施。

一、城市能源结构

城市能源有以下三种分类。

（1）一次能源和二次能源：用煤烧锅炉发生蒸汽属一次能源；用煤发电，属二次能源。

（2）干净能源与不干净能源：电力属于干净能源；燃煤燃油对大气有污染，属于不干净能源。

（3）再生能源与非再生能源：风力、水力、太阳能属再生能源；煤、油等属非再生能源。

二、城市供电电源规划

1. 发电厂的位置

发电厂有水力、火力、地热、核电等，火力发电厂与城市总体关系密切，火力发电厂的位置一般应考虑以下方面。

（1）电厂尽量靠近负荷中心，使热负荷和电负荷的距离经济合理。

（2）燃煤电厂的燃料消耗量很大，中型电厂的年耗煤量有的在 50 万 t 以上，大型电厂每天约耗煤在万 t 以上，因此，厂址应尽可能接近燃料产地，靠近煤源，以便减少燃料运输费。同时，由于减少电厂贮煤量，相应也减少了厂区用地面积，在劣质煤源丰富的矿区建立坑口电站是最经济的，它可以减少铁路运输（用皮带直接运煤），进而降低造价，节约用地。

（3）电厂铁路专用线选线要尽量减少对国家干线通行能力的影响，接轨方向最好是重车方向为顺向。

（4）电厂生产用水量大，包括汽轮机凝汽用水、发电机和油的冷却用水、除灰用水等。大型电厂首先应考虑靠近水源，直流供水。

（5）燃煤发电厂应有足够的贮灰场，贮灰场的容量要能容纳电厂 10 年的贮灰量。分期建设的灰场的容量一般要能容纳 3 年的出灰量。厂址选择时，同时要考虑灰渣综合利用场地。

（6）厂址选择应充分考虑出线条件，留有适当的出线走廊宽度，高压线路下不能有任何建筑物。

（7）电厂运行中有飞灰，燃油电厂排出含硫酸气，厂址选择时要有一定的防护距离。

2. 变电所（站）选址

（1）变电所（站）接近负荷中心或网络中心。

（2）便于各级电压线路的引入和引出，架空线走廊与所（站）址同时决定。

（3）变电所（站）建设地点工程地质条件良好，地耐力较高，地质构造稳定。避开断层、滑坡、塌陷区、溶洞地带等。避开有岩石和易发生滚石的场所，如所址选在有矿藏的地区，应征得有关部门同意。

（4）所址地势高而平坦，不宜设于低洼地段，以免洪水淹没或涝渍影响，山区变电所的防洪设施应满足泄洪要求。

（5）交通运输方便，适当考虑职工生活上的方便。

（6）所址尽量不设在空气污秽地区，否则应采取防污措施或设在污染的上风侧。

（7）具有生产和生活用水的可靠水源。

（8）应考虑对邻近设施的影响，尤其注意对广播、电视、公用通讯设施的电磁干扰。

三、城市供电网络规划

城市用电负荷按城市全社会用电分类，可分为产业类和城乡居民生活类用电。

负荷预测可采用两种方法,一种方法是从用电量预测入手,然后由用电量转化为市内各分区的负荷预测;另一种方法是从计算市内各分区现有的负荷密度入手,进行预测。两种方法可以互相校核。

1. 城市电力网络等级

城市电力线路电压等级有:500kV、330kV、220kV、110kV、66kV、35kV、10kV、380V/220V 等八类。通常城市一次送电电压为 500kV、330kV、220kV,二次送电电压为 110kV、66kV、35kV,高压配电电压为 10kV,低压配电电压为 380V/220V。城网应尽量简化变压层次,一般不宜超过 4 个变压层次。老城市在简化变压层次时可以分区进行。

2. 城市送电网规划

(1)一次送电网。是系统电力网的组成部分,又是城网的电源,应有充足的吞吐容量。城网电源点应尽量接近负荷中心,一般设在市区边缘。高压深入市区变电所的一次电压,一般采用 220kV 或 110kV,宜采用环式(单环、双环或联络线等)。

(2)二次送电网。应能接受电源点的全部容量,并能满足供应二次变电所的全部负荷。

3. 高压电力线路规划

(1)线路的长度宜短捷,减少线路电荷损失,降低工程造价。

(2)保证线路与居民、建筑物、各种工程构筑物之间的安全距离,按照国家规定的规范,留出合理的高压走廊地带。电力导线边线向外例延伸所形成的两平行线内的区域,称之为电力线走廊,高压线路部分通常称为高压走廊。

(3)高压线路不宜穿过城市的中心地区和人口密集的地区。并考虑到城市的远景发展,避免线路占用工业备用地或居住备用地。

(4)高压线路穿过城市时,须考虑对其他管线工程的影响,尤其是对通讯线路的干扰,并应尽量减少与河流、铁路、公路以及其他管线工程的交叉。

(5)高压走廊不应设在易被洪水淹没的地方,或地质构造不稳定(活动断层、滑坡等)的地方。在河边敷设线路时,应考虑河水冲刷的影响。

(6)高压线路尽量远离空气污浊的地方,以免影响线路的绝线,发生短路事故,避免接近有爆炸危险的建筑物、仓库区。

(7)尽量减少高压线路转弯次数,适合线路的经济档距(即电杆之间的距离),使线路比较经济(图 7-6)。

四、城市燃气气种选择

发展城市燃气,必须从本地区和资源条件出发,发展完善煤制气,优先使用天然气,合理利用液化石油气,大力回收利用工业余气,建立因地制宜,多气互补的灵活的燃气供给体系。

城市燃气负荷根据用户性质不同可分为民用燃气负荷和工业燃气负荷两大类。民用燃气负荷又可分为居民生活用气负荷与公建用气负荷两类。在计算用气负荷时,还必须考虑未预见用气量。末预见用气量中主要包括两部分:一部分是管网的漏损量,另一部分是因发展过程中出现没有预见到的新情况而超出了原计划的设计供气量。

根据燃气的年用气量指标,可以估算出的城市年燃气用量。燃气的日用气量与小时用气量是确定燃气气源、输配设施和管网管径的主要依据。因此,燃气用量的预测与计算的主要任务是预测计算燃气的日用量与小时用量。

燃气的供应规模主要是由燃气的计算月平均日用气量决定的。一般认为工业企业用气、

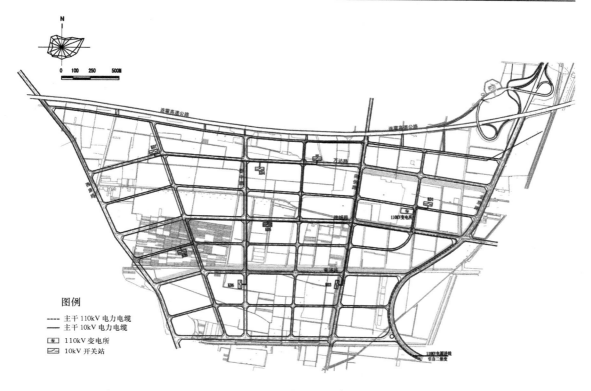

图 7-6　电力工程规划图

公建用气、采暖用气和未预见用气都是较均匀的,而居民生活用气是不均匀的。

五、燃气输配系统规划

1. 城市燃气输配设施

燃气储配站　主要有三个功能:一是储存必要的燃气量,以调峰;二是可使多种燃气进行混合,达到适合的热值等燃气质量指标;三是将燃气加压,以保证输配管网内适当的压力。

调压站　根据城市燃气管道输送压力 $P(kg/cm^2)$ 可分为高压燃气管道 $3.0 < P \leqslant 8.0$;次高压燃气管道 $1.5 < P < 3.0$;中压燃气管道 $0.05 < P < 1.5$;低压燃气管道 $P \leqslant 0.05$。

2. 城市燃气输配管网的形制

1) 一级管网系统

(1) 低压一级管网系统。因输送时不需要增压,故节省加压用电能,降低了运行成本;系统简单,供气比较安全可靠,维护管理费用低。缺点是由于供气压力低,致使管道直径较大,一次投资费用较高;管网起、终点差较大,造成多数用户灶前压力偏高,燃烧效率降低,并增加烟气中 CO 含量,厨房卫生条件较差。

(2) 中压一级管网系统。减少管道长度;节省投资;提高灶具燃烧效率。但安装水平要求较高;供气安全较低压供气差,一旦发生庭院管道断裂漏气,其危及范围较大。

2) 二级管网系统

(1) 中压 B、低压二级管网系统。供气安全,安全距离容易保证,可以全部采用铸铁管材。缺点是投资较大;增加管道长度;占用城市用地。

(2) 中压 A、低压二级管网系统。输气干管直径较小,比中压 B、低压二级系统节省投资;

由于此系统输气干管压力较高,故在用气低峰时,可以储存一定量的天然气用于调峰。中压 A 煤气管道需用钢管,故使用年限短,折旧费用高。

3)三级管网系统

三级系统通常含有高、中、低压三种压力级制,通称高、中、低压三级管网系统。

供气比较安全可靠;高压或中压 A 外环管网可以储存一定数量的天然气(或加压气化煤气),缺点是系统复杂,维护管理不便,投资大。

4)混合管网系统

投资较省,管道总长度较短,保证安全供气。

3. 城市燃气管网布置原则

(1)为了使主要燃气管道供应可靠,应按逐步形成环状管网进行设计(图 7-7)。

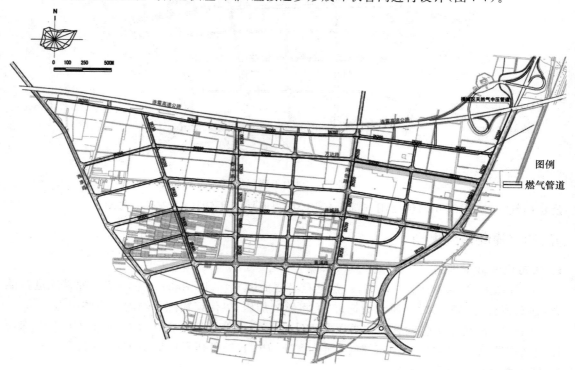

图 7-7 燃气工程规划图

(2)燃气管道避免埋在交通频繁的干道下,以免干道检修困难和承受很大的动荷载。

(3)不允许将燃气管和自来水管、雨水管、污水管、热水管、电力及通讯电缆放在同一地沟内。

(4)应减少穿、跨越河流、水域、铁路等工程,以减少投资。

(5)为确保供气可靠,一般各级管网应沿路布置。

(6)燃气管网应避免与高压电缆平行敷设。

4. 煤气制气厂选址原则

燃气厂在城市中的选址最主要的是考虑煤的运输贮放以及对城市污染的问题。

(1)厂址选择应合乎城市总体发展的需要,气源厂应根据城市发展规划预留发展用地。

(2)厂址应具有方便、经济的交通运输条件,与铁路、公路干线或码头的连接应尽量短捷。

（3）厂址应具有满足生产、生活和发展所必需的水源和电源。

（4）厂址宜靠近生产关系密切的工厂,并为运输、公用设施、三废处理等方面的协作创造有利条件。

（5）厂址应符合现行的环境保护的有关法规和《工业企业设计卫生标准》。

（6）厂址应有良好的工程地质条件和较低的地下水位,不应设在受洪水、内涝威胁的地带。

5. 液化石油气供应基地的选址原则

（1）液化石油气储配站属于甲类火灾危险性企业。站址应选在城市边缘,与服务站之间的平均距离不宜超过 10km。

（2）站址应选择在所在地区全年最小频率风向的上风侧。

（3）与相邻建筑物应遵守有关规范所规定的安全防火距离。

（4）站址应是地势平坦、开阔、不易积存液化石油气的地段,并避开地震带、地基沉陷和雷击等地区。不应选在受洪水威胁的地方。

（5）具有良好的市政设施条件,运输方便。

（6）应远离名胜古迹、游览地区和油库、桥梁、铁路枢纽站、飞机场、导航站等重要设施。

（7）在罐区一侧应尽量留有扩建的余地。

6. 液化石油气气化站与混气站的布置原则

（1）液化石油气气化站与混气站的站址应靠近负荷区。

（2）站址应与站外建筑物保持规范所规定的防火间距。

（3）站址应处在地势平坦、开阔、不易积存液化石油气的地段。

六、城市供热系统

为了节约能源、减少城市污染,应逐步实现集中供热。集中供热有两种方式:热电厂供热和区域锅炉房供热。供热系统由热源、管网和热用户散热器三部分组成。根据热源与管网之间的关系,热网可分为区域式和统一式两类;根据输送介质的不同,热网可分为蒸汽管网、热水管网和混合式管网三种;按平面布置类型分,供热管网可分为枝状管网和环状管网两种。民用供热一般为地下敷设。供热管道地下敷设时,可采用通行地沟、半通行地沟、不通行地沟或无沟敷设。

1. 城市热负荷种类

（1）根据热负荷用途分类:分为室温调节、生活热水和生产用热;

（2）根据热负荷性质分类:分为民用热负荷和工业热负荷;

（3）根据用热时间规律分类:分为季节性热负荷和全年性热负荷。

2. 热电厂的选址原则

（1）热电厂应尽量靠近热负荷中心。

（2）热电厂要有方便的水陆交通条件,热电厂要有良好的供水条件。

（3）热电厂要有方便的出线条件,热电厂要有一定的防护距离,热电厂要有妥善解决排灰的条件。

（4）热电厂的厂址应避开滑坡、溶洞、塌方、断裂带淤泥等不良地质的地段。

3. 供热管网的形制

（1）热水热力网宜采用闭式双管制;

（2）以热电厂为热源的热水热力网,同时有生产工艺、采暖、通风、空调、生活热水多种热负荷,在生产工艺热负荷与采暖热负荷所需供热介质参数相差较大,或季节性热负荷占总热负荷比例较大,且技术经济合理时,可采用闭式多管制;

4. 城市供热管网的敷设方式

（1）架空敷设

不受地下水位的影响,运行时维修检查方便。缺点是占地面积较大、管道热损失大、在某些场合不美观。

（2）地下敷设

占地面积较小,较安全可靠。但需挖土方量大,管理维修不方便。热网建设应首先考虑采用直埋管道的敷设方式。

图 7-8　供热工程规划图

第 4 节　城市电信规划

一、城市通信规划的内容

结合城市通信实况和发展趋势,确定规划期内城市通信的发展目标,预测通信需求;合理确定邮政、电信、广播、电视等各种通信设施的规模、容量;科学布局各类通信设施和通信线路;制定通信设施综合利用对策与措施,以及通信设施的保护措施。

二、城市电信需求量预测

1. 城市邮政需求量预测

城市邮政设施的种类、规模、数量主要依据通信总量邮政年业务收入来确定。因此,城市邮政需求量主要用邮政年业务收入或通信总量来表示。预测通信总量(万元)和年邮政业务收入(万元),采用发展态势延伸法、单因子相关系数法、综合因子相关系效法等预测方法。

2. 城市电话需求量预测

电话需求量的预测是电话网路、局所建设和设备容量规划的基础。电话需求量由电话用户、电话设备容量组成。电话行业的电话业务预测包括了用户和话务预测。

三、城市通信系统

1. 城市有线电话系统

电话网络等级可分为五类:一级为大区交换中心,二级为省级中心,三级类似地区中心,四级为长途交换网终端,五级为终端局。

有线电话系统规划的内容包括研究电话局所的分区范围及局所位置、调查电话需求量的增长、规划通讯电缆的走向及位置。

2. 城市无线通讯设备

城市无线通讯包括电台、微波通讯、移动电话、寻呼台等,无线通讯的频道要由城市专门设立的机构加以分配和控制。

移动电话网的规划包括移动电话话务量规划、移动通讯站点布置、通讯频道取置等。根据移动电话系统预测的容量决定移动电话覆盖的范围,采取大区、中区、小区的制式。大区制业务区半径一般为 $30\sim60km$,由电话局及基站组成,小区制是将业务区分为若干蜂窝状小区的基站区,半径 $1.5\sim15km$,中区制是介于大区制和小区制之间的一种系统。各类基站的设置要避免干扰及产生盲区。

3. 城市广播电视系统

在城市规划中需要考虑广播电视台的位置、卫星及微波通讯传播台的选址。广播及电视发射塔及微波站,要选在地势干爽、地质条件好的地点,站址要避免本系统(同波道、越站和汇接干扰)和外系统干扰(如雷达、地球站、其他无线通讯)。

四、城市邮政局所规划

邮政局所设置要便于群众用邮,要根据人口的密集程度和地理条件所确定的不同的服务人口数、服务半径、业务收入三项基本要求来确定。我国邮政主管部门制定的城市邮政服务网点设置的参考标准如下。

表 7-1　　　　　　　　　邮政局所设置的要求

城市人口密度/(万人/km²)	服务半径/km	城市人口密度/(万人/km²)	服务半径/km
>2.5	0.5	0.5~1.0	0.81~1
2.0~2.5	0.51~0.6	0.1~0.5	1.01~1
1.5~2.0	0.61~0.7	0.05~0.1	2.01~3
1.00~1.5	0.71~0.8		

邮政局所选局址应设在闹市区、居民集聚区、文化游览区、公共活动场所,大型工矿企业,大专院校所在地。车站、机场、港口以及宾馆内应设邮电业务设施。局址应交通便利,运输邮件车辆易于出入(图 7-9)。

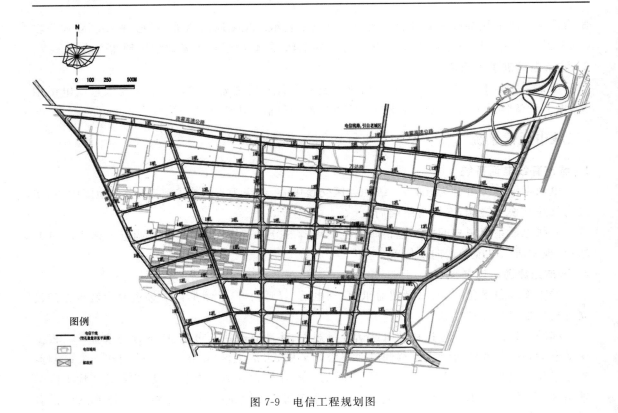

图 7-9 电信工程规划图

第 5 节 城市防灾规划

一、城市防灾规划的内容

城市防灾规划包括两方面的内容。在硬件方面,布置安排各种防灾工程设施;在软件方面,拟定城市防灾的各种管理政策及指挥运作体系,做好灾害预防和救护两个方面的工作。

城市防灾规划包括城市防洪、防火、灾害减轻及防空规划。生命线系统指在灾害发生时,保证人民生命安全及生存环境的工程项目,城市防灾规划的重点是生命线系统的防灾措施,即指那些维持市民生活的电力、煤气、自来水供应等系统,包括四大网络:海陆空交通运输系统、水供应系统、能源供应系统和信息情报系统。电力是生命线系统的核心,主电网应形成环路,还应备有自发电机及可移动式的柴油发动机系统。煤气供应系统应能关闭。供水采取分区供应,设置多水源。

根据城市自然环境、灾害区划和城市地位,确定城市各项防灾标准,合理确定各项防灾设施的等级、规模;科学布局各项防灾设施;充分考虑防灾设施与城市常用设施的有机结合,制定防灾设施的统筹建设、综合利用、防护管理等对策与措施。

二、城市防洪规划

城市防洪规划的主要内容是确定城市防洪的标准,确定城市防洪工程设施的布局,确定城市排涝工程的设施。

对于洪水的防治,应从流域的治理入手。一般来说,对于河流洪水防治有"上蓄水、中固堤,下利泄"的原则,即上游以蓄水分洪为主,中游应加固堤防,下游应增强河道的排泄能力。综合起来,主要防洪对策有以蓄为主和以排为主两种。

1. 城市防洪、防涝标准

防洪工程设计是以洪峰流量和水位为依据的,而洪水的大小通常是以某一频率的洪水量来表示。防洪工程的设计是以工程性质、防范范围及其重要性的要求,选定某一频率作为计算洪峰流量的设计标准的。通常洪水的频率用重现期的倒数代替表示,例如重现期为 50 年的洪水,其频率为 2%,重现期为 100 年的洪水,其频率为 1%,显然,重现期愈大,则设计标准就越高。

2. 以蓄水为主的防洪措施

水土保持、植树造林,在流域面积内控制径流和泥沙。这是一种在大面积上大范围内保持水土的有效措施,既有利于防洪,又有利于农业,即使在城市周围,加强水土保持,对于城市防止山洪的威胁,也会起到积极的作用。

利用水库蓄洪和滞洪,在上游河道适当位置处利用湖泊、洼地或修建水库拦截或滞留洪水,削减下游的洪峰流量,以减轻或消除洪水对城市的灾害。这种办法还可以起到兴利的作用,即可以调节枯水期径流,增加枯水期水流量,保证了供水、航运及水产养殖等。

1）以排为主的防洪措施

修筑堤防,筑堤可增加河道两岸高程,提高河槽安全泄洪能力,在平原地区的河流上多采用这种防洪措施。整治河道,加大河道的通水能力,使水流通畅,水位降低,从而减少了洪水的威胁。

2）城市防洪的构筑物措施

城市防洪的构筑物措施主要有排洪沟、截洪沟、防洪堤和排涝设施等。

三、城市消防规划

1. 城市的防火布局

城市的防火布局主要考虑以下四个方面的问题:

(1) 城市重点防火设施的布局。城市中不可避免地要安排如液化气站、煤气制气厂、油品仓库等一些易燃易爆危险品的生产、储存和运输设施,这些设施应慎重布局,特别是要保持规范要求的防火间距。

(2) 城市防火通道布局。城市中消防车的通行范围涉及火灾扑救的及时性,城市内消防通道的布局应合乎各类设计规范。

(3) 城市旧区改造。城市旧区是建筑耐火等级低,建筑密集,道路狭窄,消防设施不足的地区,是火灾高发地区,并且延烧的危险性很大。因此,城市旧区的改造,是城市防火的重要工作。

(4) 合理布局消防设施。城市消防设施包括消防站、消防栓、消防水池、消防给水管道等。应在城市中合理布局上述没施。

2. 消防设施的布局

消防单位从行政上划分为总队、支队和中队。消防站占地及装备也分为三级:

(1) 一级消防站,有车 6~7 辆,占地 3000m² 左右。

(2) 二级消防站,有车 4~5 辆,占地 2500m² 左右。

(3) 三级消防站,有车 3 辆,占地 2000m² 左右。

消防站的责任区面积宜为 4~7km²。1.5万~4万人城镇可设置一处消防站,消防站应在接到警报后 5 分钟内达到出事地点。消防站应布置在责任区中心,交通便利。消防站应与医院、幼托小学等人流集中处保持一定的距离。

四、城市减轻震灾规划

地震有两种指标分类法。一种是按所在地区受影响和受破坏的程度进行分级,称为地震的烈度。在我国,地震烈度分为 12 个等级,其中,6 度地震的特征是强震,而 7 度地震则为损害震。因此,以 6 度地震烈度作为城市设防的分界,非重点抗震防灾城市的设防等级为 6 度,6 度以上设防城市为重点抗震防灾城市。按震源放出的能量来划分地震的等级,称为地震的震级,地震释放的能量越大,震级越高。一般说来,震级小于 2.5 级时,人一般感觉不到,而震级大于 5 级时,就可能造成破坏。

1. 城市抗震对策

地震的发生往往有极大的突然性,城市布局的避震减灾措施是最为有效和经济的抗震对策。在城市布局中,主要考虑的避震减灾措施有以下三种:

(1)城市发展用地选址时,尽量避开断裂带、溶洞区、滑坡等地质不良地带,避开软土及液化土层地带。

(2)城市进行建筑群规划时,应考虑保留必要的空间与间距,使建筑物一旦震时倒塌,不致影响别的建筑或阻塞人员疏散通道。

(3)在城市布局中,保证一些道路的宽度,使之在灾时仍能保持通畅,满足救灾与疏散需要。同时,应充分利用城市绿地、广场,作为震时临时疏散场所。

2. 城市抗震标准

城市的抗震标准即为抗震设防烈度。我国工程建设从地震基本烈度 6 度开始设防。6 度地震区内的重要城市与国家重点抗震城市和位于 7 度以上(含 7 度)地区的城市,都必须考虑城市抗震问题,编制城市抗震防灾规划。

对于建筑来说,可以根据其重要性确定不同的抗震设计标准。根据建筑重要性,分为甲、乙、丙、丁四类建筑。

第 6 节　管线综合规划

一、管线综合的内容

根据城市规划布局和各项城市工程系统规划,检验各专业工程管线分布的合理程度,提出对专业工程管线规划的修正建议,调整并确定各种工程管线在城市道路上水平排列位置和竖向标高,确认或调整城市道路横断面,提出各种工程管线基本埋深和覆土要求。

二、管线综合的原则

管线工程综合布置的一般原则如下:

(1)管线综合布置应与总平面布置、竖向设计和绿化布置统一进行。应使管线之间,管线与建(构)筑物之间在平面及竖向上相互协调,紧凑合理。

(2)管道内的介质具有毒性、可燃、易燃、易爆性质时,严禁穿越与其无关的建筑物、构筑物、生产装置区等。

（3）管线带的布置应与道路或建筑红线平行，必须在满足生产、安全、检修的条件下节约用地。当技术经济比较合理时，应共架、共沟布置。

（4）应减少管线与铁路，道路及其他干管的交叉，当管线与铁路或道路交叉时应为正交，在困难情况下，其交叉角不宜小于45°。

（5）在山区，管线敷设应充分利用地形，并应避免山洪、泥石流及其他不良地质的危害。

（6）当规划区分期建设时，管线布置应全面规划，近期集中，近远期结合。近期管线穿越远期用地时，不得影响远期用地的使用。

（7）管线综合布置时，干管应布置在用户较多的一侧或将管线分类布置在道路两侧。

（8）综合布置地下管线产生矛盾时，应按下列避让原则处理：①压力管让自流管；②管径小的让管径大的；③易弯曲的让不易弯曲的；④临时性的让永久性的；⑤工程量小的让工程量大的；⑥新建的让现有的。

（9）工程管线与建设物、构筑物之间以及工程管线之间水平距离应符合有关规范的规定。当受道路宽度、断面以及现状工程管线位置等因素限制难以满足要求时，可重新调整规划道路断面或宽度；在同一条城市干道上敷设同一类别管线较多时，宜采用专项管沟敷设；规划建设某些类别工程管线统一敷设的综合管沟等。

（10）在交通运输十分繁忙和管线设施繁多的快车道、主干道以及配合兴建地下铁道、立体交叉道等工程地段，不允许随时挖掘路面的地段及广场或交叉口处，道路下需同时敷设两种以上管道及多回路电力电线的情况下，道路与铁路或河流的交叉处，开挖后难以修复的路面下以及某些特殊建筑物下，应将工程管线采用综合管沟集中敷设。

三、管线综合的阶段

1. 城市工程管线综合总体规划

首先根据城市规划总体布局和各工程系统总体规划，汇总城市各种工程管线干管和设施，检验其分布的合理性，提出调整分布的建议，制定工程管线在城市道路的排列规定，绘制城市工程管线综合总体现划图。

由此反馈给各工程系统总体现划，调整其布局，并为各工程系统分区规划提供依据为进行城市工程管线综合分区规划的依据。

2. 城市工程管线综合分区规划

根据城市分区规划和各工程系统分区规划，汇总分区内各种工程管线和设施，检验其分布的合理性，提出相应的调整建议；根据工程管线综合总体规划的规定，初步确定城市道路口工程管线分布横断面、城市关键点工程管线的控制高程，绘制城市工程管线综合分区规划图。

3. 城市工程管线综合详细规划

根据城市详细规划布局和各工程系统详细规划，汇总详细规划范围内各种工程管线和设施，检验其分布的合理性，提出调整分布的建议，确定工程管线水平位置、排列间距、埋置深度，初定道路交叉口处的工程管线竖向标高、绘制工程管线综合详细规划图。

第 7 节　竖向规划

城市用地竖向规划是指城市开发建设地区（或地段），为满足道路交通、地面排水、建筑布置和城市景观等方面的综合要求,对自然地形进行利用、改造,确定坡度、控制高程和平衡土石方等而进行的规划设计。城市用地竖向规划应与城市用地选择及用地布局同时进行,使各项建设在平面上统一和谐、竖向上相互协调,城市用地竖向规划应有利于建筑布置及空间环境的规划和设计。

一、城市用地竖向规划的原则和内容

1. 城市用地竖向规划的原则

(1) 安全、适用、经济、美观。

(2) 充分发挥土地潜力,节约用地。

(3) 合理利用地形、地质条件,满足城市各项建设用地的使用要求。

(4) 减少土石方及防护工程量。

(5) 保护城市生态环境,增强城市景观效果。

2. 城市用地竖向规划的内容

城市用地竖向规划根据城市规划各阶段的要求,应包括下列主要内容:

(1) 制定利用与改造地形的方案。

(2) 确定城市用地坡度、控制点高程、规划地面形式及场地高程。

(3) 合理组织城市用地的土石方工程和防护工程。

(4) 提出有利于保护和改善城市环境景观的规划要求。

3. 城市用地竖向规划要求

(1) 城市用地竖向规划应满足各项工程建设场地及工程管线敷设的高程要求;城市道路、交通运输、广场的技术要求;用地地面排水及城市防洪、排涝的要求。

(2) 城市用地竖向规划在满足各项用地功能要求的条件下,应避免高填、深挖,减少土石方、建(构)筑物基础、防护工程等的工程量。

(3) 城市用地竖向规划应合理选择规划地面形式与规划方法,应进行方案比较,优化方案。

(4) 城市用地竖向规划对起控制作用的坐标及高程不得任意改动。

(5) 同一城市的用地竖向规划应采用统一的坐标和高程系统。

二、城市用地竖向规划的形制

根据城市用地的性质、功能,结合自然地形,规划地面形式可分为平坡式、台阶式和混合式。用地自然坡度小于 5% 时,宜规划为平坡式;用地自然坡度大于 8% 时,宜规划为台阶式。

台阶式和混合式中的台地规划应符合下列规定:

(1) 台地划分应与规划布局和总平面布置相协调,应满足使用性质相同的用地或功能联系密切的建(构)筑物布置在同一台地或相邻台地的布局要求。

(2) 台地的长边应平行于等高线布置。

(3) 台地高度、宽度和长度应结合地形并满足使用要求确定。台地的高度宜为 1.5～3.0m。

城市主要建设用地适宜规划坡度应符合表 7-2 的规定。

表 7-2　　　　　　　　　　　　　　城市主要建设用地适宜规划坡度

用地名称	最小坡度/%	最大坡度/%
工业用地	0.2	10
仓储用地	0.2	10
铁路用地	0	2
港口用地	0.2	5
城市道路用地	0.2	8
居住用地	0.2	25
公共设施用地	0.2	20
其　　他	—	—

详细规划阶段的竖向规划方法包括等高线法和高程箭头法。

三、竖向与平面布局

城市用地选择及用地布局应充分考虑竖向规划的要求,并应符合下列规定:

(1) 城市中心区用地应选择地质及防洪排涝条件较好且相对平坦和完整的用地,自然坡度应小于 15%。

(2) 居住用地应选择向阳、通风条件好的用地,自然坡度应小于 30%。

(3) 工业、储用地宜选择便于交通组织和生产工艺流程组织的用地,自然坡度宜小于 15%。

(4) 城市开敞空间用地宜利用填方较大的区域。

四、竖向与城市景观

城市用地竖向规划应有明确的景观规划设想,并应符合下列规定:

(1) 保留城市规划用地范围内的制高点、俯瞰点和有明显特征的地形、地物。

(2) 保持和维护城市绿化、生态系统的完整性,保护有价值的自然风景和有历史文化意义的地点、区段和设施。

(3) 保护和强化城市有特色的、自然和规划的边界线。

(4) 构筑美好的城市天际轮廓线。

(5) 城市滨水地区的竖向规划应规划和利用好近水空间。

(6) 道路规划纵坡和横坡的确定,应符合表 7-3 的规定。

表 7-3　　　　　　　　　　　　　　城市道路规划纵坡适宜坡度

道路类别	最小纵坡/%	最大纵坡/%	最小坡长/m
快速路		4	290
主干路	0.2	5	170
次干路		6	110
支(街坊)路		8	60

第8章 居住区规划

第1节 居住区规划的任务与分级

一、居住区规划的任务

居住区规划的目的是为居民经济合理地创造一个满足日常物质和文化生活需要的舒适、卫生、安全、宁静和优美的环境。除了安排住宅外,居住区内还须布置居民日常生活所需的各类公共服务设施、绿地、活动场地、道路、泊车场所、市政工程设施等,居住区内也可考虑设置少数无污染、无骚扰的工作场所。

居住区规划的内容一般有以下几个方面:

(1) 选择、确定用地位置、范围(包括改建范围)。

(2) 确定规模,即确定人口数量(及户数)和用地的大小。

(3) 拟定居住建筑类型、数量、层数、布置方式。

(4) 拟定公共服务设施的内容、规模和布置方式、数量、标准。

(5) 拟定各级道路的宽度、断面形式、布置方式,对外出入口位置、泊车量和停泊方式。

(6) 拟定绿地、活动、休憩等室外场地的数量、分布和布置方式。

(7) 拟定有关市政工程设施的规划方案。

(8) 拟定各项技术经济指标和造价估算。

二、居住区规划的分级

居住区按居住户数或人口规模可分为居住区、小区、组团三级。城市居住区泛指不同居住人口规模的居住生活聚居地和特指被城市干道或自然分界线所围合,并与居住人口规模(30000～50000人)相对应,配建有一整套较完善的、能满足该区居民物质与文化生活所需的公共服务设施的居住生活聚居地。居住小区是指被城市道路或自然分界线所围合,并与居住人口规模(10000～15000人)相对应,配建有一套能满足该区居民基本的物质与文化生活所需的公共服务设施的居住生活聚居地(图8-1,图8-2)。居住组团指被小河道路分隔,并与居住人口规模(1000～3000人)相对应,配建有居民所需的基层公共服务设施的居住生活聚居地。

各级标准控制规模,应符合表8-1的规定。

表 8-1　　　　　　　　　　　居住区的分级

	居住区	小区	组团
户数(户)	10 000～16 000	3 000～5 000	300～1 000
人口(人)	30 000～50 000	10 000～15 000	1 000～3 000

此外,还有扩大小区和各种性质的居住综合区等不同组织形式。

所谓扩大小区就是在干道间的用地内(一般为 100～150hm²)不明确划分居住小区的一种组织形式。其公共服务设施(主要是商业服务设施)结合公交站点布置在扩大小区边缘,相邻

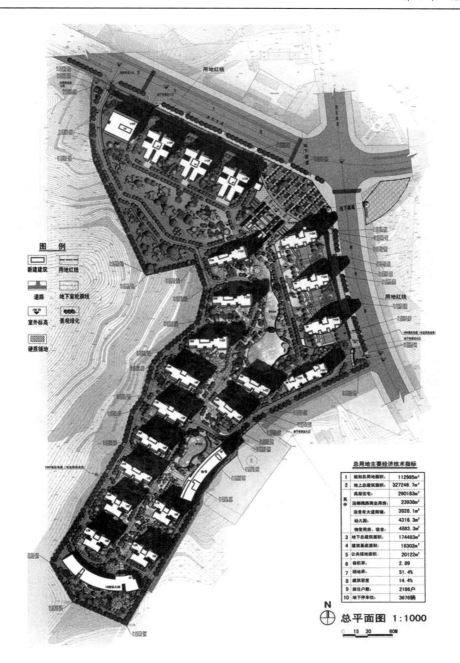

图 8-1　某居住小区规划平面图

扩大小区之间的居民再使用公共服务设施时有可选择的余地。

　　所谓居住综合区是指居住和工作环境布置在一起的一种居住组织形式,有居住与无害工业结合的综合区,有居住与文化、商业服务、行政办公等结合的综合区,居住综合区不仅使居民的生活和工作方便,节省了上下班时间,减轻了城市交通的压力,同时由于不同性质建筑的综合布置,使城市建筑群体空间的组合也更加丰富多彩。

图 8-2 某居住小区规划鸟瞰图

第 2 节 居住区的组成与规划结构

一、居住区的用地组成

居住区用地（R）是住宅用地、公建用地、道路用地和公共绿地等四项用地的总称。居住区的用地根据不同的功能要求，一般可分为以下四类：

1）住宅用地

指居住建筑基底占有的用地及其前后左右附近必要留出的一些空地，其中包括通向居住建筑入口的小路、宅旁绿地和杂务院等；住宅用地所占的比重为最大，从一些已建的居住区实例分析，一般占 50％ 左右。

2）公共服务设施用地

一般称公建用地，是与居住人口规模相对应配建的、为居民服务和使用的各类设施的用地，应包括建筑基底占地及其所属场院、绿地和配建停车场等。

3）道路用地

居住区道路、小区路、组团路及非公建配建的居民汽车地面停放场地，指居住区范围内的不属于上两项内道路的路面以及小广场、泊车场、回车场等。

4）公共绿地

包括居住区公园、小游园、运动场、林荫道、小块绿地、成年人休息和儿童活动场地等。

公共绿地在居住用地中应不少于用地总面积的 10％。居住小区内每块集中绿地的面积应不小于 $400m^2$，且至少有 1/3 的绿地面积在规定的建筑间距范围之外。

居住区用地构成中，各项用地所占比例的平衡控制指标应符合表 8-2 规定。

表 8-2　　　　　　　　　　　　居住区用地平衡控制指标　　　　　　　　　　　　单位：%

用地构成	居住区	小区	组团
住宅用地（R01）	50～60	55～65	70～80
公建用地（R02）	15～25	12～22	6～12
道路用地（R03）	10～18	9～17	7～15
公共绿地（R04）	7.5～18	5～15	3～6
居住区用地（R）	100	100	100

参与居住区用地平衡的用地应为构成居住区用地的四项用地，其他用地不参与平衡。

人均居住区用地控制指标，应符合表 8-3 的规定。

表 8-3　　　　　　　　　　　　人均居住区用地控制指标　　　　　　　　　　　　单位：m^2/人

居住规模	层数	建筑气候区划		
		Ⅰ、Ⅱ、Ⅵ、Ⅶ	Ⅲ、Ⅴ	Ⅳ
居住区	低层	33～47	30～43	28～40
	多层	20～28	19～27	18～25
	多层、高层	17～26	17～26	17～26
小区	低层	30～43	28～40	26～30
	多层	20～28	19～26	18～25
	中高层	17～24	15～22	14～20
	高层	10～15	10～15	10～15
组团	低层	25～35	23～32	21～30
	多层	16～23	15～22	14～20
	中高层	14～20	13～18	12～16
	高层	8～11	8～11	8～11

注：本表各项指标按每户 3.2 人计算。

二、居住区的规模

居住区的规模包括人口及用地两个方面，一般以人口规模作为主要的标志。居住区规模的主要影响因素如下：

1）公共设施的经济性和合理的服务半径

居住区级商业服务、文化、教育、医疗卫生等配套公共设施的经济性和合理的服务半径，是影响居住区人口规模的重要因素。

所谓合理的服务半径,是指居民到达居住区级公共服务设施的步行距离,一般为 800~1000m,在地形起伏的地区可适当减少。合理的服务半径是影响居住区用地规模的重要因素。

2)城市道路交通方面

城市干道的合理间距一般应在 600~1000m 之间,城市干道间用地一般在 36~100hm² 左右。

3)居民行政管理体制

街道办事处管辖的人口一般约 5 万人,少则 3 万人左右。

4)住宅的层数

此外,自然地形条件和城市的规模等因素对居住区的规模也有一定的影响。

居住区合理的规模应符合功能、技术经济和管理等方面的要求,人口一般以 3 万~5 万人为宜,用地规模 50~100hm² 左右。由于居住小区在城市中有相对的独立性,它是城市的一部分,但又不希望城市的道路,城市的喧嚣影响它的宁静,因此它的规模应有一定的限度,人口一般以 1 万~1.5 万人为宜,用地规模 15~20hm²。一个组团恰好是一个居委会管辖的规模,为 1000~3000 人,居委会负责组织居民生活中的安全、卫生、绿化、计划生育等工作。

三、居住区的规划结构

居住区的规划结构,是根据居住区的功能要求综合地解决住宅与公共服务设施、道路、公共绿地等相互关系而采取的组织方式。

1. 影响居住区规划结构的主要因素

居住区的规划结构主要取决于居住区的功能要求,而功能要求必须满足和符合居民的生活需要,因此居民在居住区内活动的规律和特点是影响居住区规划结构的决定性因素,居住区内公共服务设施的布置方式和城市道路(包括公共交通的组织)是影响居住区规划结构两个重要方面,也是居住区规划结构需要解决的主要问题。居民行政管理体系、城市规模、自然地形的特点和现状条件等对居住区规划结构也有一定的影响。

2. 居住区规划结构的基本形式

规划结构有各种组织形式,基本的形式有以居住小区为规划基本单位组织居住区、以居住组团为基本单位组织居住区以及以住宅组团和居住小区为基本单位组织居住区(图 8-3)。

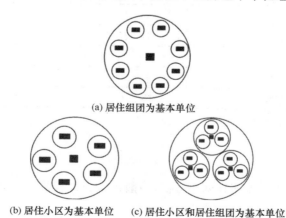

(a) 居住组团为基本单位

(b) 居住小区为基本单位　　(c) 居住小区和居住组团为基本单位

图 8-3　居住区规划结构的基本形式

住宅组团内一般应设有居委会办公室、卫生站、青少年和老年活动室、服务站、小商店、托儿所、儿童或成年人活动休息场地、小块公共绿地、停车场库等,这些项目和内容基本为本居委会居民服务。其他的一些基层公共服务设施则根据不同的特点按服务半径在居住区范围内统一考虑,均衡灵活布置。

以住宅组团和居住小区为基本单位来组织居住区具有较好的层次性,其规划结构方式为:居住区—居住小区—住宅组团,居住区由若干个居住小区组成,每个小区由 2～3 个住宅组团组成。

3. 居住区的规划布局的原则

居住区的规划布局,应综合考虑周边环境、路网结构、公建与住宅布局、群体组合、绿地系统及环境等内在联系,构成一个完善、相对独立的有机整体。居住区的规划结构应遵循下列原则:

(1) 方便居民生活,与周边环境条件关系紧密。

(2) 组织与居住人口规模相对应的公共活动中心,方便经营、使用和社会化服务。

(3) 合理组织人流、车流和车辆停放,创造安全、安静、方便的居住环境。

(4) 合理设置和组织公共绿地和休闲娱乐体系。

四、规划设计的基本要求

1. 适居性:卫生、安全、方便、舒适

(1) 卫生要求。创造一个卫生、安静的居住环境,拥有良好的日照、通风等条件,防止噪声的干扰和空气的污染等。防止来自有害工业的污染,在冬季采暖地区,有条件的应尽可能采用集中采暖的方式。

(2) 安全要求。创造一个安全的居住环境,保证居民正常生活,适应可能引起灾害发生的特殊和非常情况,如火灾、地震等,对各种可能产生的灾害进行分析,按照有关规定,对建筑的防火、防震构造、安全间距、安全疏散通道与场地、人防的地下构筑物等作必要的安排,使居住区规划能有利于防止灾害的发生或减少其危害程度。

(3) 方便、舒适。创造一个生活方便的居住环境。适应住户家庭不同的人口组成和气候特点,选择合适的住宅类型,合理确定公共服务设施的项目、规模及其分布方式,合理地组织居民室外活动、休息场地、绿地和居住区的内外交通等。

现代居住区的规划与建设已完全改变了从前那种把住宅孤立地作为单个的建筑来进行设计和建设的传统观念,而是把居住区作为一个有机的整体进行规划设计。城市的居住区应反映出生动活泼、欣欣向荣的面貌,具有明朗、大方、整洁、优美的居住环境,既要有地方特色,又要体现时代精神。

2. 识别和特色

居住区的规划布局和建筑应体现地方特色,与周围环境相协调,精心设置建筑小品,丰富及美化环境,注重景观和空间的完整性。公共活动空间的环境设计应处理好建筑、道路、广场、院落、绿地和建筑小品之间及其与人的活动之间的相互关系,便于寻访、识别和街道命名。供电、电讯、路灯等管线宜地下埋设。

3. 经济合理

居住区的规划与建设应与国民经济发展的水平、居民的生活水平相适应。住宅的标准、公共建筑的规模、项目等需考虑当时当地的建设投资及居民的经济状况,降低居住区建筑的造价,节约城市用地。居住区规划的经济合理性主要通过对居住区的各项技术经济指标和综合造价等方面的分析来表述。

新建住房严格按照节能标准实施,推广太阳能等可再生能源的利用,试点探索旧住房节能改造,大力推进节地、节水、节材和资源的综合利用。

五、住宅及其用地的规划布置

住宅及其用地不仅量多面广(住宅的面积约占整个居住区总建筑面积的80%以上,用地则占居住区总用地面积的50%左右),而且在体现城市面貌方面起着重要的作用,居住区在进行规划布置前,首先要合理地选择和确定住宅的类型。

住宅建筑的规划设计,应综合考虑用地条件、选型、朝向、间距、绿地、层数与密度、布置方式、群体组合、环境和不同使用者的需要等因素确定,宜安排一定比例的老年人居住建筑。

1. 住宅类型的选择

住宅选型直接影响居民的使用、住宅建设的成本、城市用地的多少以及城市面貌。

1)住宅的类型与特点

住宅的类型包括点式、条式、单元式和廊式。

2)住宅建筑经济和用地经济的关系

住宅建筑经济的主要依据是每平方米建筑面积的土建造价和平面利用系数、层高、长度、进深等技术参数,而用地经济的主要依据是地价和容积率等。

(1)住宅层数。从用地经济的角度来看,提高层数能节约用地,如住宅层数在3~5层时,每提高1层,每公顷可相应增加建筑面积1000m²左右;而6层以上,效果显著下降。建筑层数由5层增加到9层可使住宅居住面积密度提高35%,由于节约用地,大大降低了室外工程造价、维护费用,减少了道路交通和改建用地的拆迁费用。

(2)进深。住宅进深加大,外墙相应缩短。对于在采暖地区外墙需要加厚的情况下,经济效果更好,加大进深也有利节约用地。

(3)长度。住宅长度直接影响建筑造价,因为住宅单元拼接越长,山墙也就越省。根据分析,四单元长住宅比二单元长住宅每平方米居住面积造价省2.5%~3%,采暖费省10%~21%,但住宅长度不宜过长,过长就需要增加伸缩缝和防火墙等,且对通风和抗震也不利。

(4)层高。住宅层高的合理确定不仅影响建筑造价,也直接和节约用地有关,据计算,层高每降低10cm,能降低造价1%,节约用地2%。

通过以上初步分析,合理地提高住宅建筑的层数是提高住宅建筑面积密度、节约用地的主要和最基本的手段和途径。

3)住宅类型选择的考虑因素

合理选择住宅类型一般应考虑以下几个方面:

(1)住宅标准。包括面积标准与质量标准两个方面,住宅标准的确定是国家的一项重大技术政策,反映了一定时期国家经济发展和居民的生活水平。对于商品住宅的标准应根据不同的居住对象、市场的需求来确定。

(2)套型和套型比。套型一般指每套住房的面积大小和居室、厅和卫生间的数量。如一室一厅、二室二厅一卫、三室二厅二卫等。套型比指各种套型的建造比例,在确定套型比时,应参照当地的人口结构及市场的需求(图8-4,图8-5)。

（3）住宅建筑层数和比例。住宅建筑层数的确定,要综合考虑用地的经济、建筑造价、施工条件、建筑材料的供应、市政工程设施、居民生活水平、居住方便的程度等因素。

（4）当地自然气候条件和居民的生活习惯。我国幅员广大,全国自然气候条件相差甚大。南方地区,气候比较炎热,在选择住宅时,首先应考虑居室有良好的朝向和获得较好的自然通风;而在北方地区,气候严寒,主要矛盾是冬季防寒,防风雪。此外,必须充分考虑居民的生活习惯。

（5）有利于节约用地,结合地形。住宅建筑单体平面和布局尽量利用地形,结合地形,可从利用住宅单元在开间上的变化达到户型的多样化和适应基地的各种不同情况,为了不占或少占农田,使住宅上山,就需要结合不同坡度和朝向的地形,对建筑进行错层、跌落、掉层、分层入口等局部处理。

（6）符合城市建设面貌的要求。

本层建筑面积：211.77m²

户型设计策略解析

A1-格局：三房两厅一卫,建筑面积：114.88m²
A2-格局：两房两厅一卫,建筑面积：96.89m²
全明房间,餐厅与客厅的布置形成南北通透,通风效果佳,北侧有独立工作阳台,可放置洗衣洗涤,污净分离。

图 8-4 某居住小区住宅平面（1）

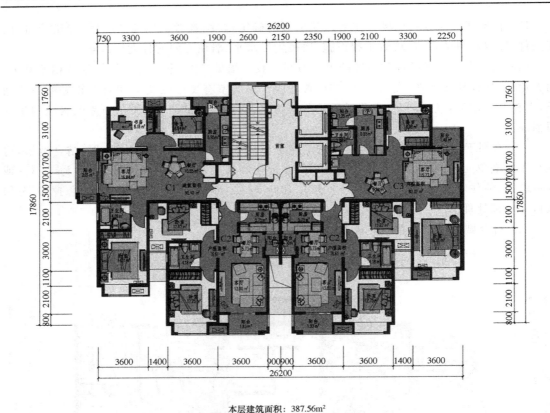

本层建筑面积：387.56m²

户型设计策略解析

C1-格局：三房两厅一卫，建筑面积：108.15m²
C2-格局：两房两厅一卫，建筑面积：91.66m²
C3-格局：两房两厅一卫，建筑面积：96.09m²
该户型主要用于安置用，房型紧凑，主要用房朝南，C1户型设有观光阳台，客厅和餐厅连为一体，空间开阔。

图8-5　某居住小区住宅平面(2)

2. 住宅的规划布置

1) 住宅群体组合

住宅群体组合有四种形式。

(1) 行列布置。建筑按一定朝向和合理间距成排布置，使得绝大多数局势获得良好的日照和通风。缺点为单调、呆板。

(2) 周边布置。形成较封闭的院落空间，便于组织公共绿地，场所感强；阻挡风沙和减少院内积雪；节约用地，提高建筑面积密度(容积率)。缺点是部分房间朝向较差。

(3) 混合布置。行列式为主，局部周边式，形成半开敞(图8-6，图8-7)。

(4) 自由式布置。成组灵活布置。

2) 通风和噪音的防治

住宅群体组合应该与日照、通风和噪音的防治结合起来。

(1) 争取日照与防晒建筑可以采取斜向错开、点状住宅、绿化的方式，争取日照，防止西晒(图8-8，图8-9，图8-10，图8-11)。

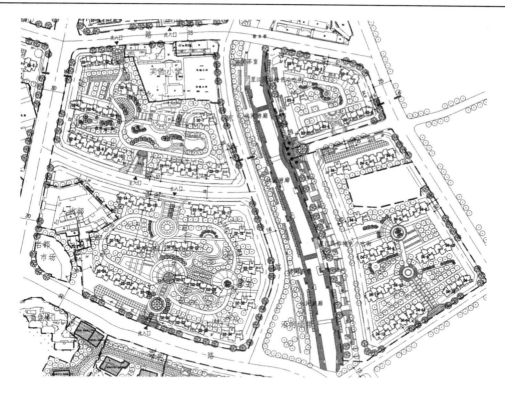

图 8-6　某居住小区住宅院落布置

图 8-7　某居住小区住宅组团布置

表 8-3　　　　　　　　　　　　　　住宅建筑日照标准

建筑气候区划	Ⅰ、Ⅱ、Ⅲ、Ⅶ气候区		Ⅳ气候区		Ⅴ、Ⅵ气候区
	大城市	中小城市	大城市	中小城市	
日照标准日	大寒日				冬至日
日照时数/h	≥2	≥3			≥1
有效日照时间带/h	8~16				9~15
计算起点	底层窗台面				

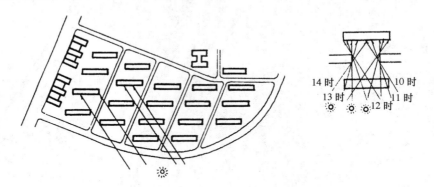

图 8-8　住宅错落布置,可利用山墙间隙提高日照水平

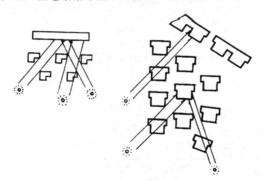

图 8-9　利用点状住宅以增加日照效果,可适当缩小间距

（2）提高自然通风和防风效果。在规划布局上,居住区的位置应选择良好的地形和环境。要避免因地形等条件造成的空气滞留或风速过大。在居住区内部,可通过道路、绿地、河湖水面等空间,将风引入,并使其与夏季的主导风向相一致。

成片成丛的绿化布置可以阻挡或引导气流,改变建筑组群气流流动的状况,成片的绿树地带与附近的建筑地段之间,因两者升降温速度不一,可出现差不多 1m/s 的局地风或林源风。此外,成片的绿化可以调节风速,利用林带阻挡强风的吹袭(图 8-14)。

（3）噪声防治。防治噪声最根本的办法是控制声源,如在工业生产中改进设备,降低噪声强度;在城市交通方面,主要是改进交通工具。也可以采取一些消极的防护措施来防止噪声的干扰,如采用

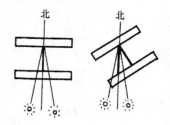

图 8-10　将建筑方位偏东（或西）布置,等于是加大了间距,增加了底层的日照时间,但阳光入室的照射面积比南向要小

消声、隔声装置,限制机动车辆行驶范围,禁止鸣号等。此外,通过城市和居住区总体的合理布局、建筑群体的不同组合及利用绿化和地形等条件,亦有利于防止噪声(图 8-12)。

　　绿化具有良好的反射和吸收声音的作用。据测定：绿篱能反射 75% 的噪声，枝叶蓬松的树木，树叶面积与密度越大，吸声越好，如在夏季可吸声 7～9dB，在秋季落叶后还能平均降低噪声 3～4dB；当树木成群布置时，在 200～3000Hz 范围内的声音经过浓厚的乔木及灌木丛后，可减低 7dB。因此在居住区或道路上充分利用绿化材料来阻隔声，将可以收到良好的功效（图 8-13）。

　　利用人工障壁，一般采用吸声或隔声效果较好的材料来做隔声障壁，一些城市中的高架道路两侧，为了隔离交通噪声，也有采用轻质的防噪声墙的。

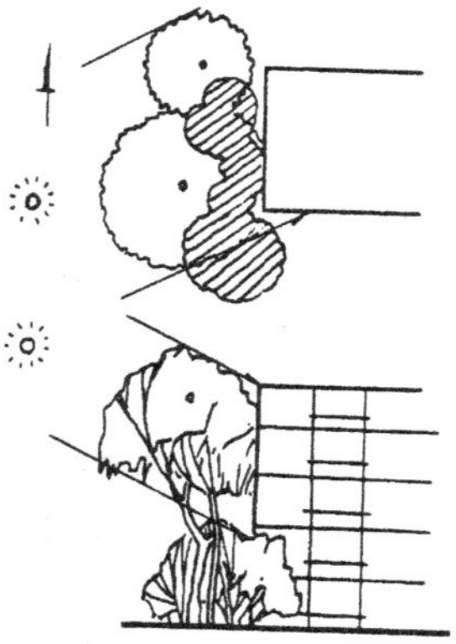

　　3）住宅间距

　　住宅间距应以满足日照要求为基础，综合考虑采光、通风、消防、防灾、管线埋设、视觉卫生等要求确定。

图 8-11　利用绿化防止西晒

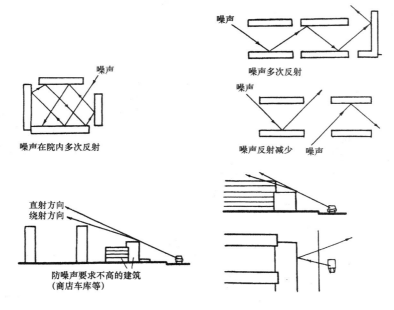

图 8-12　利用建筑布局减少噪声

　　住宅日照标准应符合一定的规定，对于特定情况还应符合下列规定：老年人居住建筑不应低于冬至日日照 2h 的标准；在原设计建筑外增加设施不应使相邻住宅原有日照标准降低；旧区改建的项目内新建住宅日照标准可酌情降低。

表 8-4　　　　　　　　　　　　　　住宅日照标准

气候区划	Ⅰ、Ⅱ、Ⅲ、Ⅶ气候区		Ⅳ气候区		Ⅴ、Ⅵ气候区
	大城市	中小城市	大城市	中小城市	
日照标准日	大寒日			冬至日	
日照时数/h	≥2		≥3		≥1
有效日照时间带/h	8～16			9～15	
计算起点	底层窗台面				

　　住宅正面间距，应按日照标准确定的不同方位的日照间距系数控制，也可采用表 8-5 中不同方位间距折减系数换算。

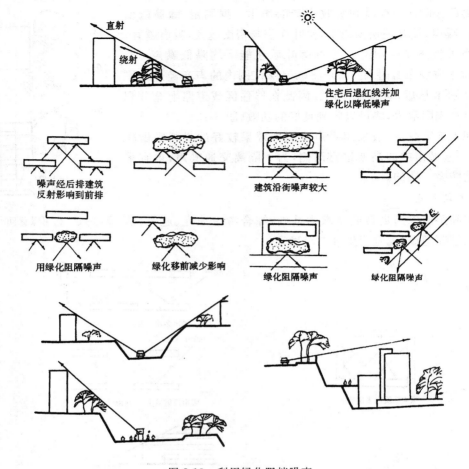

图 8-13   利用绿化阻挡噪声

表 8-5   **住宅间距折减系数**

	0°～15°(含)	15°～30°(含)	30°～45°(含)	45°～60°(含)	＞60°
折减值	1.0L	0.9L	0.8L	0.9L	0.95L

注:①表中方位为正南向(0°)偏东、偏西的方位角。②L为当地正南向住宅的标准日照间距(m)。③本表指标仅用于无
　　其他日照遮挡的平行布置条式住宅之间。

　　住宅侧面间距,应符合下列规定:条式住宅,多层之间不宜小于 6m;高层与各种层数住宅
之间不宜小于 13m;高层塔式住宅、多层和中高层点式住宅与侧面有窗的各种层数住宅之间应
考虑视觉卫生因素,适当加大间距。

　　(4)住宅布置原则

　　住宅布置应符合下列规定:选用环境条件优越的地段布置住宅,其布置应合理紧凑;面街
布置的住宅,其出入口应避免直接开向城市道路和居住区级道路;在Ⅰ、Ⅱ、Ⅵ、Ⅶ建筑气候区,
主要考虑住宅冬季的日照、防寒、保温与防风沙的侵袭;在Ⅲ、Ⅳ建筑气候区,主要考虑住宅夏
季防热,组织自然通风、导风入室等要求;在丘陵和山区,除考虑住宅布置与主导风向的关系
外,尚应重视因地形变化而产生的地方风对住宅建筑防寒、保温或自然通风的影响;老年人居
住建筑宜靠近相关服务设施和公共绿地。

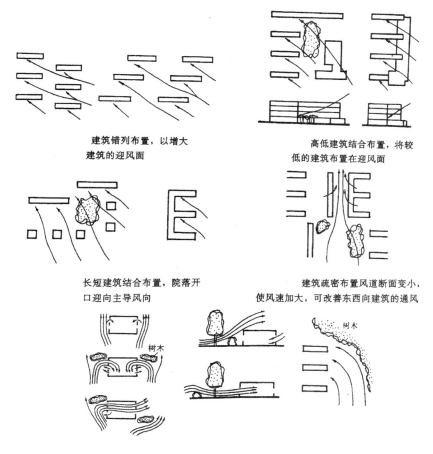

建筑错列布置，以增大
建筑的迎风面

高低建筑结合布置，将较
低的建筑布置在迎风面

长短建筑结合布置，院落开
口迎向主导风向

建筑疏密布置风道断面变小，
使风速加大，可改善东西向建筑的通风

图 8-14　利用绿化改善通风

六、公共服务设施及其用地的规划布置

居住区公共服务设施(也称配套公建)，包括八类设施。居住区配套公建的配建水平，必须与居住人口规模相对应，并应与住宅同步规划、同步建设和同时投入使用。居住区配套公建的项目，应以千人总指标和分类指标进行控制。

1. 居住区配套公建的分类

居住区内的公共服务设施一般根据使用性质和居民对其使用的频繁程度进行分类。按公共服务设施的使用性质分类可分为八大类。

(1) 教育。包括托儿所、幼儿园、小学、中学等。

(2) 医疗卫生。包括医院、诊所、卫生站等。

(3) 商业、服务。包括食品、菜场、服装、棉布、鞋帽、家具、五金、交电、眼镜、钟表、书店、药房、饮食店、食堂、理发、浴室、照相、洗染、缝纫、综合修理、服务站、集贸市场、摩托车、小汽车、自行车存放处等。

(4) 文化、体育。包括影剧院、俱乐部、图书馆、游泳池、体育场、青少年活动站、老年人活动室、会所等。

(5) 金融邮电。包括银行、储蓄所、邮电局、邮政所、证券交易所等。

(6) 行政管理。包括商业管理、街道办事处、居民委员会、派出所、物业管理等。

（7）市政公用。包括公共厕所、变电所、消防站、垃圾站、水泵房、煤气调压站等。

（8）其他。包括居住区内和街道的工业、手工业等。

表 8-6　　　　　　　　　　　　　公共服务设施控制指标　　　　　　　　　　单位：m²/千人

		居住区		小区		组团	
		建筑面积	用地面积	建筑面积	用地面积	建筑面积	用地面积
总指标		1 668～3 293 (2 228～4 213)	2 172～5 559 (2 762～6 329)	968～2 397 (1 338～2 977)	1 091～3 835 (1 491～4 585)	362～856 (703～1 356)	488～1 058 (868～1 578)
其中	教育	600～1 200	1 000～2 400	330～1 200	708～2 400	160～400	300～500
	医疗卫生（含医院）	78～198 (178～398)	138～378 (298～548)	38～98	78～228	6～20	12～40
	文体	125～245	225～645	45～75	65～105	18～24	40～60
	商业服务	708～910	600～940	450～570	100～600	150～370	100～400
	社区服务	59～464	76～668	59～292	76～328	19～32	16～28
	金融邮电（含银行、邮电局）	20～30 (60～80)	25～50	16～22	22～34	—	—
	市政公用（含居民存车处）	40～150 (460～820)	70～360 (500～960)	30～140 (400～720)	50～140 (450～760)	9～10 (350～510)	20～30 (400～550)
	行政管理其他	46～96	37～72	—	—	—	—

注：①居住区级指标含小区和组团级指标，小区级含组团级指标；

②公共服务设施总用地的控制指标应符合表中的规定；

③总指标未含其他类，使用时应根据规划设计要求确定本类面积指标；

④小区医疗卫生类未含门诊所；

⑤市政公用类未含锅炉房。在采暖地区应自行确定。

　　按居民对公共服务设施的使用频繁程度分类可分为居民每日或经常使用的公共服务设施和居民必要的非经常使用的公共服务设施。

　　按营利与非营利性，居住区公共服务设施又可分为营利性和非营利性的（公益性）两大类。

　　当规划用地内的居住人口规模界于组团和小区之间或小区和居住区之间时，除配建下一级应配建的项目外，还应根据所增人数及规划用地周围的设施条件，增配高一级的有关项目及增加有关指标；旧区改建和城市边缘的居住区，其配建项目与千人总指标可酌情增减，但应符合当地城市规划行政主管部门的有关规定。

2. 公共服务设施指标的制定和计算方法

　　居住区公共服务设施定额指标包括建筑面积和用地面积两个方面（表 8-7），其应配置的公共服务设施各项目见表 8-8。其计算方法有"千人指标"。"千人指标"，即每千居民拥有的各项公共服务设施的建筑面积和用地面积。

表 8-7

公共服务设施各项目的设置规定

类别	项目名称	服务内容	设置规定	每处一般规模	
				建筑面积/m²	用地面积/m²
教育	(1)托儿所	保教小于 3 周岁儿童	(1)设于阳光充足,接近公共绿地,便于家长接送的地段; (2)托儿所每班按 25 座计;幼儿园每班按 30 座计; (3)服务半径不宜大于 300m;层数不宜高于 3 层; (4)三班和三班以下的托、幼园所,可混合设置,也可附设于其他建筑,但应有独立院落和出入口,四班和四班以上的托、幼园所均应独立设置	—	4 班:≥1200 6 班:≥1400 8 班:≥1600
	(2)幼儿园	保教学龄前儿童	(1)八班和八班以上的托、幼园所,其用地应分别按每座不小于 7m² 或 9m² 计; (2)托、幼建筑宜布置于可挡寒风的建筑物的背风面,但其主要房间应满足冬至日不小于 2h 的日照标准; (3)活动场地应有不少于 1/2 的活动面积在标准的建筑日照阴影线之外	—	4 班:≥1500 6 班:≥2000 8 班:≥2400
	(3)小学	6～12 周岁儿童入学	(1)学生上下学穿越城市道路时,应有相应的安全措施; (2)服务半径不宜大于 500m; (3)教学楼应满足冬至日不小于 2h 的日照,标准不限	—	12 班:≥6000 18 班:≥7080 24 班:≥8000
	(4)中学	12～18 周岁青少年入学	(1)应符合现行国家标准《中小学校建筑设计规范》的规定; (2)在拥有 3 所或 3 所以上中学的居住区或居住地区内,应有一所设置 400m 环形跑道的运动场; (3)服务半径不宜大于 1000m; (4)教学楼应满足冬至日不小于 2h 的日照标准	—	18 班:≥11000 24 班:≥12000 30 班:≥14000
医疗卫生	(5)医院	含社区卫生服务中心	(1)宜设于交通方便,环境较安静地段; (2)10 万人左右则应设一所 300～400 床医院; (3)病房楼应满足冬至日不小于 2h 的日照标准	12000～18000	15000～25000
	(6)门诊所	或社区卫生服务中心	(1)一般 3 万～5 万人设一处,设医院的居住区不再设立门诊; (2)独立地段小区,酌情设门诊所,一般小区不设	2000～3000	3000～5000
	(7)卫生站	社区卫生服务站	1 万～1.5 万人设一处	300	500
	(8)护理院	健康状况较差或恢复期老年人日常护理	(1)最佳规模为 100～150 床位; (2)每床位建筑面积大于或等于 30m²; (3)可与社区卫生服务中心合设	3000～4500	—

续表

类别	项目名称	服务内容	设置规定	每处一般规模	
				建筑面积/m²	用地面积/m²
文化体育	(9)文化活动中心	小型图书馆、科普知识宣传与教育；影视厅、舞厅、游艺厅、球类、棋类活动室；科技活动、各类艺术训练班及青少年和老年人学习活动场地、用房等	宜结合或靠近同级中心绿地安排	4 000～6 000	8 000～1 200
	(10)文化活动站	书报阅览、书画、文娱、健身、音乐欣赏、茶座等主要供青少年和老年人活动	(1)宜结合或靠近同级中心绿地安排； (2)独立性组团也应设置本站	400～600	1 000～1 500
	(11)居民运动场、馆	健身场地	宜设置60～100m直跑道和200m环形跑道及单项运动设施	—	10 000～15 000
	(12)居民健身设施	篮、排球及小型球类场地，儿童及老年人活动场地和其他简单运动设施等	宜结合绿地按排	—	—
商业服务	(13)综合食品店	粮油、副食、糕点、干鲜果品等	(1)服务半径：居住区不宜大于500m，居住小区不宜大于300m，基层网点（综合副食店、菜店、早点铺等）及自行车存车处，不宜大于300m； (2)地处山坡地的居住区，其商业服务设施的布点，除满足服务半径的要求外，还应考虑上坡空手，下坡负重的原则	居住区： 1500～2500 小区： 800～1500	—
	(14)综合百货店	日用百货、鞋帽、服装、布匹、五金及家用电器等		居住区： 2000～3000 小区： 400～600	—
	(15)餐饮	主食、早点、快餐、正餐等		—	—
	(16)中西药店	汤药、中成药及西药等		200～500	—
	(17)书店	书刊及音像制品		300～150	—

续表

类别	项目名称	服务内容	设置规定	每处一般规模	
				建筑面积/m²	用地面积/m²
商业服务	(18)市场	以销售农副产品和小商品为主	设置方式应根据气候特点与当地传统的集市要求而定	居住区：1000～1200 小区：500～1000	居住区：1500～2000 小区：800～1500
	(19)便民店	小百货、小日杂	宜设于组团的出入口附近	—	—
	(20)其他第三产业设施	零售、洗染、美容美发、照相、影视文化、休闲娱乐、洗浴、旅店、综合修理以及辅助就业设施等	具体项目、规模不限	—	—
金融邮电	(21)银行	分理处	宜与商业服务中心结合或邻近设置	800～1000	400～500
	(22)储蓄所	储蓄为主		100～150	—
	(23)电信支局	电话及相关业务等	根据专业规划需要设置	1000～2500	600～1500
	(24)邮电所	邮电综合业务包括电报、电话、信函、包裹、兑汇和报刊零售等	宜与商业服务中心结合或邻近设置	100～150	—
社区服务	（25）社区服务中心	家政服务、就业指导、中介、咨询服务、代客定票、部分老年人服务设施等	每小区设置一处,居住区也可合并设置	200～300	300～500
	(26)养老院	老年人全托式护理服务	1. 一般规模为150～200床位 2. 每床位建筑面积大于或等于40m²	—	—
	(27)托老所	老年人日托（餐饮、文娱、健身、医疗保健等）	1. 一般规模为30～50床位 2. 每床位建筑面积20m² 3. 宜靠近集中绿地安排,可与老年活动中心合并设置	—	—
市政公用	（28）残疾人托养所	残疾人全托式护理	—	—	—
	(29)治安联防站	—	可与居(里)委会合设	18～30	12～20
	(30)居(里)委会（社区用房）	300～1000户设一处	—	30～50	—

续表

类别	项目名称	服务内容	设置规定	每处一般规模	
				建筑面积/m²	用地面积/m²
市政公用	(31)物业管理	建筑与设备维修、保安、绿化、环卫管理等	—	300～500	300
	(32)供热站或热交换站	—	—	根据采暖方式确定	
	(33)变电室	—	每个变电室负荷半径不应大于250m；尽可能设于其他建筑内	30～50	
	(34)开闭所	—	1.2万～2.0万户设一所；独立设置	200～300	
	(35)路灯配电室	—	可与变电室合设于其他建筑内	20～40	
	(36)燃气调压站	—	按每个中低调压站负荷半径500m设置；无管道 燃气地区不设	50	
	(37)高压水泵房	—	一般为低水压区住宅加压供水附属工程	40～60	
	(38)公共厕所	—	每1000～1500户设一处；宜设于人流集中处	30～60	
	(39)垃圾转运站	—	应采用封闭式设施，力求垃圾存放和转运不外露，当用地规模为0.7～1km²设一处，每处面积不应小于100m²，与周围建筑物的间隔不应小于5m	—	
	(40)垃圾收集点	—	服务半径不应大于70m,宜采用分类收集	—	
	(41)居民存车个	存放自行车、摩托车	宜设于组团内或靠近组团设置,可与居(里)委会合设于组团的入口处	1～2辆/户；地上0.8～1.2m²/辆；地下1.5～1.8m²/辆	
	(42)居民停车场、库	存放机动车	服务半径不宜大于150m	—	—
	(43)公交始末站	—	可根据具体情况设置	—	—
	(44)消防站	—	可根据具体情况设置	—	—
	(45)燃料供应站	煤或罐装燃气	可根据具体情况设置	—	—
行政管理及其他	(46)街道办事处	—	3万～5万人设一处	708～1200	300～500
	(47)市政管理机构(所)	供电、供水、雨污水、绿化、环卫等管理与维修	宜合并设置	—	—
	(48)派出所	户籍治安管理	3万～5万人设一处；应有独立院落	708～1000	600

续表

类别	项目名称	服务内容	设置规定	每处一般规模	
				建筑面积/m²	用地面积/m²
行政管理及其他	（49）其他管理用房	市场、工商税务、粮食管理等	3万～5万人设一处；可结合市场或街道办事处设置	100	—
	（50）防空地下室	掩蔽体、救护站、指挥所等	在国家确定一、二类人防重点城市中，凡高层建筑下设满堂人防，另以地面建筑面积 2%配建。出入口宜设于交通方便的地段，考虑平战结合	—	—

表 8-8　　　　　　　　　　　　　　公共服务设施各项目的配置规定

类别	项目	居住区	小区	组团
教育	托儿所	—	▲	△
	幼儿园	—	▲	—
	小学	—	▲	—
	中学	▲	—	—
医疗卫生	医院（200—300 床）	▲	—	—
	门诊所	▲	—	—
	卫生站	—	▲	—
	护理院	△	—	—
文化体育	文化活动中心（含青少年活动中心、老年活动中心）	▲	—	—
	文化活动站（含青少年、老年活动站）	—	▲	△
	居民运动场、馆	△	—	—
	居民健身设施（含老年户外活动场地）	—	▲	△
商业服务	综合食品店	▲	▲	—
	综合百货店	▲	▲	—
	餐饮	▲	▲	—
	中西药店	▲	△	—
	书店	▲	△	—
	市场	▲	△	—
	便民店	—	—	▲
	其他第三产业设施	▲	▲	—
金融邮电	银行	△	—	—
	储蓄所	—	▲	—
	电信支局	△	—	—
	邮电所	—	▲	—

续表

类别	项　　目	居住区	小区	组团
社区服务	社区服务中心(含老年人服务中心)	—	▲	—
	养老院	△	—	—
	托老所	—	△	—
	残疾人托养所	△	—	—
	治安联防站	—	—	▲
	居(里)委会(社区用房)	—	—	▲
	物业管理	—	▲	—
市政公用	供热站或热交换站	△	△	△
	变电室	—	▲	△
	开闭所	▲	—	—
	路灯配电室	—	▲	—
	燃气调压站	△	△	—
	高压水泵房	—	—	△
	公共厕所	▲	▲	—
	垃圾转运站	△	△	—
	垃圾收集点	—	—	▲
	居民存车处	▲	▲	—
	居民停车场、库	△	△	△
	公交始末站	△	△	—
	消防站	△	—	—
	燃料供应站	△	△	—
行政管理及其他	街道办事处	▲	—	—
	市政管理机构(所)	▲	—	—
	派出所	▲	—	—
	其他管理用房	▲	—	—
	防空地下室	△	△	△

注：▲为应配建的项目；△为宜设置的项目。

3. 公共服务设施的规划布置

1) 规划布置的要求

公共服务设施规划应按照分级(主要依据居民对公共服务设施使用的频繁程度)、对口(指人口规模)、配套(成套配置)和集中与分散相结合的原则进行,一般与居住区的规划结构相适应。此外,公共服务设施的规划应该便于居民使用。各级公共服务设施应有合理的服务半径,一般为：

居住区级　　800～1000m；

居住小区级　400～500m；

居住组团级　150～200m。

公共服务设施应设在交通比较方便、人流比较集中的地段,考虑职工上下班的走向。

如为独立的工矿居住区或地处市郊的居住区,则应在考虑附近地区和农村使用方便的同时,还要保持居住区内部的安宁。

各级公共服务中心宜与相应的公共绿地相邻布置,体现城市建筑面貌的地段。

2) 规划布置的方式

居住区配套公建各项目的规划布局,应符合下列规定:根据不同项目的使用性质和居住区的规划布局形式,采用相对集中与适当分散相结合的方式合理布局,有利于发挥设施效益,方便经营管理、使用和减少干扰;商业服务与金融邮电、文体等有关项目宜集中布置,形成居住区各级公共活动中心;基层服务设施的设置应方便居民,满足服务半径的要求。配套公建的规划布局和设计应考虑未来发展需要。

居住区公共服务设施规划布置的方式基本上可分为两种,即按二级或三级布置。

第一级(居住区级)。公共服务设施项目主要包括一些专业性的商业服务设施和影剧院、俱乐部、图书馆、医院、街道办事处、派出所、房管所、邮电、银行等为全区居民服务的机构。

第二级(居住小区级)。内容主要包括菜站、综合商店、小吃店、物业管理、会所、幼托、中小学等。

第三级(居住组团级)。内容主要包括居委会、青少年活动室、老年活动室、服务站、小商店等。

第二级和第三级的公共服务设施都是居民日常必需的,通称为基层公共服务设施,这些公共服务设施可以分成二级,也可不分。

中小学是居住小区级公共服务设施中占地面积和建筑面积最大的项目,中小学的规划布置应保证学生(特别是小学生)能就近上学,一般小学的服务半径为 500m 左右,中学为 1000m 左右。中小学的布置一般应设在居住区或小区的边缘,沿次要道路比较僻静的地段,不宜在交通频繁的城市干道或铁路干线附近布置,以免噪声干扰;同时也应注意学校本身对居民的干扰,与住宅保持一定的距离,可与其他一些不怕吵闹的公共服务设施相邻布置。

3) 配建公共停车场

居住区内公共活动中心、集贸市场和人流较多的公共建筑,必须相应配建公共停车场(库),并就符合下列规定:居住区内公共活动中心、集贸市场和人流较多的公共建筑,必须相应配建公共停车场(库),并就符合下列规定:配建公共停车场(库)的停车位控制指标,应符合表8-9 的规定。配建停车场(库)应就近设置,并宜采用地下或多层车库。

表 8-9　　　　　　　　配建公共停车场(库)停车位控制指标

	单位	自行车	机动车
公共中心	车位/100m² 建筑面积	大于或等于 7.5	大于或等于 0.45
商业中心	车位/100m² 营业面积	大于或等于 7.5	大于或等于 0.45
集贸市场	车位/100m² 营业场地	大于或等于 7.5	大于或等于 0.30
饮食店	车位/100m² 营业面积	大于或等于 3.6	大于或等于 0.30
医院、门诊所	车位/100m² 建筑场地	大于或等于 1.5	大于或等于 0.30

注:本表机动车停车位以小型汽车为标准当量表示。

七、居住区道路和交通的规划布置

居住区道路是城市道路的延续,是居住空间和环境的一部分。

1．居住区道路的分级

居住区内部道路既是交通空间，又是生活空间。

根据功能要求和居住区规模的大小，居住区道路一般可分为三级或四级。

第一级：居住区级道路。作为居住区的主要道路，用以解决居住区内外交通的联系，道路红线宽度一般为 20～30m。车行道宽度不应小于 9m，如需通行公共交通时，应增至 10～14m，人行道宽度为 2～4m 不等；在大城市中通常与城市支路同级。一般用以划分小区的道路。

第二级：居住小区级道路。作为居住区的次要道路，用以解决居住区内部的交通联系。道路红线宽度一般 10～14m，车行道宽度 6～9m，人行道宽 1.5～2m；一般用以划分组团的道路。

第三级：住宅组团级道路。作为居住区内的支路，用以解决住宅组群的内外交通联系，车行道宽度一般为 3～5m；上接小区路、下连宅间小路的道路。

第四级：宅间小路--通向各户或各单元门前的小路，住宅建筑之间连接各住宅入口的道路。一般宽度不小于 2.5m。

此外，在居住区内还可有专供步行的林荫步道，其宽度根据规划设计的要求而定。

2．道路规划设计的原则

居住区的道路规划，应遵循下列原则：

（1）根据地形、气候、用地规模、用地四周的环境条件、城市交通系统以及居民的出行方式，应选择经济便捷的道路系统和道路断面形式。

（2）小区内应避免过境车辆的穿行，道路通而不畅，避免往返迂回，并适于消防车、救护车、商店货车和垃圾车等车辆的通行。

（3）有利于居住区内各类用地的划分和有机联系，以及建筑物布置的多样化。

（4）当公共交通线路引入居住区内部，应减少交通噪声对居民的干扰。

（5）在地震烈度不低于 6 度的地区，应考虑防灾救灾要求。

（6）满足居住区的日照通风和地下工程管线的埋设要求。

（7）城市旧城区改造，其道路系统应充分考虑原有道路特点，保留各利用有历史文化价值的街道。

（8）便于居民汽车的通行。

3．道路规划设计的基本要求

（1）居住区道路系统应根据功能要求进行分级，不应有过境交通穿越居住区，特别是居住小区，不宜有过多的车道出口通向城市交通干道。可用平行于城市交通干道的支路来解决居住区通向城市交通干道出口过多的矛盾。

（2）道路走向要便于职工上下班，尽量减少反向交通。住宅与最近的公共交通站之间的距离不宜大于 500m。

（3）应充分利用和结合地形，如尽可能结合自然分水线和汇水线，以利雨水排除。在南方多河地区，道路宜与河流平行或垂直布置，以减少桥梁和涵洞的投资。在丘陵地区则应注意减少土石方工程量，以节约投资。

（4）在进行旧居住区改建时，应充分利用原有道路和工程设施。

（5）车行道一般应通至住宅建筑的入口处，建筑物外墙面与人行道边缘的距离应不小于 1.5m，与车行道边缘的距离不小于 3m。

（6）尽端式道路长度不宜超过 120m，在尽端处应能便于回车。

（7）如车道宽度为单车道时，则每隔 150m 左右应设置车辆互让处。

（8）道路宽度应考虑工程管线的合理敷设。

（9）道路的线型、断面等应与整个居住区规划结构和建筑群体的布置有机地结合。

（10）应考虑为残疾人设计无障碍通道。

4. 居住区道路系统的基本形式

居住区内动态交通组织可分为"人车分行"的道路系统、"人车混行"的道路系统和"人车共存"的道路系统三种基本形式。

1）人车交通分行的道路系统

这种形式是由车行和步行二套独立的道路系统所组成。1933 年在美国新泽西州的雷德朋规划中首次采用并实施，雷德朋新镇规划面积 500hm²，人口 2.5 万，分三个邻里单位；实际建成为 30hm²，人口 1500 人。这种人车分行的道路系统较好地解决了私人小汽车和人行的矛盾，在私人小汽车较多的国家和地区便广为采用，并称为"雷德朋系统"（图 8-15）。

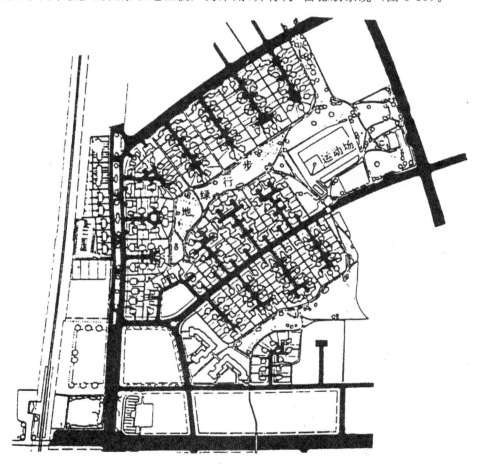

图 8-15　美国雷特朋人车交通分行的道路系统

2）人车混行的道路系统

"人车混行"是居住区内最常见的居住区交通组织方式，这种方式在私人小汽车数量不多的国家和地区比较适合，特别对一些居民以自行车和公共交通出行为主的城市更为适用，我国目前大多数城市基本都采用这种方式（图 8-16）。

图 8-16 某居住小区规划道路分析图

图例
- ▦ 城市道路
- ▦ 小区级道路
- ▦ 组团级道路
- ▦ 宅前路
- ▦ 过境道路

3) 人车共存的道路系统

　　1970 年在荷兰的德尔沃特最先采用了被称为乌内尔福（Woonerf）的"人车共存"的道路系统，以后在德国、日本等其他一些国家被广泛采用。这种道路系统更加强调人性化的环境设计，认为人车不应是对立的，而应是共存的，将交通空间与生活空间作为一个整体，使街道重新恢复勃勃生机。研究表明，通过将汽车速度降低到步行者的速度时，汽车产生的危害，如交通事故、噪声和振动等也大为减轻。实践证明，只要城市过境交通和与居住区无关车辆不进入居住区内部，并对街道的设施采用多弯线型、缩小车行宽度、不同的路面铺砌、路障、驼峰以及各种交通管制手段等技术措施，人行和车行是完全可以合道共存的。

5. 静态交通的组织

居住区内静态交通组织是指各类交通工具的存放方式,一般应以方便、经济、安全为原则,采用集中与分散相结合的布置方式,并根据居住区的不同情况可采用室外、室内、半地下或地下等多种存车方式。居民停车场、库的布置应方便居民使用,服务半径不宜大于150m,居民汽车停车率((居住区内居民汽车的停车位数量与居住户数的比率))不应小于10%,居民区内地面停车率不宜超过10%,居民停车场、库的布置应留有必要的发展余地。

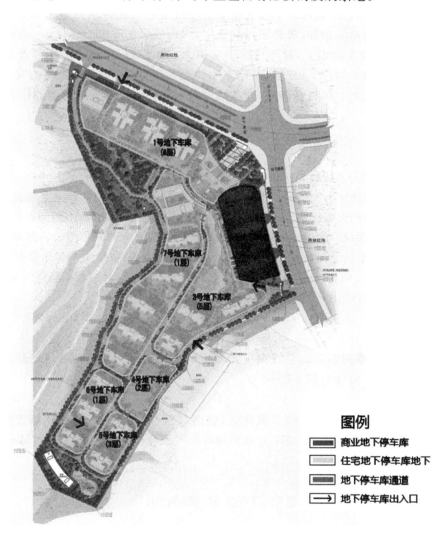

图 8-17　某居住小区停车设施规划图

私人小汽车对居住区的外部环境质量带来极大的影响。虽然国家对机动车的停车指标没有统一的规定,但各省市根据本地的具体情况已制定相应的停车指标,如广东省在 1994 年颁布的居住小区技术规范中规定,小区内应考虑设置居民小汽车、通勤车等存车场库:Ⅰ类小区,每户设 1～1.3 机动车位;Ⅱ类小区,每户设 0.7～1.0 机动车位;Ⅲ类小区,每户设 0.5～0.7 机动车位。

上海市新建居住建筑基地,位于中心城地区的,汽车停车率应不小于 0.6 辆/户,其中,浦西内环线以内地区的,应视周边地区配套情况适当增加;郊区汽车停车率,应高于中心城地区20%。

由于生活水平提高,生活节奏加快,汽车已经开始进入家庭,其来势之快是始料不及的。由于私家汽车的增多,对城市带来很大的压力,不要说造成城市空气的污染和动态交通中城市道路、立交桥所占用的空间,仅就静态交通停车泊位占地就十分可观。一部小汽车停在广场上要20m²左右,停在独立的车库里要35m²左右,如果白天、晚上合并考虑则城市大致要提供每部汽车40m²占地或70m²的车库面积。据统计在居住小区内每户多层住宅占地35m²左右,高层住宅每户占地23m²左右。相比之下可见停车泊位占地对居住区规划带来的影响决不能忽视。居住小区内停车用地的增加,势必挤占其他用地,造成居住环境的恶化。一般来说居住户数的10%~15%的车停在地面上,对环境的影响不大。如果超过这个比例,停车就应另辟蹊径。目前有许多小区都采用地下(或独立)停车库做到人车分流,不干扰庭院的安静。也有的采用地下机械停车或地上立体机械停车,这虽然也是一种办法可以节约土地,但其常年的运营费用可能会增加。

八、绿地规划

居住区内绿地,包括公共绿地、宅旁绿地、配套公建所属绿地和道路绿地,其中包括了满足当地植树绿化覆土要求,方便居民出入的地上或半地下建筑的屋顶绿地。公共绿地是满足规定的日照要求、适合于安排游憩活动设施、供居民共享的集中绿地,包括居住区公园、小游园和组团绿地及其他块状带状绿地等。公共绿地的位置和规模,应根据规划用地周围的城市级公共绿地的布局综合确定。居住区内公共绿地的总指标,应根据居住人口规模分别达到:组团不少于0.5 m²/人,小区(含组团)不少于1 m²/人,居住区(含小区与组团)不少于1.5 m²/人,并应根据居住区规划布局统一安排、灵活使用。旧区改建可酌情降低,但不得低于相应指标的70%。

1. 居住区绿地的功能

(1)改善小气候

在一般情况下,夏季树荫下的空气温度比露天的空气温度低3℃~4℃,在草地上的空气温度比沥青地面的空气温度要低2℃~3℃。

(2)净化空气

绿色植物通过光合作用,能吸收二氧化碳,放出氧气,通常1hm²阔叶林每天消耗二氧化碳1t,放出0.73t氧气。如按一个成年人每天约呼出二氧化碳0.9kg,吸入0.75kg氧气计算,则平均每人需城市绿地10m²。

(3)遮阳

浓密的树冠,可在炎热季节里遮阳,降低太阳的辐射热。

(4)隔声

在一般情况下,绿化可起到一定的防噪声功能,如9m宽的乔、灌木混合绿带可减少9dB。

(5)防风、防尘

绿化能阻挡风沙,吸附尘埃。据测定,绿化的街道上距地面1.5m处空气的含尘量比没有绿化的低56.7%。

(6)杀菌、防病

许多植物的分泌物有杀菌的作用,如树脂、橡胶等能杀死空气中的葡萄杆菌,一般情况下,城市马路空气中含菌量比公园要多5倍。

(7)提供户外活动场地、美化居住环境

一个优美的绿化环境有助于人们消除疲劳,振奋精神,可为居民创造游憩交往场所。

2. 绿地规划的基本要求

居住区内绿地应符合下列规定。

(1)一切可绿化的用地均应绿化,并宜发展垂直绿化。

(2)宅间绿地应精心规划与设计;宅间绿地面积计算办法应符合有关规定。

(3)绿地率:新区建设不应低于 30%;旧区改建不宜低于 25%。

(4)居住区内的绿地规划,应根据居住区的规划布局形式、环境特点及用地的具体条件,采用集中与分散相结合,点、线、面相结合的绿地系统。并宜保留和利用规划范围内的已有树木和绿地。

(5)居住区内的公共绿地,应根据居住区不同的规划布局形式,设置相应的中心绿地,以及老年人、儿童活动场地和其他的块状、带状公共绿地等。

(6)集中绿地宜沿城市道路布局。

3. 中心绿地规划的基本要求

中心绿地的设置应符合下列规定(表 8-10):

(1)至少应有一个边与相应级别的道路相邻。

(2)绿化面积(含水面)不宜小于 70%。

(3)便于居民休憩、散步和交往之用,宜采用开敞式,以绿篱或其他通透式隔墙栏杆作分隔。

(4)集中绿地的面积应不小于 400m²,且至少有 1/3 的绿地面积在标准的建筑日照阴影线范围之外,便于设置儿童游戏设施和适于成人游憩活动。

(5)其他块状带状公共绿地应同时满足宽度不小于 8m、面积不小于 400 m²。

绿化应该接近每一户住宅,真正作到每户的窗外都有绿树、鲜花和怡人的景观,让人们更贴近自然,时刻享受自然给人们带来的愉悦。居住小区环境设计更应注重庭院环境的绿化效果,有些小区设置了大片的公共草坪,这固然可以使人感到空间开阔舒展,但往往除了观赏之外,人们很难进入,无形中推远了人和绿化的距离,人不能充分地享受绿化的效果。一棵树冠硕大的乔木往往比一片草坪的绿化效果更佳,而且还可以在树荫下纳凉、休憩。由于停车和绿地有矛盾,所以应提倡在地下车库上面建设绿化景观。另外还应提倡和鼓励在住宅的底层留出更多的公共开放空间,并且在指标计算中予以认可并给予优惠。屋顶绿化、垂直绿化,可以折算绿化指标。

表 8-10　　居住区各类公共绿地的规划设计要求

分级	住宅组团级	居住小区级	居住区级
类型	儿童和老人游戏、休息场	小游园	居住区公园
使用对象		小区居民	居住区居民
设施内容	幼儿游戏设施、座凳椅、树木、花卉、草地等	儿童游戏设施、老年及成年人活动休息场地、运动场地、座凳椅、树木、花卉、凉亭、水池、雕塑等	儿童游戏设施运动场地、老年成年人活动场地、树木草地、花卉、水面、凉亭、休息廊、座凳、椅、雕塑等
用地面积	大于 4000m²	大于 4000m²	大于 10000m²
步行距离	3~4min	5~8 min	8~15min
布置要求	灵活布置	园内有一定的功能划分	园内有明确的功能划分

居住区绿地是城市绿地系统的重要组成部分,它面广量大,且与居民关系密切,对改善居民生活环境和城市生态环境也具有重要作用。

4. 居住区公共绿地的规划布置

　　1）公共绿地

　　根据居民的使用要求、居住区的用地条件以及所处的自然环境等因素,居住区公共绿地可采用二级或三级的布置方式。此外还可结合文化商业服务中心和人流过往比较集中的地段设置小花园或街头小游园。

　　(1)居住区公园主要供本区居民就近使用,面积约 1hm²。居住区公园的内容除供居民游憩外,还可设置一些文体活动方面的内容。居住区公园的位置要适中,居民步行到达距离不宜超过 800m,最好与居住区文化商业中心结合布置。居住区公园也可与体育场地和设施相邻布置。在一些独立的工矿企业的居住区,居住区公园及体育场地和设施应考虑单身青年职工的使用方便。居住区公园应由专人管理。

　　(2)居住小区游园主要供居民就近使用,面积 0.5hm² 为宜,居民步行到达距离不宜超过400m 左右,内部可设置一些比较简单的游憩和文体设施。居住小区游园的位置最好与居住小区的公共中心结合布置,方便居民使用。

　　(3)小块公共绿地通常是结合住宅组团布置。小块公共绿地是居民最接近的休息和活动场所,它主要供住宅组团内的居民(特别是老年人和儿童)使用。小块公共绿地的内容设置可根据具体情况灵活布置,有的以休息为主,有的以儿童活动为主,有的则以装饰观赏为主。

　　小块公共绿地结合成年人休息和儿童活动场、青少年活动场布置时,应注意不同的使用要求,避免相互干扰。

　　2）公共建筑或公用设施附属绿地

　　附属绿地的规划布置首先应满足本身的功能需要,同时应结合周围环境的要求。此外,还可利用专用绿地作为分隔住宅组群的重要手段,并与居住区公共绿地有机地组成居住区绿地系统。

　　3）宅旁和庭院绿地

　　居住区内住宅四旁的绿化用地有着相当大的面积,宅旁绿地主要满足居民休息、幼儿活动及安排杂务等需要。宅旁绿地的布置方式随居住建筑的类型、层数、间距及建筑组合形式等的不同而异。在住宅四旁还由于向阳、背阳和住宅平面组成的情况不同应有不同的布置。如低层联立式住宅,宅前用地可以划分成院落,由住户自行布置,院落可围以绿篱、栅栏或矮墙;多层住宅的前后绿地可以组成公共活动的绿化空间,也可将部分绿地用围墙分隔,作为底层住户的独用院落;高层住宅的前后绿地,由于住宅间距较大,空间比较开敞,一般作为公共活动的场地。

　　在居住区,除了上述四种绿化用地外,还可通过对住宅建筑墙面、阳台和屋顶平台等的绿化来增加居住环境的绿化效果。

　　4）街道绿化

　　街道绿化是普遍绿化的一种方式。它对居住区的通风、调节气温、减少交通噪声以及美化街景等有良好的作用,且占地不多,遮荫效果好,管理方便。居住区道路绿化的布置要根据道路的断面组成、走向和地上地下管线敷设的情况而定。居住区主要道路和职工上下班必经之路的两侧应绿树成荫,这对南方炎热地区尤为重要。一些次要通道就不一定两边都种植行道树,有的小路甚至可以断续灵活地栽种。在道路靠近住宅时,要注意树木对住宅通风、日照和采光的影响。行道树带宽一般不应小于1.0m。在旧区,当人行道较窄、而人流又较大时,可采用树池的方式。树池的最小尺寸为 1.2m×1.2m。在道路交叉口的视距三角形内,不应栽植高大乔、灌木,以免妨碍驾驶员的视线。

5. 居住区绿化的树种选择和植物配置

居住区绿化种类的选择和配置对绿化的功能、经济和美化环境等各方面作用的发挥具有重要影响。在选择和配置植物时,原则上应考虑以下几点:

(1) 对于量大而普遍的绿化,宜选择易管、易长、少修剪、少虫害、具有地方特色的优良树种,一般以乔木为主,也可考虑一些有经济价值的植物。在一些重点绿化地段,如居住区入口处或公共活动中心,可选种一些观赏性的乔、灌木或少量花卉。

(2) 应考虑绿化功能的需要,行道树宜选用遮阳强的落叶乔木,儿童游戏场和青少年活动场地忌用有毒或带刺植物,而体育运动场地则避免采用大量扬花、落果、落花的树木等。

(3) 为了迅速形成居住区的绿化面貌,特别在新建居住区,树种可采用速生或慢生相结合,以速生为主。

(4) 居住区绿化树种配置应考虑四季景色的变化,可采用乔木与灌木、常绿与落叶以及不同树姿和色彩变化的树种,搭配组合,以丰富居住环境。

绿化树种的选择与配置是绿化专业一项细致的设计工作,也是居住区规划设计中应予配合和考虑的问题。绿化的规划布置与植物配置在目的与内容上一致,方可达到预期的绿化效果。

居住区各类绿化种植与建筑物、管线和构筑物的间距(表 8-11)。

表 8-11　　　　　　　**种植树木与建筑物、构筑物、管线的水平距离**　　　　　　　单位:m

名称	最小间距		名称	最小间距	
	至乔木中心	至灌木中心		至乔木中心	至灌木中心
有窗建筑物外墙	3.0	1.5	给水管、闸	1.5	不限
无窗建筑物外墙	2.0	1.5	污水管、雨水管	1.0	不限
道路侧面、挡土墙脚、陡坡	1.0	0.5	电力电缆	1.5	
人行道边	0.75	0.5	热力管	2.0	1.0
高 2m 以下围墙	1.0	0.75	弱电缆沟、电力电讯杆、路灯电杆	2.0	
体育场地	3.0	3.0	消防龙头	1.2	1.2
排水明沟边缘	1.0	0.5	煤气管	1.5	1.5
测量水准点	2.0	2.0			

九、居住区外部环境的规划设计

居住区外部环境的质量对居住生活的质量十分重要,越来越受到人们的重视,居民在选择住房的观念中,其外部环境已成为选购住房的一个重要因素。

1. 居住区外部环境设计的内容

(1) 居住区整体环境的色彩(包括建筑的外部色彩)。

(2) 绿地的设计。

(3) 道路与广场的铺设材料和方式。

（4）各类场地和设施的设计（儿童游戏场、老年活动休息健身场地、青少年体育活动场地、小汽车存车场等）。

（5）竖向设计。

（6）室外照明设计。

（7）环境设施小品的布置和造型设计（或选用）。

环境设施小品包括以下一些内容：

（1）建筑小品——休息亭、廊、书报亭、售货亭、钟塔、门卫等。

（2）装饰性小品——雕塑、喷水池、叠石、壁画、花台、花盆等。

（3）公用设施小品——电话亭、自行车或小汽车存车棚、垃圾箱、废物箱、公共厕所、各类指示标牌等。

（4）市政设施小品——水泵房、煤气调压站、变电站、电话交换站、消防栓、灯柱、灯具等。

（5）工程设施小品——斜坡和护坡、堤岸、台阶、挡土墙、道路缘石、雨水口、路障、驼峰、窨井盖、管线支架等。

（6）铺地——车行道、步行道、存车场、休息广场等。

（7）游憩健身设施小品——戏水池、儿童游戏器械、沙坑、座椅、座凳、桌子、体育场地、健身器械等。

2. 居住区外部环境设计的基本要求

（1）整体性——即符合居住区外部环境整体设计要求以及总的设计构思。

（2）生态性——生态效益。

（3）实用性——满足使用要求。

（4）艺术性——美观的要求。

（5）趣味性——是指要有生活情趣，特别是一些儿童游戏器械对此要求更强烈，以适应儿童的心理要求。

（6）地方性——如绿化的树种要适合当地的气候条件，小品的造型、色彩和图案等的设计能体现地方和民族的特色。

（7）大量性——符合工业化生产的要求，如儿童游戏器械、彩色混凝土地砖等。

（8）经济性——要控制与住宅综合造价的适当比例。

3. 居住区内各类室外场地的规划设计

1）儿童游戏场地

儿童在居住区总人口中占有相当的比例，他们的成长与居住环境，特别是室外活动环境关系十分密切，因此，在居住区为儿童们创造良好的室外游戏场所，对促进儿童智力和身心的健康发展有着十分重要的作用。很多国家对修建儿童游戏场地十分重视，将儿童游戏场地的建设作为国家的一项政策，成为居住区规划建设中不可分割的一部分。如德国在1960—1975年共建了26000个儿童游戏场，日本大阪市在1968—1973年内修建了带有设施的儿童游戏场地1000个。修建儿童游戏场地也能够吸引住户，提高房产的品质和等级。

（1）规划布置

儿童游戏场地是居住区绿化系统中的一个组成内容，它的规划布置应与居住区内居民公共使用的各类绿地相结合。由于儿童年龄和性别的不同，其体力、活动量、甚至兴趣爱好等也随之而异，故在规划布置时，应考虑不同年龄儿童的特点和需要，一般可分为幼儿（2岁以下）、学龄前儿童（3～6岁）、学龄儿童（6～12岁）三个年龄组。幼儿一般不能独立活动，需由人带领,活动量也较小,可与成年、老年人休息活动场地结合布置;学龄前儿童的活动量、能力、胆量都不大,有强烈的依恋家长的心理,所以场地宜在住宅近旁,最好在家长从户内通过窗口视线能及的范围内,或与成年、老年人休息活动场地结合布置;学龄儿童随着年龄、体力和知识的增长,活动范围也随之扩大,对住户的噪声干扰也较大,因此在规划布置时最好与住宅有一定的距离,以减少对住户的干扰。但场地不宜太大,以免儿童过于集中。此外,儿童游戏场地的规划布置必须考虑使用方便(合理的服务半径)与安全(无穿越交通),以及场地本身的日照、通风、防风、防晒和防尘等要求。

（2）儿童游戏场地的面积指标

儿童游戏场地的面积指标目前我国尚无统一的规定,世界各国也由于具体情况不同而不同,据欧洲经委会 1967 年对欧洲 13 个国家(包括前苏联和美国)的统计,儿童游戏场地的面积每居民在 0.5~4.0m² 之间,可见相差的幅度也很大。1980 年原国家建委制定的"城市规划定额指标暂行规定"中对居住区公共绿地的定额指标为 2~4m²。其中居住区公共绿地为 1.5m²,居住小区的公共绿地为 1.2m²。根据上述情况,参考国内外有关资料,建议各类儿童游戏场地的用地指标控制在 0.1m²/人(表 8-12)。

表 8-12　　　　　　　　　各类儿童游戏场地的定额指标与布置要求

名称	年龄/岁	位置	场地规模/m²	内容	服务户数	离住宅入口的距离/m	平均每人面积/m²
幼儿、学龄前儿童游戏场	<3 3~6	住户能照看到的范围住宅入口附近	100~150	硬地、坐凳、沙坑沙地等	60~120	≥50	0.03~0.04
学龄前儿童游戏场	6~12	结合公共绿地布置	400~500	多功能游戏器械、游戏雕塑、戏水池、沙地等	400~600	200~250	0.20~0.25
青少年活动场地	12~16	结合小区公共绿地布置	600~1200	运动器械、多功能球场	800~1000	400~500	0.20~0.25

2）成年和老年人休息、健身活动场地

在居住区内,为成年和老年人创造良好的室外休息、健身活动场地十分重要,特别是随着居民平均年龄的不断增加以及老年退休职工人数的日益增多,这一需求显得更为突出。成年和老年人的室外活动主要是打拳、练功养神、聊天、社交、下棋、晒太阳、乘凉等。成年和老年人休息、健身活动场地宜布置在环境比较安静、景色较为优美的地段,一般可结合居民公共使用的绿地单独设置,也可与儿童游戏场地结合布置。

3）晒衣场地

居民晾晒衣物是日常生活之必需,特别是湿度较大的地区或季节尤为重要。目前居住区内居民的晒衣问题主要通过住宅设计来解决,如利用阳台或在窗台装置晒衣架,还有的利用屋顶作为晒衣场等。但当有大件或多量衣物需要曝晒时,往往会感到地方不够,需利用室外场地来解决。

室外晒衣场地的布置应考虑:①就近、方便、能随时看管;②阳光充分、曝晒时间长;③防风、防灰尘、避免污染。有条件时,可在场地四周围以栅栏,以便管理。

4）垃圾储运场所

近十几年来,垃圾已成为日益严重的城市环境问题。据统计,国外一些城市,如东京、伦敦、巴黎的垃圾量平均每人每天超过 1kg,纽约达 2kg,我国的上海平均每人每天为 0.4kg。居住区内的垃圾主要是生活垃圾,这些垃圾的集收和运送一般有以下几式:

（1）居民将垃圾送至垃圾站或集收点,然后由垃圾集收车定时运走;

（2）居民将垃圾装入塑料袋内送至垃圾集收站,然后由垃圾集收车送至转运站;

（3）采用自动化的风洞垃圾清理系统来清除垃圾,即将垃圾沿地下管道直接送至垃圾处理厂或垃圾集中站。

（4）为保护环境,废物充分利用,垃圾还应推广分类收集。

4. 居住区环境设施小品的规划设计

居住区环境设施小品是居民室外活动必不可少的内容,它们对美化居住区环境和满足居民的精神生活起着十分重要的作用。

1）建筑小品

休息亭、廊大多结合居住区和居住小区的公共绿地布置,也可布置在儿童游戏场地内,用以遮阳和休息;钟塔可结合建筑物设置,也可单独设置在公共绿地或人行休息广场;居住区、小区和住宅组团的主要出入口,可结合围墙做成各种形式的门洞。

2）装饰小品

装饰小品是美化居住区环境的重要内容,它们主要结合各级公共绿地和公共活动中心布置。水池和喷水池还可调节小气候。装饰性小品除了能活泼和丰富居住区面貌外又可成为居住区、居住小区和住宅组团的主要标志。

3）公用设施小品

公用设施小品名目和数量繁多,它们的规划和设计在主要满足使用要求的前提下,其造型和色彩等都应精心地考虑,特别如垃圾箱、废物筒等,它们与居民的生活密切相关,既要方便群众,但又不能设置过多;照明灯具根据不同的功能要求有街道、广场和庭园等照明灯具之分,其造型、高度和规划布置应视不同的功能和艺术等要求而异;公用设施是现代城市生活中不可缺少的内容,它给人们带来方便的同时,又给城市增添美的装饰。

4）游憩设施小品

游憩设施小品主要结合公共绿地、人行步道、广场等布置,其中供儿童游戏的器械布置在儿童游戏场地,为成人、老年人应设置健身器械。

桌、椅、凳等游憩小品又称室外家具,一般结合儿童、成年或老年人休息活动场地布置,也可布置在林荫步道或人行休息广场内。

5）工程设施小品

工程设施小品的布置应首先符合工程技术方面的要求。在地形起伏的地区常常需要设置挡墙、护坡、坡道和踏步等工程设施,这些设施如能巧妙地利用和结合地形,并适当加以艺术处理,往往也能给居住区面貌增添特色。

6）铺地

道路和广场所占的用地在居住区内占有相当的比例,因此它们的铺装材料和铺砌方式将在很大程度上影响居住区的面貌。铺地设计是现代城市环境设计的重要组成部分。铺地的材料、色彩的铺砌方式应根据不同的功能要求与环境的整体艺术效果进行处理。

十、旧居住区再开发

旧居住区的调查研究是一项十分繁杂、细致的工作,必须依靠当地群众,分系统、分地段、条条与块块相结合,可采用发调查表格、开座谈会、现场调查和观测等各种方式,掌握确切的资料,对旧居住区的质量进行综合评价,建立再开发地区的现状资料档案,备作查考和规划的依据(图 8-18)。

N

····· 拆迁建筑范围线
····· 保留建筑范围线

图 8-18 某旧城居住区改造规划图

调查研究工作对旧居住区的再开发特别重要,调查的内容视再开发地区的具体情况和再开发的要求而有所侧重,一般包括以下几个方面:

(1)土地使用现状。包括各类用地的使用性质、使用单位、分布、范围和相互关系,可通过图、表表示。此外,了解各项用地存在的问题及各单位今后发展的要求。

(2)建筑现状。各类建筑的使用性质、面积、层数、质量(可按结构类型、使用年限、设备标准、损坏程度等拟定鉴别的等级)、历史价值、产权所属等,也可以图、表表示,结合土地使用现状,分析建筑密度和建筑面积密度。此外,普遍地或选择典型地段调查须要保留或更新旧的住宅平面。

(3)人口构成。再开发地区的总人口、人口的年龄以及性别构成,总户数和户型的组成,出生率和人口发展的预测。并结合用地和建筑调查,分析人口密度和居住水平(按困难户、缺房产等详细划分),改建地区居民的职业、工作地点、经济收入、生活习惯等。

(4)公共服务设施现状。各类公共服务设施的项目、规模(包括建筑和用地面积)、服务半径、服务质量等(可用图、表表示),存在的问题和发展要求。

(5)市政公用设施现状。给排水、供电、供热、供燃气等状况,各种地上、地下管线的架空和埋设位置、架设高度、埋深和管径大小等,道路现状的断面、线型和路面构造,规划红线宽度和断面,交通状况(交通量和公共交通线路以及站点位置等)。上述内容可用图来表示。此外,如有人防工程、桥梁、河道及其驳岸和其他工程设施也须作详细的调查。

(6)工厂的生产情况。原料和成品的运输方式、运输量、生产过程是否对周围环境产生污染(如废气、噪声等),工厂生产发展的要求以及迁移的条件等。

(7)地区内大气。被污染情况、噪声状况、原有保留住宅的日照和通风条件等。

(8)建设资金来源。政府投资和各单位自筹资金的数量,以及其他可能集资的力量。

十一、竖向规划

居住区的竖向规划,应包括地形地貌的利用、确定道路控制高程和地面排水规划等内容。

居住区竖向规划设计,应遵循下列原则:合理利用地形地貌,减少土方工程量;满足排水管线的埋设要求;避免土壤受冲刷;有利于建筑布置与空间环境的设计;对外联系道路的高程应与城市道路标高相衔接。当自然地形坡度大于8%,居住区地面连接形式宜选用台地式,台地之间应用挡土墙或护坡连接。居住区内地面水的排水系统,应根据地形特点设计(图8-19)。

十二、管线综合

居住区内应设置给水、污水、雨水和电力管线,在采用集中供热居住区内还应设置供热管线,同时还应考虑燃气、通讯、电视公用天线、闭路电视、智能化等管线的设置或预留埋设位置。居住区内各类管线的设置,应编制管线综合规划确定,并应符合下列规定:必须与城市管线衔接;应根据各类管线的不同特性和设置要求综合布置,满足各类管线相互间的水平与垂直净距,宜采用地下敷设的方式。地下管线的走向,宜沿道路或与主体建筑平行布置,并力求线型顺直、短捷和适当集中,尽量减少转弯,并应使管线之间及管线与道路之间尽量减少交叉;应考虑不影响建筑物安全和防止管线受腐蚀、沉陷、震动及重压,满足各种管线与建筑物和构筑物之间的最小水平间距。

各种管线的埋设顺序应符合下列规定。

(1)离建筑物的水平排序,由近及远宜为:电力管线或电信管线、燃气管、热力管、给水管、雨水管、污水管。

(2)各类管线的垂直排序,由浅入深宜为:电信管线、热力管、小于10kV电力电缆、大于10kV电力电缆、燃气管、给水管、雨水管、污水管。

电力电缆与电信管缆宜远离,并按照电力电缆在道路东侧或南侧、电信管缆在道路西侧或北侧的原则布置;管线之间遇到矛盾时,应按下列原则处理:

(1)临时管线避让永久管线。

(2)小管线避让大管线。

(3)压力管线避让重力自流管线。

(4)可弯曲管线避让不可弯曲管线。

(5)地下管线不宜横穿公共绿地和庭院绿地。

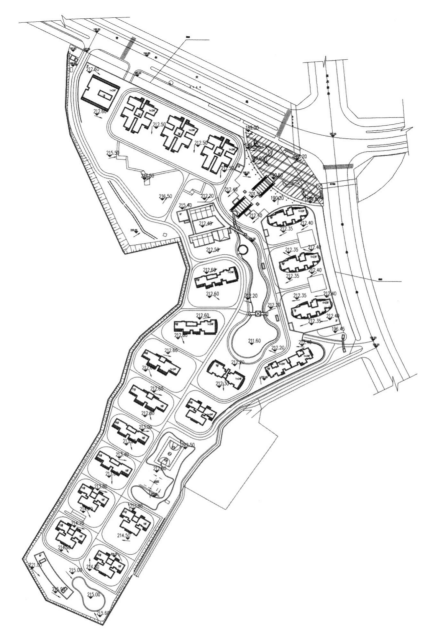

图 8-19　某居住小区竖向规划图

第 3 节　居住区的规划设计与技术经济分析

居住区规划的技术经济分析，一般包括用地分析、技术经济指标的比较及造价的估算等几个方面。

一、用地平衡表

用地平衡表是对土地使用现状进行分析，作为调整用地和制定规划的依据之一；进行方案比较,检验设计方案用地分配的经济性和合理性的依据之一;以及审批居住区规划设计方案的依据之一。

各项用地界限划分的技术性规定如下:

(1)居住区用地范围的确定

居住区以道路为界时,如属城市干道或公路,则以道路红线为界,如属居住区干道时,以道路中心线为界;与其他用地相邻时,以用地边界线为界;同天然障碍物或人工障碍物相毗邻时,以障碍物地点边线为界;居住区内的非居住用地或居住区级以上的公共建筑用地应扣除。

(2)住宅用地范围的确定

以居住区内部道路红线为界,宅前宅后小路属住宅用地;如住宅与公共绿地相邻,没有道路或其他明确界线时,通常在住宅的长边以住宅的 1/2 的高度计算,住宅的两侧一般按 3～6m 计算;与公共服务设施相邻的,以公共服务设施的用地边界为界;如公共服务设施无明确的界限时,则按住宅的要求进行计算。

(3)公共服务设施用地范围的确定

有明确用地界线的公共服务设施按基地界线划定,无明确界限的公共服务设施,可按建筑物基底占用土地及建筑四周实际所需利用的土地划定界限。

(4)住宅底层为公共服务设施用地范围的确定

当公共服务设施在住宅建筑底层时,将其建筑基底及建筑物周围用地按住宅和公共服务设施项目各占该幢建筑总面积的比例分摊,并分别计入住宅用地或公共服务设施用地内;当公共服务设施突出于上部住宅或占有专用场地与院落时,突出部分的建筑基底、因公共服务设施需要后退红线的用地及专用场地的面积,均应计入公共服务设施用地内。

(5)道路用地范围的确定

城市道路一般不计入居住区的道路用地,居住区道路作为居住区用地界线时,以道路红线的一半计算;小区道路和住宅组团道路按道路路面宽度计算,其中包括人行便道;公共停车场、回车场以设计的占地面积计入道路用地,宅前宅后小路不计入道路用地;公共服务设施用地界限外的人行道和车行道均按道路用地计算,属于公共服务设施专用的道路不计入道路用地。

(6)公共绿地范围的确定

公共绿地指规划中确定的居住区公园、小区公园、住宅组团绿地,不包括住宅日照间距之内的绿地、公共服务设施所属绿地和非居住区范围内的绿地。

居住区用地的指标指居住区的总用地和各类用地的分项指标,按平均每居民多少平方米计算,见表 8-13,表 8-14。另外,还规定了各项配套的公共服务设施的用地指标参见《城市居住区规划设计规范》(GB 50180—93)。

表 8-13　　　　　　　　　　　　居住用地平衡控制指标　　　　　　　　　　　单位:m²/人

序号	用地构成	居住区	小区	组团
1	住宅用地(R01)	45～60	55～65	60～75
2	公共服务设施用地(R02)	20～32	18～27	6～18
3	道路用地(R03)	8～15	7～13	5～12
4	公共绿地(R04)	7.5～15	5～12	3～8
	居住区用地(R)	100	100	100

表 8-14 人均居住区用地控制指标 单位：m²/人

居住规模	层数	大城市	中等城市	小城市
居住区	多层	16～21	16～22	16～25
	多层、中高层	14～18	15～20	15～20
	多、中高、高层	12.5～17	13～17	13～17
	多层、高层	12.5～16	13～16	13～16
小区	低层	20～25	20～25	20～30
	多层	15～19	15～20	15～22
	多层、中高层	14～18	14～20	14～20
	中高层	13～14	13～18	13～15
	多层、高层	11～14	12.5～15	
	高层	10～12	10～13	
组团	低层	18～12	20～23	20～25
	多层	14～15	14～16	14～20
	多层、中高层	12.5～15	12.5～15	12.5～15
	中高层	12.5～14	12.5～14	12.5～15
	多层、高层	10～13	10～13	
	高层	7～10	8～10	

二、技术经济指标

居住区综合技术经济指标的项目应包括必要指标和可选用指标两类，其应包含的项目及计量单位应如表 8-15 所示。

表 8-15 综合技术经济指标系列一览表

项目	计量单位	数值	所占比重/%	人均面积/(m²/人)
居住区规划总用地	ha	▲	—	—
1.居住区用地(R)	hm	▲	100	▲
①住宅用地(R01)	hm	▲	▲	▲
②公建用地(R02)	hm	▲	▲	▲
③道路用地(R03)	hm	▲	▲	▲
④公共绿地(R04)	hm	▲	▲	▲
2.其他用地(E)	hm	▲	—	—
居住户(套)数	户(套)	▲	—	—
居住人数	人	▲	—	—
户均人口	人/户	▲	—	—
总建筑面积	万 m²	▲	—	—
1.居住区用地内建筑总面积	万 m²	▲	100	▲
①住宅建筑面积	万 m²	▲	▲	▲
②公建面积	万 m²	▲	▲	▲

续表

项目	计量单位	数值	所占比重/%	人均面积/(m²/人)
2.其他建筑面积	万 m²	△	—	—
住宅平均层数	层	▲	—	—
高层住宅比例	%	△	—	—
中高层住宅比例	%	△	—	—
人口毛密度	人/hm	▲	—	—
人口净密度	人/hm	△	—	—
住宅建筑套密度(毛)	套/hm	▲	—	—
住宅建筑套密度(净)	套/hm	▲	—	—
住宅建筑面积毛密度	万 m²/hm	▲	—	—
住宅建筑面积净密度	万 m²/hm	▲	—	—
居住区建筑面积毛密度(容积率)	万 m²/hm	▲	—	—
停车率	%	▲	—	—
停车位	辆	▲	—	—
地面停车率	%	▲	—	—
地面停车位	辆	▲	—	—
住宅建筑净密度	%	▲	—	—
总建筑密度	%	▲	—	—
绿地率	%	▲	—	—
拆建比	—	△	—	—

注:▲必要指标;△选用指标。

人口毛密度为每公顷居住区用地上容纳的规划人口数量(人/ hm²)。

人口净密度为每公顷住宅用地上容纳的规划人口数量(人/ hm²)。

平均层数是指各种住宅层数的平均值。一般按各种住宅层数建筑面积与基底面积之比进行计算。其计算公式为:住宅平均层数＝住宅总建筑面积/住宅基底总面积(层)

住宅建筑净密度＝住宅基底总面积/住宅用地面积。住宅建筑净密度与房屋间距、建筑层数、层高、房屋排列方式等有关,在同样条件下,一般住宅层数愈高,住宅净密度愈低。

住宅建筑面积净密度为每公顷住宅用地上拥有的住宅建筑面积(m²/ hm²)。

住宅建筑面积净密度＝住宅总面积/住宅用地面积(m²/hm²)。

住宅建筑面积毛密度为每公顷居住区用地上拥有的住宅建筑面积(m²/ hm²)。

住宅建筑面积毛密度＝住宅总建筑面积/居住用地面积(m²/hm²)。

人口净密度＝规划总人口/住宅用地总面积(人/hm²)。

人口毛密度＝规划总人口/居住用地面积(人/hm²)。

容积率(又称建筑面积密度)＝总建筑面积/总用地面积,即总建筑面积(毛)密度。

绿地率为居住区用地范围内各类绿地面积的总和占居住区用地的比率(%)。

三、居住区总造价的估算

居住区的造价主要包括地价、建筑造价、室外市政设施、绿地工程和外部环境设施造价等。此外,勘察、设计、监理、营销策划、广告、利息以及各种相关的税费也都属于成本之内。

第 9 章　城市设计与控制性详细规划

第 1 节　城市设计的范畴与要素

一、城市设计含义与作用

1. 城市设计的含义

城市设计作为专业名词,其含义有不同的解释。据《中国大百科全书(建筑、园林、城市规划卷)》的解释,城市设计是"对城市体形环境所进行的设计"。《简明不列颠百科全书》的解释是"对城市环境形态所作的各种合理处理和艺术安排"。美国凯文·林奇(Kelvin Lynch)认为"城市设计专门研究城市环境的可能形式"。英国建筑师弗·吉伯德(Frederick Gibberd)对城市设计的表述更为具体,他认为:"城市设计主要是研究空间的构成和特征";"城市设计的最基本特征是将不同的物体联合,使之成为一个新的设计,设计者不仅必须考虑物体本身的设计,而且要考虑一个物体和其他物体之间的关系";"城市设计不仅是考虑这个构图有恰当的功能,而且要考虑它有令人愉快的外貌",依据上述各种解释,城市设计的含义可概括为"对城市形体及三维空间环境的设计"。

2. 城市设计的作用

城市设计不同于城市规划和建筑设计,它可以广义地理解为设计城市,即对物质要素,诸如地形、水体、房屋、道路、广场、绿地等进行综合设计,包括使用功能、工程技术及空间环境的艺术处理。最初,城市建设常常由于在城市规划、建筑设计以及其他工程设计之间缺乏衔接环节,导致城市体形空间环境的不良,这个环节就需要做城市设计。它具有承上启下的作用,从城市空间总体构图引导项目设计。城市设计的重要作用还表现为在为人类创造更亲切美好的人工与自然结合的城市生活空间环境,促进人的居住文明和精神文明的提高。

而如今城市设计已经被理解为优化城市综合环境质量的综合性安排,已经贯穿于我国法定城市规划的各个阶段的始终(表 9-1)。另外,在战略规划、城市整体风貌设计、历史名城(街区)保护规划、城市规划的管理等扩展的规划工作领域中,城市设计也致力于城市空间结构的改造、新街区建设、居民生活改善等目标,侧重于城市的不同方面,作用于城市的不同要素,发挥着独特的作用。而不同阶段的城市设计,其研究对象、尺度、成果表达也是不同的。

二、城市设计内容与类型

1. 城市设计的内容

1) 空间关系

城市设计的对象既包含城市的自然环境、人工环境,也包含城市发展中涉及的人文环境。

城市设计的空间内容主要包括土地利用、交通和停车系统、建筑体量和形式及开敞空间的环境设计。土地利用的设计是在城市规划的基础上细化,安排不同性质的内容,并考虑地形和现状因素。建筑体量和形式取决于建设项目的功能和使用要求。要考虑容积率、建筑密度、建筑高度、体量、尺度、比例及建筑风格等。交通和停车系统的功能性很强,技术复杂,占用城市

表 9-1 我国法定城市规划体系的内容

		内容	工作重点	研究对象	工作尺度
城市规划	城市设计贯穿于各阶段	城市与区域规划	研究生产力布局,区域性基础设施配置与选址,统筹城乡空间关系,协调城市间的相互结构关系	城市群及城市县城范围	1∶100 000 ～ 1∶10000
		城市总体规划	研究城市规划期内的人口,社会,空间发展目标及关系;统筹城市各类土地利用及基础设施规划,协调确定城市近期,远期发展与目标	城市(县镇)市镇域范围	1∶50000～1∶5000
		城市区分规划	以城市各相对独立的功能区为对象,研究落实总体规划的各项要求,处理好人口、土地利用与各类基础设施的相互关系	城市功能片区	1∶20000～1∶5000
		控制性详细规划	对局部地区的建设所进行的规划控制,确定土地利用,开发容量,建筑高度,覆盖率,容积率及城市基础设施,建筑退让红线等规划边界条件	建设项目	1∶5000～1∶2000
		修建性详细规划	对局部地区建设项目进行的规划安排,确定土地利用性质,项目规模,开发容量,建筑形态及相互关系,空间的群体关系,建筑高度,覆盖率,绿化率等	建设项目	1∶2000～1∶500

较大空间,对城市整体形象的影响也很大。开敞空间包括广场、公园绿地、运动场、步行街、庭院及建筑文物保护区等。环境设计要适应城市生活方式和市民心理,形成建筑地段和建筑群体的内涵和形式特征。城市设计不仅要组织物质空间,而且要创造有吸引力的活动空间环境,特别是要把购物、餐饮、观光游览、休息和娱乐等各种活动结合起来。

2)时间过程

城市设计既与空间有关又与时间有关,因为它的构成元素不但在空间中分布,而且在不同的时间由不同的人建造完成。一方面,由于人们在时空中的活动是不断变换的,所以在不同时段环境有不同的用途。因此,城市设计需要理解空间的时间周期以及不同社会活动的时间组织。另一方面,尽管环境随着时间改变,但保持某种程度的延续性和稳定性还是很重要的。城市设计需要设计和组织这些环境,允许无法避免的时间流逝。另外,城市社会与环境每时每刻都在变化。城市设计方案、政策等具体内容也会随着时间在实施过程中逐步调整。

3)政策框架

作为一种管理手段,城市设计的目的是制定一系列指导城市建设的政策框架,在此基础上进行建筑或环境的进一步设计与引导。因此,城市设计必须依靠公共政策手段反映社会和经济需求,需要研究城市整体社会文化氛围,制定有关的社会经济政策。尤其是具体的市容景观实施管理条例,促进城市文化风貌与景观的形成,确定城市设计实施的保障机制。

2. 城市设计的类型

根据设计对象的用地范围和功能特征,城市设计可以分为以下类型:①城市总体空间设计;②城市开发区设计;③城市中心设计;④城市广场设计;⑤城市干道和商业街设计;⑥城市滨水区设计;⑦城市居住区设计;⑧城市园林绿地设计;⑨城市地下空间设计;⑩城市旧区保护与更新设计;⑪大学校园及科技园设计;⑫博览中心设计;⑬建设项目的细部空间设计。

三、城市设计基本理论与方法

1. 城市空间设计理论

蓝图西克(Roger Trancik)在《寻找失落的空间——都市设计理论》一书中,根据现代城市空间的变迁以及历史实例的研究,归纳出三种研究城市空间形态的城市设计理论,分别为图底理论(Figure-Ground Theory)、连接理论(Linkage Theory)和场所理论(Place Theory)。同时对应地将这三种理论又归纳为三种关系,即形态关系、拓扑关系和类型关系。

1) 图底理论

图底理论从分析建筑实体(Solid mass;图;figure)和开放虚体(Open voids;底;groud)之间的相对比例关系着手,试图通过对城市物质空间的组织加以分析,明确城市形态的空间结构和空间等级,确定城市的积极空间和消极空间。通过比较不同时期城市图底关系的变化,从而分析城市空间发展的规律及方向。

空间设计中运用图底法,可以借着土地开发过程中不同用地和建筑实际形状和比例增减变化,表达其图底的关系。城市的实体与虚体是一组对应的二元关系,虚实相生,共同构成有机的整体。城市虚体必须可以和城市实体空间分隔及融合,以提供机能上及视觉上的延续性。建筑物与外部空间形成密不可分、相互结合的关系,才能创造出一个整体及人性的城市(图 9-1)。

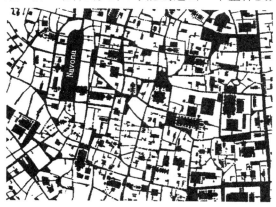

图 9-1　罗马那沃纳(Navona)广场地区

2) 连接理论

连接理论注重以"线"(lines)(包括街道、人行步道、线形开放空间,或其他实际连接城市各单元的连接元素)连接各个城市空间要素,组织起一个连接系统和网络,进而建立有秩序的空间结构。此理论中,最重要的是视动态交通线为创造城市形态的原动力,因此移动系统和基础设施的效率往往比界定外部空间形态更受关注。

连接关系的建立可以分为两个层面:物质层面和内在动因。在物质层面上,连接表现为用"线"将各客体要素加以组织及联系,从而使彼此孤立的要素之间产生新的关联,进而共同形成一个"关联域";由于"线"的连接与沟通作用,关联域也就由原来彼此不相干的元素形成相对稳定的有序结构,从而空间的秩序被建立起来。从内在动因而言,通常不仅仅是联系线本身,更重要的是线上的各种"流"内在组织的作用,将各空间要素联系成为一个整体。

连接理论是 1960 年代最受欢迎的设计思潮,丹下健三是该理论的先驱,槙文彦对此理论亦作出重要贡献。而在槙文彦著名的"集体形态之研究"一文中,将这种连接关系视为外部空间的最重要的特征及法则。他提出了城市空间分为三种不同形态,即:组合形态、超大形态和组群形态。在城市设计中,连接是控制建筑物及空间配置的关键。尽管连接理论在界定二元空间方向时,无法获得令人满意的结果,但它对理解整体城市形态结构仍是大有裨益的(图9-2)。

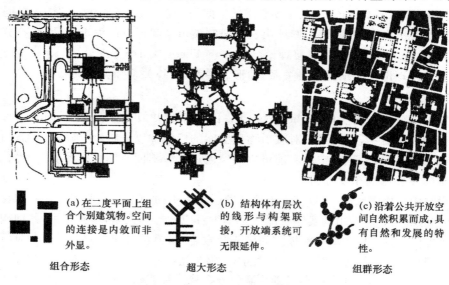

(a) 在二度平面上组合个别建筑物。空间的连接是内敛而非外显。

组合形态

(b) 结构体有层次的线形与构架联接,开放端系统可无限延伸。

超大形态

(c) 沿着公共开放空间自然积累而成,具有自然和发展的特性。

组群形态

图9-2 城市空间的三种形态

3) 场所理论

场所理论比图底理论及连接理论更进一步地将人性需求、文化、历史及自然环境等因素列入考虑的范畴。场所理论结合独特形式及环境详细特征的研究,使实质空间更为丰富。本质上,场所理论是根据实质空间的文化及人文特色进行城市设计的。不论是以抽象或实质的观点而言,"空间"是由可进行实质连接、有固定范围或有意义的虚体所组成。"空间"之所以能成为"场所"的主要原因,是由空间的文化属性所赋予及决定的。正如,诺伯格舒尔茨(Norberg Schulz)在《场所精神——迈向建筑现象学》一书中精辟地指出:"场所就是具有特殊风格的空间。自古以来,场所精神就如同一个具有完整人格的人,如何培养面对及处理日常生活的能力。就建筑而言,意指如何将场所精神具象化、视觉化。建筑师的工作就是创造一个适宜人们聚居的有意义的空间。"(图9-3)

2. 城市设计方法

城市设计的方法可大致分为:①调查的方法。包括基础资料收集、视觉调查、问卷调查、硬地区和软地区的识别等;②评价的方法。包括加权法、层次分析法、模糊评价法、判别法、列表法等;③空间设计的方法。包括典范思维设计方法、程序思维设计方法、叙事思维设计方法等;④反馈的方法。包括政府部门评估、专家顾问、社会评论、群众反映等。

第2节 城市公共空间及案例分析

城市公共空间是指那些供居民日常生活和社会生活公共使用的室外空间,如城市中心区、商业区、滨水区、城市绿地等。公共空间具有开放性、可达性、大众性、功能性多种特质,方便人们到达、休憩和日常使用,具有提供活动和感受场所、有机组织城市空间和人的行为、构成城市景观和维护生态环境、交通运输、城市防灾等功能。

图 9-3 英国巴斯

英国巴斯城核心部分的基本空间设计包括一个圆形广场(The Circus)及皇家月弯(Royal Crescent)。所创造的不仅是简单的几何形体,它反映作出的环境,并融入周围环境之中,建立独特形式,成为一个特殊的场所。

一、城市中心

1. 城市中心的类型及构成

城市中心是城市居民社会生活集中的地方。城市居民社会生活多方面的需要和城市的多种功能,导致产生各种类型不同规模、等级的城市中心。从功能来分,有行政、经济、生活及文化中心。按照城市规模分,小城镇一般有一个市中心即能满足各方面的要求;大、中城市除全市中心之外,还有分区中心、居住区中心等。全市中心也可同时有多个不同功能的中心,形成城市中心体系。

1) 城市中心类型

根据公共活动的功能和性质,城市有行政管理、经济、商业、文化、娱乐、游览等活动的要求。有的是一个中心兼有多方面的功能,也有的是突出不同功能和性质的中心。

从所服务的地区范围来分,有为全市服务的市中心,有分别为城市各区服务的区中心,有为居住区服务的居住区中心。还有不同层次的中心,设置相应层次的公共服务设施。在一般情况下,城市有几个分区时,可设置市中心和区中心。如市中心在某一区内,则该区可不必设置区中心,上一层次的中心可结合考虑下一层次中心的内容和要求。

2) 城市中心的构成

城市中心应有各类建筑、各类活动场地、道路、绿地等设施。这些内容可组织成一个广场,或组织在一条道路上,也可以在街道、广场上联合布置形成一片建筑群。大城市的中心构成甚至可以扩展到若干街坊和一系列的街道、广场,形成中心区。

城市中心的建筑群以及由建筑为主体形成的空间环境,不仅要满足市中心活动功能上的要求,还要能满足精神和心理上的需要。因为,城市中心创造了具有强烈城市气氛的活动空间,为市民提供了活跃的社会活动场所。人们可以感受城市的性格和生活气息,形成城市的独特的吸引力。同时,城市中心往往也是该城市的标识性地区。

2. 城市中心布局

城市中心的布局包括各级中心的分布、性质、内容、规模、用地组织与布置。各级中心的分布、性质和规模须根据城市总体规划用地布局,考虑城市发展的现状、交通、自然条件以及市民不同层次与使用频率的要求。

1) 满足居民活动不同层次的需要

居民生活对中心有不同要求。从使用频繁程度来分,有每天使用,日常需要的内容组成的中心,也有间隔一段时间如一周、一月左右需要使用的中心,也有间隔相当长的时间或者偶尔光顾的中心。使用频率反映出时间上、生活上不同层次的需要。

不同级别的中心,其服务范围各不相同。高一级的中心,如全市的中心,服务范围最大,内容也较齐全。居住区的中心,内容则较少,服务的面也仅限于居住区本身。

2) 中心位置选择

中心的位置须根据城市总体规划布局,通盘考虑后确定,在具体工作中应注意以下几点:

(1) 利用原有基础

旧城都有历史上形成的中心地段,有的是商业、服务业及文化娱乐设施集中的大街;有的是交通集散的枢纽点,如车站、码头。行政中心都在政府办公机构集中的地段形成。原有城市中心地段必须充分利用。例如,北京市新规划的各个区中心也考虑了依托原有的建筑基础,选择了朝阳门外大街、阜成门外、鼓楼、海淀旧区等地点发展。

上海市中心区及区中心的发展也是依托原有的商业街和商业区。例如,南京路、淮海路、四川北路、徐家汇、人民广场都是全市和分区的重要中心区。浦东陆家嘴发展成为新的金融中心区,它与浦西的外滩共同构筑了城市中心商务区(CBD)。许多城市也都在原有的中心的基础上扩大。例如,南京的新街口、鼓楼和夫子庙,天津的和平路、劝业场,成都的春熙路,苏州的观前街等,都是在邻近地段扩大城市中心用地。

在扩建、改建城市中,必须调查研究原有各级中心的实际情况、发展条件,同时分析城市发展对城市中心的建设要求。对原有设施应分析情况,合理地组织到规划中来。如果由于城市的发展,认为原有中心的位置不恰当,扩大改建的条件不足,也可以考虑重新选址。

(2) 中心位置的选择

各级、各类中心都是为居民服务的,从交通要求考虑,他们的位置应选在被服务的居民能便捷到达的地段。但是,中心的位置往往受自然条件、原有道路等条件的制约,并不一定都处在服务范围的几何中心。

由于大城市人口众多,为减少人口过分集中于市中心区,应在各个分区选择合适的地点,增设分区中心。图 9-4 为北京市中心和区中心的分布图。

各级中心必须具备良好的交通条件。市中心和区中心必须有方便的公共客运交通的连接,并靠近城市交通干道。居住区和居住小区的中心同样要选择位置适中,接近交通干道的地段。要考虑居民上、下班时顺路使用的方便和更多的选择性。

(3) 适应永续发展的需要

城市各级中心的位置应与城市用地发展相适应,远近结合。市中心的位置既要在近期比较适中,又要在远期趋向于合理,在布局上保持一定的灵活性。各级中心各组成部分的修建时间往往有先后,应注意中心在不同时期都能有比较完整的面貌。

(4) 考虑城市设计的要求

城市中心地点的选择不仅要分布合理并形成系统,还要根据城市设计原则考虑城市空间景观构成,使城市中心成为城市空间艺术面貌的集中点。

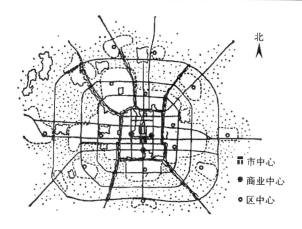

图 9-4　北京市中心分布图

3）中心的交通组织

各级中心既要有良好的交通条件，又要避免交通拥挤，人车相互干扰。为了符合行车安全和交通通畅的要求，必须组织好市及区中心的人、车及客运、货运交通。

市中心、区中心要与城市各分区及主要车站、码头等保持便捷的联系。在旧城基础上发展起来的中心，一般建筑较密集，开敞空间有限，人、车密集，而且还有历史上形成的有艺术、文化价值的建筑，吸引大量人流。为了解决交通矛盾，在交通组织上应考虑以下几点：

（1）市中心是居民活动大量集中的地方，在这个范围内的交通以步行为主。为了接纳和疏散大量人流，必须有便捷的公共交通联系。

（2）疏解与中心活动无关的车行交通。如果有大量过境交通通过时，可开辟与市中心主干道相平行的交通性道路，在干道上建造高架路，或在市中心地区外围开辟环形道路，还应控制车辆的通行时间和方向。

（3）中心区四周布置足够的停车设施。

（4）发展立体交通，建设步行天桥或隧道，以减少人车冲突。

（5）中心区规模相当大时，可划定一定范围作为步行区。

3. 城市中心的空间组织

1）功能与审美的要求

城市中心空间规划首先应满足各种使用功能的要求，如办事、购物、饮食、住宿、文化娱乐、社交、休息、观光等活动，必须配置相应的建筑物和足够的各种场地。

城市中心空间的规划不仅要处理好土地使用和交通联系，而且还要考虑公共活动中心空间的尺度、建筑形体和市景，也就是中心建筑空间和城市面貌的塑造应考虑审美要求。

在城市中心的空间规划设计中，必须重视整体性和综合性、可接近性和识别性，以及空间连续与变化的效果。现代城市中心往往是一组多种功能的建筑群体，应结合交通和环境进行综合设计（图 9-5）。

整体性是把建筑、交通、各类场地以及建筑小品等设计作为一个整体统一考虑。综合性是指不同的功能组合在一个建筑体内，增强服务的效率，也指物质使用、社会、经济、文化各方面的综合。公共活动中心的空间组织既要使居民能方便地到达和使用，使各组成部分间紧密连接以及具有亲切感，同时，也要有一定的特色和个性，反映出地方的风格。

图 9-5 香港沙田区中心鸟瞰

2）城市中心建筑空间组织的原则

城市中心建筑空间组织的原则之一是运用轴线法则。可以有一条轴线或几条主、次的轴线。轴线可以把中心不同的部分联系起来，成为一个整体，轴线也能把城市中的各个中心联系起来，把街道和广场等串联起来。

中心建筑空间组织的原则之二是统一考虑建筑室内和室外空间，地面、高架和地下空间，专用和公共空间，车行和人行空间，以及各空间之间的联系，并能起到好的点缀和组景的作用。建筑及绿地艺术照明可美化城市夜景。

4. 中心商务区

中心商务区（CBD，Central Business District）在概念上与商业区有所区别，中心商务区是指城市中商务活动集中的地区。一般只是在工业与商业经济基础强大，商务和金融活动量大，并且在国际商贸和金融流通中有重要地位的大城市才有以金融、贸易及管理为主的中心商务区。中心商务区是城市经济、金融、商业、文化和娱乐活动的集中地，众多的建筑办公大楼、旅馆、酒楼、文化及娱乐场所都集中于此。它为城市提供了大量的就业岗位和就业场所。

中心商务区一般位于城市在历史上形成的城市中心地段，并经过商业贸易与经济高度发展后才能够形成。例如上海，自鸦片战争后辟为港口商埠，经过一百多年，发展到 1940 年代，黄浦江西侧外滩地区才形成上海市的中心商务区。1949 年以后，由于上海市对国外商贸、金融功能的衰退，中心商务功能也随之消亡。1988 年国务院决定开放、开发浦东新区，并在陆家嘴发展金融中心及浦西黄浦区再开发，为振兴上海市经济和重建上海中心商务区起到了重要作用。

5. 商业区与购物广场

1）商业区的内容、分布及形式

现代城市商业区是各种商业活动集中的地方，以商品零售为主体以及与它相配套的餐饮、旅宿、文化及娱乐服务，也可有金融、贸易及管理行业。商业区内一般有大量商业和服务业的用房，如百货大楼、购物中心、专卖商店、银行、保险公司、证券交易所、商业办公楼、旅馆、酒楼、剧院、歌舞厅、娱乐总会等。

商业区的分布与规模取决于居民购物与城市经济活动的需求。人口众多,居住密集的城市,商业区的规模较大。根据商业区服务的人口规模和影响范围,大、中城市可有市级与区级商业区,小城市通常只有市级商业区,在居住区及街坊布置商业网点,其规模不够形成商业区。

商业区一般分布在城市中心和分区中心的地段,靠近城市干道的地方。须有良好的交通连接,使居民可以方便地到达。商业建筑分布形式有两种,一种是沿街发展,另一种是占用整个街坊开发。现代城市商业区的规划设计,多采用两种形式的组合,成街成坊地发展。西方国家的城市一般都有较发达的商业区,例如,美国城市的闹市区,德国城市的商业区。商业区是城市居民和外来人口经济活动、文化娱乐活动及社会生活最频繁集中的地方,也是最能反映城市活力、城市文化、城市建筑风貌和城市特色的地方,而步行商业街(区)是商业区最典型的形式。

2)购物市场

市场是最古老的一种商品交易场所。市场的出现较城市早,市场是由集市贸易发展而形成的。现在不论在我国或者国外的城镇仍有各种市场存在。从市场的性质分析,有交易农副产品、水产品、果品及食品的专业市场,有专门销售家用杂货、小商品、服装、家用电器、建材等各类商品的专业市场,还有综合性的大型市场和专营批发的市场。由于商品零售要考虑方便居民购买和大宗商品交易的需要,城市各类市场已经成为城市商业活动空间不可缺少的部分。

现代城市建设和城市规划中安排各类市场用地可以露天设置,或布置在一个大空间的建筑物中,也可以采用露天与室内相结合的布局。

二、城市中心实例

1. 上海市中心

上海作为有近百年历史的商埠城市,市中心历来在黄浦江西岸外滩与南京东路两侧地段。根据上海市经济发展战略及城市总体规划,上海市中心仍旧定位在这个区域,但范围扩大到浦东陆家嘴开发区。中心范围东起浦东陆家嘴,西至人民广场,并以南京东路为市中心发展轴线。陆家嘴与浦西外滩一带集中了大量金融机构、银行、证券交易所、保险公司及商业贸易机构,形成金融商贸区。

南京东路外滩到黄河路全长约1900m,是上海市最主要的商业街,集中了大量百货公司、专卖店、商场、旅馆、餐饮、旅游观光等服务与文化娱乐设施。南京东路已改建为步行街,街道上设置了许多环境设施和绿地,成为一个很有特色,魅力独具的商业街。黄河路南为人民公园和人民广场,广场内布置市政府、博物馆、大剧院等重要公共建筑及大面积绿地,是集行政办公、市民休闲、文化娱乐为一体以及节日集会的场所(图9-6)。

图 9-6　上海市人民广场平面图

1991年4月,时任上海市市长朱镕基与法国政府公共工程部正式签署的会谈纪要明确提出:"中法两国合作组织陆家嘴金融中心区规划国际设计竞赛"。1992年11月,经挑选的英国罗杰斯、法国贝罗、意大利福克萨斯、日本伊东丰雄、中国上海联合设计小组五家正式提交了有关陆家嘴中心地区(CBD)规划国际咨询设计方案,并进行了国际专家评审会。方案深化之后确定了核心区、高层带、滨江区、步行结构和绿地共四个层面的空间层次。在核心区结合 88 层金茂大厦的选址,设置"三足鼎立"的超高层建筑区,同时结合高层建筑和中心绿地形成中国传统的"阴阳太极"美学概念对比,共筑陆家嘴 CBD 特有的标志性景观。1993 年 8 月最终批准的陆家嘴中心区占地约有 171hm²,规划建筑面积约 418 万 m²,平均毛容积率 2.44,在 CBD 内形成五大功能组团(图 9-7、图 9-8)。

图 9-7　上海市陆家嘴开发区

(a) Richard Rogers 方案

(b) 法国贝罗方案

(c) 福克萨斯方案

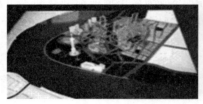

(d) 伊东丰雄方案

(e) 中国联合设计小组方案

图 9-8　陆家嘴中心地区规划国际咨询设计方案

2. 英国伦敦斯特文内几新镇中心规划

斯特文内几是大伦敦外围的一个新镇,原始规划的人口规模为 6 万人。这个中心是英国新镇中心具有代表性的一个,中心区内步行交通与汽车交通完全分开,是英国新镇中第一个禁止汽车行驶的步行中心区。镇中心用地呈长方形,通行汽车的道路布置在镇中心的四周,镇中心设有一条南北向的步行商业街,向东有两条支路,西侧有一个市政广场,广场西侧设有公共汽车站。步行街的两侧布置有 2 层和 3 层商店,商店背面与通车道路连接。

1960 年代,由于小汽车交通的发展,在镇中心南,北干道上增设高架道路,让过境车辆通行,减少对中心的干扰。新镇中心各种设施齐全,能满足市民各种社会活动的需求。中心区的建筑造型统一协调,市政广场上布置喷水及钟楼,建筑细部处理也很精致。缺陷是原设计的广场尺度偏小,大量居民活动感到拥挤(图 9-9)。

3. 东京新宿副中心规划

新宿副中心位于东京市中心以西约 15km,面积约为 96hm²,是一个多功能综合性副中心,白天可容纳 30 万人工作和活动。新宿采用多层空间布局,立体化道路系统引入市中心,在底下设置商业街及其他公共建筑。地面多采用多功能综合性建筑,将旅馆、餐馆、超级市场、剧场、游乐场所及办公楼组织在一幢或一群建筑物中。新宿主要分为三个区:超高层街区建筑区、西门口广场区及中央公园区。超高层建筑其规划布局原则是步行与汽车交通分离,保障行

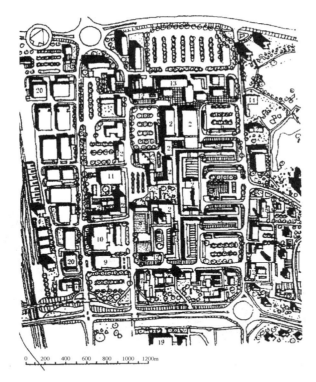

1—城市广场；2—商店、百货公司；3—步行路；4—停车场；5—市场；6—停车场、商店；7—酒店；8—邮局；9—停车场；
10—公共停车场；11—餐厅；12—事务所；13—行政建筑；14—电影院；15—教堂；16—消防队；17—警察局；
18—图书馆、保健中心；19—定时制补习中心；20—仓库；21—火车站

图 9-9　英国伦敦斯特规划平面图（1950 年方案）

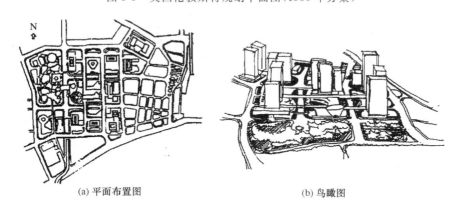

(a) 平面布置图　　　　　　　　　　(b) 鸟瞰图

图 9-10　日本东京新宿副中心平面布置与鸟瞰

人安全。每个街区原则上建设一幢超高层建筑，高度不超过 250m。新区内道路宽度 30～40m。道路交叉口均为立体交叉。东西向道路在地面层，南北向道路为高架道路，建筑物与不同标高的道路直接连通，上下层道路人行道之间有阶梯相连，不必跨越车行道（图 9-10）。

三、城市广场

广场是由于城市功能上的要求而设置的，是供人们活动的空间。城市广场通常是城市居民社会生活的中心，广场上可进行集会、交通集散、居民游览休憩、商业服务及文化宣传等。

1. 不同性质的广场

1）市民广场

市民广场多设在市中心区,通常它就是市中心广场。在市民广场四周布置市政府及其他行政管理办公建筑,也可布置图书馆、文化宫、博物馆、展览馆等公共建筑。市民广场平时供市民休息、游览、节日举行集会活动。广场应与城市干道有良好的衔接,能容纳疏导车行和步行交通,保障集会时人车集散。广场应考虑各种活动空间,场地划分,通道布置需要与主要建筑物有良好的关系。可以采用轴线手法或者自由空间构图布置建筑。广场应注意朝向,以朝南为最理想。市民广场上还应布置有使用功能和装饰美化作用的环境设施及绿化,以加强广场气氛,丰富广场景观(图9-11)。

图9-11 加拿大卡尔加里市中心广场

图9-12 巴黎罗浮宫广场

2）建筑广场和纪念广场

为衬托重要建筑或作为建筑物组成部分布置的广场为建筑广场。如巴黎罗浮宫广场(图9-12),纽约洛克菲勒中心广场(图9-13)。

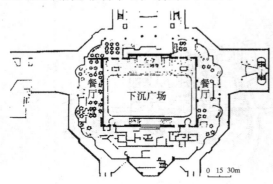

(a) 洛克菲中心广场平面图

(b) 洛克菲勒中心广场景象

图9-13 纽约洛克菲勒中心广场

为纪念有历史意义的事件和人物,如长征中的遵义会址、南京雨花台烈士陵园,可设置纪念性广场。在建筑广场及纪念性广场上可布置雕塑、喷泉、碑记等各种环境设施,要特别重视这类广场的比例尺度、空间构图及观赏视线、视角的要求。

3）商业广场

城市商店、餐饮、旅馆、市场及文化娱乐设施集中的商业街区常常是人流最集中的地方。为了疏散人流和满足建筑的要求,需要布置商业广场,我国有许多城市有历史上形成的商业广场,如苏州玄妙观前广场,南京的夫子庙,上海城隍庙。国外城市的商业广场已经纳入步行商业街及步行商业区系统,布置商业广场十分普遍。

4) 生活广场

生活广场与居民日常生活关系最为密切,一般设置在居住区、居住小区或街坊内。面积较小,主要供居民休息、健身锻炼及儿童游戏活动使用。生活广场应布置各种活动设施,并布置较多绿地。

5) 交通广场

交通广场分两类:一类是道路交叉的扩大,疏导多条道路交汇所产生的不同流向的车流和人流交通;另一类是交通集散广场,主要解决人流、车流的交通集散,如影、剧院前的广场,体育场,展览馆前的广场,工矿企业的厂前广场,交通枢纽站站前广场等,均起着交通集散的作用。在这些广场中,有的偏重于解决人流的集散,有的偏重于解决车流、货流的集散,有的对人、车、货流的解决均有要求。交通集散广场车流和人流应很好地组织,以保证广场上的车辆和行人互不干扰,畅通无阻。广场要有足够的行车面积、停车面积和行人活动面积,其大小根据广场上车辆及行人的数量决定。在广场建筑物的附近设置公共交通停车、汽车停车场时,其具体位置应与建筑物的出入口协调,以免人、车混杂,或车流交叉过多,使交通阻塞。

交通枢纽站前广场上,当客货运站合设时,交通较为复杂,在这种情况下,主要应解决人流、车流、货流三大流线的相互关系,尽可能减少三者的交叉干扰。一般应为货运设置通向站房的独立出入口和连接城市交通干道的单独路线。长途公共汽车站往往与铁路车站的广场相连接。为了合理地组织站前交通,特别要使站房的出入口与城市公共交通车站和停车场等的位置配合好,以便在最少数量的流向交叉条件下,使广场上的步行人流和车流通畅无阻,并注意步行人流线路与车流线路尽量不相交混。在可能条件下,可考虑修建地下人行隧道或高架桥,使旅客直接从站房到达公共交通车站的站台或对面的人行道上去。站前广场上的建筑,除车站站房及其他有关交通设施外,还有邮电、旅馆、餐厅、货运等服务设施,可组成富有表现力的城市大门建筑群,丰富城市面貌,给旅客留下深刻的印象。码头前广场其性质与铁路车站广场基本上相同,其布局原则上与铁路车站广场相似。

2. 不同形状的广场

广场因内容要求、客观条件的不同而有不同的规划处理手法。

1) 规则形广场

广场的形状比较严整对称,有比较明显的纵横轴线,广场上的主要建筑物往往布置在主轴线的主要位置上。

(1) 方形广场

在广场本身的平面布局上,可根据城市道路的走向、主要建筑物的位置和朝向来表现广场的朝向。随着广场长度比的不同,带给人们的感觉也不同。巴黎旺道姆广场(Place de Vendo-me)(图 9-14)。始建于 17 世纪,平面接近方形(长 141m,宽 126m),有一条道路居中穿过,为南北轴线;横越中心点有东西轴线。中心点原有路易十四的骑马铜像,法国大革命被拆除,后被拿破仑为自己建造的纪功柱所代替,纪功柱高 41m。广场四周是统一形式的 3 层古典主义建筑,底层为券柱廊,廊后为商店。广场为封闭型,建筑统一、和谐,中心突出。纪功柱成为各条道路的对景。这样的广场要组织好交通,使行人活动避免交通的干扰。而过去欧洲历史上以教堂为主要建筑的广场,因配合教堂的纵向高耸的体形,多以纵向为轴线。如意大利维基凡

诺(Vigevano)城的杜卡广场(Place Ducale)是一个较长的矩形广场(长 124m,宽 40m)(图
9-15),建于 15 世纪,是保存比较完整的早期文艺复兴时期广场。广场三面被 2 层建筑围合,
仅一侧有道路通过,封闭感好。建筑的底层为券柱廊,呈长条形,与高塔形成强烈的透视效果。
该广场在使用上能满足现在城市生活的要求,具很大吸引力。

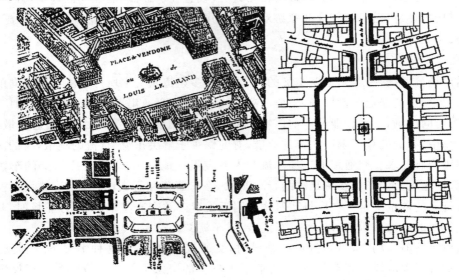

图 9-14　巴黎旺道姆广场平面及鸟瞰

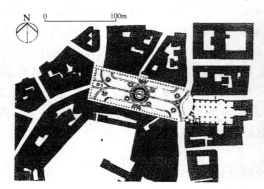

(a) 杜卡广场平面图　　　　　　　　　　　　　(b) 杜卡广场鸟瞰

图 9-15　意大利维基凡诺的杜卡广场

(2)梯形广场

由于广场的平面为梯形,因此,有明显的方向,容易突出主题建筑。广场只有一条纵向主
轴线时,主要建筑布置在主轴线上,如布置在梯形的短底边上,容易获得主要建筑的宏伟效果;
如布置在梯形的长底边上,容易获得主要建筑与人较近的效果。还可以利用梯形的透视感,使
人在视觉上对梯形广场有矩形的广场感。

罗马的卡皮多广场(Plazza del Campidoglio)(图 9-16)是罗马市政广场,建于 16—17 世
纪。广场呈梯形,进深 79m,两侧宽分别为 60m 及 40m,西侧主入口有大阶梯由下向上。广场
正面布置一排雕像,中心布置骑像。建筑布局在视觉上突出中心,使建筑物产生向前的动感,
表现出巴洛克城市空间特征。

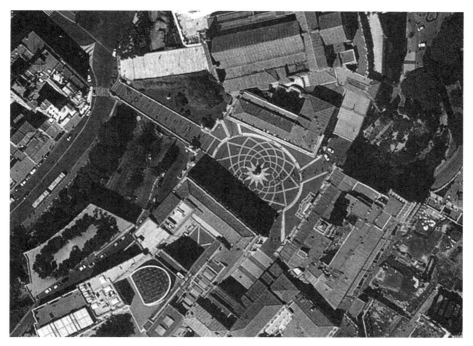

图 9-16　罗马的卡皮多广场

（3）圆形和椭圆形广场

圆形广场、椭圆形广场基本上和正方形广场、长方形广场有些近似，广场四周的建筑，面向广场的立面往往应按圆弧形设计，方能形成圆形或椭圆形的广场空间。图 9-17 是罗马圣彼得教堂前广场。建于 17 世纪，由一个梯形广场及一个长圆形广场组合构成，是一个有代表性的巴洛克式广场。广场总进深为 327m，长圆形广场长径与短径分别为 286m 及 214m。梯形广场进深 113m，梯形短边与长边分别 113m 及 136m。长圆形广场中央建有纪功柱，其两侧布置喷泉。圣彼得广场与教堂是一个整体，广场的性质既是一个宗教广场，又是一个建筑广场。

2）不规则形广场

由于用地条件，城市在历史上的反战和建筑物的体形要求，会产生不规则形广场。不规则形广场不同于规则形广场，平面形式较自由。如意大利威尼斯圣马可广场（Plazza San Marco）、佛罗伦萨的西诺里广场（Piazza della Signoria）及锡耶纳的坎波广场（Plazza del Campo）都是很有特色的不规则形广场。

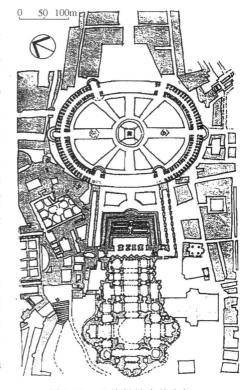

图 9-17　圣彼得教堂前广场

圣马可广场（图 9-18）建于 14—16 世纪，南面迎海，是城市中心广场及城市的宗教、行政和商业中心。圣马可广场平面由三个梯形组成，广场中心建筑是圣马可教堂。教堂正面是主广场，广场为封闭式，长 175m，两端宽分别为 90m 和

56m。次广场在教堂南面,面向亚德里亚海,南端的两根纪念柱既限定广场界面,又称为广场的特征之一。教堂北面的小广场是市民游憩、社交聚会的场所。广场的建筑物建于不同的历史年代,虽然建筑风格各异,但能相互协调。建于教堂西南角附近的钟楼高100m,在城市空间构图上起了控制全局的作用,成为城市的标志。

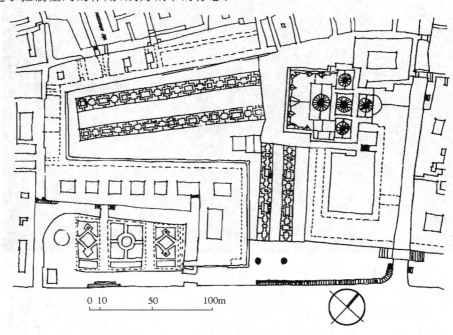

图9-18 意大利威尼斯圣马可广场

3. 广场的规划设计

1)广场的面积与比例尺度

(1)广场的面积

广场面积的大小形状的确定取决于功能要求、观赏要求及客观条件等方面的因素。

功能要求方面,如交通的广场,取决于交通流量的大小、车流运行规律和交通组织方式等。集会游行广场,取决于集会时需要容纳的人数及游行行列的宽度,它在规定的游行时间内能使参加游行的队伍顺利通行。观赏要求方面,应考虑人们在广场上,对广场上的建筑物及纪念性、装饰性建筑物等有良好的视线、视距。在体形高大的建筑物的主要立面方向,宜相应地配置较大的广场。但建筑物的体形与广场间的比例关系,可因不同的要求,用不同的手法来处理。

(2)广场的尺度比例

广场的尺度比例有较多的内容,包括广场的用地形状;各边的长度尺寸之比;广场大小与广场上的建筑物的体量之比;广场上各部分之间相互的比例关系;广场的整个组成内容与周围环境,如地形地势、城市道路以及其他建筑群等的相互的比例关系。广场的比例关系不是固定不变的,例如,天安门广场的宽为500m,两侧的建筑,人民大会堂、革命历史博物馆的高度均在30~40m之间,其高宽比约为1:12。这样的比例会使人感到空旷,但由于广场中布置了人民英雄纪念碑,丰富了广场内容,增加了广场层次,一定程度上弱化了空旷感,达到舒适明朗的效果。

(3)广场的界面围合

界面围合是广场空间的重要品质。广场的角部越少开敞,周围建筑物越多,其界面往往越延续,广场围合的感觉就更强。而广场周围建筑屋顶轮廓线的特征、高度的统一性以及空间本身的形状等,也影响着广场的界面围合。巴黎旺道姆广场(图 9-14)、罗马波波洛广场(9-21)等,都是具有良好界面围合的广场实例。

2)广场的空间组织

广场空间组织主要应满足人们活动的需求及观赏的要求。观赏又有动静之分。人们的视点固定在一处的观赏是静态观赏;人们由这一空间转移到另一空间的观赏,便产生了位移景异的动态观赏。在广场的空间组织中,要考虑动态空间的组织要求。

3)广场上建筑物和设施的布置

建筑物是组成广场的重要要素。广场上除主要建筑外,还有其他建筑和各种设施。这些建筑和设施应在广场上组成有机的整体,主从分明。满足各组成部分的功能要求,并合理地解决交通路线、景观视线和分期建设问题。

4)广场的交通流线组织

有的广场还须考虑广场内的交通流线组织,以及城市交通与广场内各组成部分之间的交通组织,其中以交通集散广场更为复杂。组织交通的目的,主要在于使车流通畅,行人安全,方便管理。广场内行人活动区域,要限制车辆通行。

5)广场的地面铺装与绿化

广场的地面是根据不同的要求而铺装的,如集会广场需有足够的面积容纳参加集会的人数,游行广场要考虑游行行列的宽度及重型车辆通过的要求。其他广场亦须考虑人行、车行的不同要求。广场的地面铺装要有适宜的排水坡度,能顺利地解决广场的排水问题。有时因铺装材料、施工技术和艺术处理等的要求,广场地面上须划分网格或各式图案,增强广场的尺度感。铺装材料的色彩、网格图案应与广场上的建筑,特别是主要建筑和纪念性建筑密切结合,以起引导、衬托的作用。

6)城市中原有广场的利用改造

旧城市中存留下来的广场,往往是经过不同时期、不同要求、改建扩建而成。新城市中规划的广场,也要有一定时间方能形成,有时因时间推移,也会有新要求,而产生改建、扩建的问题。对旧广场的改建、扩建或复原整修,都应充分利用原有基础。

北京的天安门广场,就是经过不同的时代、不同的要求,改建、扩建而成今天的面貌。天安门广场源起于明代,清时为一丁字形闭合广场,广场之北为主要建筑天安门,南面为对景建筑大清门、正阳门,左右为长安左门、长安右门,周围用红墙封闭。背面靠红墙处为金水河,其余靠红墙处为千步廊。这里戒备森严,是封建王朝宣示威武的地方。随着封建王朝的崩溃,并通过改造,解决了天安门广场的交通问题,沟通了东西长安街和北京东西城区的交通,新中国成立后对天安门广场进行了改建和扩建,首先在广场中建立了人民英雄纪念碑,1959 年对广场进行了规划。在东西两侧分别建立了革命历史博物馆和人民大会堂。1977 年又建立了毛主席纪念堂。成为历史上的重要场所(图9-19)。

图 9-19　天安门广场区域鸟瞰

4. 广场实例

1）最美的客厅：锡耶纳坎波广场

坎波（Campo）广场位于市中心，是锡耶纳几个区在地理位置上的共同焦点。广场呈不规则形，是一个全部被建筑物围合的广场，拥有非常好的界面。市政厅建于广场南部。在市政厅对面，西北侧呈扇形平面，广场地面用砖石铺砌，形如扇形，由西北向东南倾斜，创造了排水与视线的良好条件。广场市政厅侧面高耸钟塔，与4层建筑形成强烈对比。广场周边的建筑既包含城市历史性的要素，又有城市生活的发生，因此活动性很强。锡耶纳的主要城市街道均在坎波广场上会合，经过窄小的街道进入开阔的广场，使广场具有戏剧性的美学效果。广场上重要建筑物的细部处理均考虑从广场内不同位置观赏时的视觉艺术效果（图9-20）。

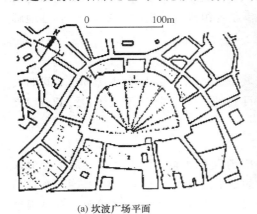

(a) 坎波广场平面　　　　　　(b) 坎波广场区域鸟瞰

图 9-20　锡耶纳的坎波广场

2）城市的入口：罗马波波洛广场

波波洛广场（Piazza del Popolo）又称人民共和广场，是一个广场作为城市入口的优秀范例，位于罗马北端波波洛城门南侧。在铁路出现之前，它一直是罗马市北来北往的门户，交通位置十分重要。自从穿越性交通管制措施执行以后，该入口仅开放计程车与部分行人进出，市民广场的重要性不复往日，最后成为罗马城市结构中的广场之一。今天，它是平裘花园的一个漂亮入口和三条街道的交汇处（图9-21）。

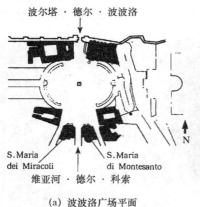

波尔塔·德尔·波波洛

S.Maria dei Miracoli　　S.Maria di Montesanto

维亚河·德尔·科索

(a) 波波洛广场平面　　(b) 作为罗马门户的波波洛广场及结构轴线

图 9-21　波波洛广场

3）空间的连接：佛罗伦萨德拉·西尼奥拉广场

6 个世纪以来，德拉·西尼奥拉广场一直扮演着佛罗伦萨市政中心的角色。

本质上，这是一座中世纪形式的广场，街道貌似随意地从不同角度进入，然而，却没有任何一个视角可以直接穿透广场。就西堤的定义来说，这是一个完全包被型广场。在这个城市中心有三座重要的建筑物：韦基奥宫，洛贾·阿德拉兹凉亭（佣兵凉亭）和广场北部的乌菲齐宫。而主要广场是由两个独立但相互交错的空间所组成。在两个广场空间的边界中心点上放置了骑马雕像，作为广场分界，其轴线平行于韦基奥宫的轴线，并延续到大教堂的穹顶；海王星喷泉处于两广场的支点。雕像、喷泉、边界一起所限定的两个十字的中心性，强化了广场的中心性。

洛贾·阿德拉兹凉亭作为空间过渡，是通往乌菲齐宫的开口。乌菲齐宫围合的长条形小空间，则是空间群组中的第三个广场，原本的设计是作为佛罗伦萨市民中心面前一点活动的舞台，后来变成了美丽的雕塑展示空

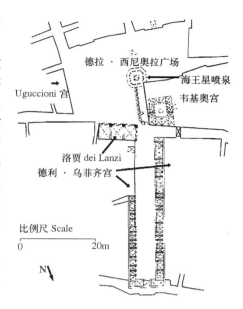

图 9-22　佛罗伦萨德拉·西尼奥拉广场

间，广场平面跟周边建筑紧密结合，具有良好的组合关系。而广场不规则的形式，起到了连接性的作用，强调了进入狭长的长廊，一直过渡到河边，整体的建筑界面非常连续（图 9-22）。

四、城市街道

1. 街道的类型

按内涵区分街道的类型：①符合工程标准的街道。街道应具有科学合理的容量，如工程师所设计的交通路线为每小时超过其所能够容纳的车流量提供服务，这无疑把街道降低到了下水道的层次，一条有助于排放高速车流的下水管。②值得纪念的街道。凯文·林奇所要求的值得纪念的街道，有起点和终点，沿着长度设各种确定的地点或节点，以作各种特殊用途或互动；这种道路可大可小，有着成对比的元素，但最重要的是，它在连接的地点必须为观者提供刺激和值得纪念的印象。③具有场所或外部空间功能的街道。这种街边必须拥有类似公共广场一样的封闭性特质，其绝对度量必须维持在合理的比例范围内。可能拥有三种主要元素：出入口、场所本身以及一个终点或出口。

按功能划分街道的类型：①交通的街道。可以划分为主干路、次干路、支路。TRD，大运量交通，公共专用线等也都属于交通类型的街道；②社会交往的街道；③商业型街道；④兼容的街道。

2. 街道的长度与比例

1）街道的长度

西特建议街道的连续不间断长度的上限大概是 1500m（约 1 英里），认为超出这个范围人们就会失去尺度感。长的街景是预备着用于特殊街道、重大的庆典及有国事的公共道路。这种庄严的街道可以使一个首都城市增色。而微不足道的小尺度街道多是用于普通的事务。甚至是阿尔伯蒂这个严格古典主义者，也称颂小尺度和扭曲的街道。另外，街道不仅只是通道，也有着一系列相互关联的地点，以供人停留而非只是路过一下。林奇认为街道是被一系列节点所激活的路径，这些节点是其他道路和它的交叉点。

2）街道的比例

在街道设计中,比例的定义已经逾越对原有的长、宽、高三者比例的理解,扩大为包含街道各部分的相互关系及其和总体构成之间的比例。街道的宽度和周围建筑高度的比例对设计很重要。根据芦原义信观察,如果设街道的宽度为 D,建筑外墙的高度为 H,则当 $D/H>1$ 时,随着比值的减小会产生接近之感,超过 2 时则产生宽阔之感;当 $D/H<1$ 时,随着比值的减小会产生接近之感;当 $D/H=1$ 时,高度和宽度之间存在着一种匀称之感,显然 $D/H=1$ 是空间性质的一个转折点(图 9-23)。

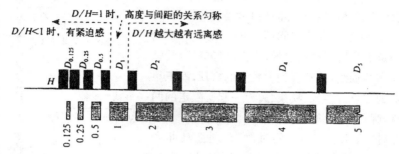

图 9-23　街道中 D/H 的关系

除尺度和比例等要素外,天气及其建筑物的形式的影响也是非常重要的。如果城市处于寒冷地带,街道应设置得愈宽,以使街道的两边都可以沐浴到阳光;如果城市处于热带国家,街道应该狭窄,两边建筑物应该高,这样形成的阴影和街道的狭窄可以调和当地的炎热,更加有利于人们的健康。

3. 街道的规划设计

1）街道空间设计的基本要求

普林茨对街道空间进行了的分析(图 9-24)

街道空间的设计满足的基本要求:

(1)满足交通和可达性。无论是街道,抑或是道路,首先是作为一地至另一地的联系的通道或土地分隔利用而出现的,因此保证人和车辆安全、舒适地通行就很重要:①处理好人、车交通的关系;②处理好步行道、车行道、绿带、停车带、街道交接点、人行横道以及街道家具各部分的关系;③街道应按多维空间考虑,应注意要尽量使人们在同一层面上运动;④由于人们有走近路的习惯,街道的设计除了应具备美观和趣味性之外,还应能与行进的主要目标配合,尽可能地将主要目标安排在街道内人的流动线上,减少过分曲折迂回;⑤由于街道在不同地段中人流、车流的活动情况不同,所以其横剖面宽窄应有所不同。所以最好是将街道分成不同段落,并对其进行功能、人流和车流疏密程度的研究,并相应决定其宽窄变化。

(2)步行优先的原则。在城市中的许多地段,尤其是中心区和商业区、游览观光的重要地段,要充分发挥土地的综合利用价值。创造和培育人们交流的场所,就必须鼓励步行方式并在城市设计中贯彻步行优先的原则,建立一个具有吸引力的步道连接系统。这也是美国等发达国家在城市中心区复兴和旧城改造中取得成功的重要经验之一。1980 年,在日本东京召开的"我的城市构想"座谈会上,人们提出了街道建设的 3 项基本目标:"①能安心居住的街道;②有美好生活的街道;③被看做是自己故乡的街道。"这三项目标都是与人的步行方式密切相关的。

(3)物质环境的舒适。最出色的街道是舒适的,至少在设施方面做到尽可能舒适。它们利用各种要素提供适宜的保护,但并没有避开或者忽视自然环境。我们不可能指望阿拉斯加

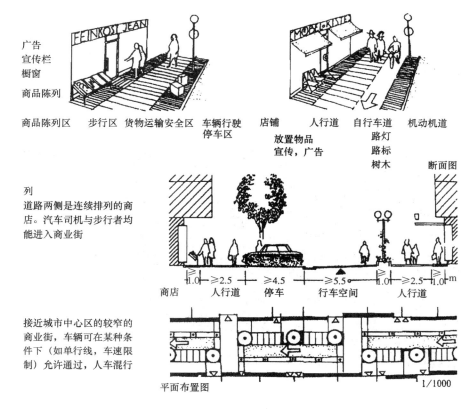

图 9-24 普林茨对街道空间的分析

的城市在冬季也很温暖,但它可以在当地的环境下尽量暖和些,而不是比它本来的温度更低。好的城市街道能够避风,在城市街道上,风力只占城外开阔地的 25%~40%,除非建筑的布局和高度加快了风速。与气候相关的舒适度特征是还可以合理量化的,它们完全有理由成为出色街道的组成部分。过去敏锐的设计者在规划街道时了解到这种需求,不过常常是出于直觉。现在有可能通过对未来街道环境的量度和预测比以前做的更好。

(4)空间范围的界定。出色的街道有空间范围的界定。它们有边界,通常是这样或那样的墙体明确标识出街道的边缘,使街道脱颖而出,把人们的目光吸引到街道上来,从而使它成为一个场所。街道的界定体现在两个方面:垂直方向与水平方向,前者同建筑、墙体或树木的高度有关,后者受界定物长度和间距的影响最大。也会有些界定物出现在街道的尽端,既是竖向的又是水平的。竖向的界定既与比例有关,也受绝对数量的影响。一条街道越宽,用来界定它的体量和高度也越大,直到某些底宽的街道宽阔到以至于不管边界建筑高度如何,都不再有真正意义上的街道感。而许多出色的街道都是绿树成行的,并且它们在界定街道中的作用与建筑是同等重要的。另一个因素对街道空间的界定也很重要:即沿街建筑的间距,密集的建筑比稀疏的建筑更能有效地界定街道空间。

2)街道设计的一致性

出色的街道上的建筑物彼此十分和谐、体现出相互尊重,却不千篇一律。其协调性的决定因素则往往在于借助一系列特征的强调,来体现相互之间以及对街道整体的尊重。而影响街道设计的一致性的因素有许多种,其中以沿街的建筑物形式最为重要。当建筑的三维形式感很强烈的时候,建筑体量成为视觉景象的主角,空间就会丧失其重要性。沿街建筑有着变化的形式、风格和处理方式时,空间也就失去了其鲜明的特征。吉伯德提出:"街道不是在建造正面,而是营造一个空间;同时,街道也可以扩展成较宽的空间如广场、围场。"其次,使用通用的材料、细部和建筑元素能加强街道感。而更重要的是开发时,共同屋檐线的指定,以及相似性间距尺寸的引用。如果只是在一定范围内变化,依旧可以维持街道景观的整体性,并且避免单调无聊。然而,对于组构街道的个别建筑物,并不需要绝对的相似,通常只要地面层有一个强烈的主题能组合整体就足够了。典型的方法是在建筑的较低层,引用柱廊或拱,可以使购物者免受风雨之苦。同时具有建筑元素的功能,将混杂凌乱的建筑体整合在一起。

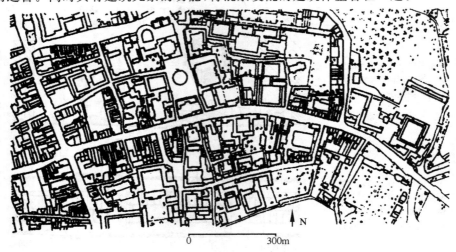

图 9-25 伦敦的牛津亥街

体现街道一致性与完整性的一个优秀例子就是牛津亥街(High Street)(图 9-25),这是一条曲线形的街道,与其他几条主要道路一起,在卡尔菲斯处以直角相交。从卡尔菲斯开始,亥街是笔直的,但自圣玛丽至麦达伦桥,则是弯曲的。牛津亥街优美的曲线,可能是为了方便连接一个设计好的社区重点和一条横穿的重要河流,或者是为了小心穿越沿着古代人行道两侧的现有私人产业。无论导致目前模式的理由为何,其结果都是产生一连串美丽的街景画面,到处都有尖塔、塔楼从低矮的建筑中窜出。汤玛士·夏普(Thomas Sharp)认为这条街道"是英国最为经典的伟大艺术作品"。

3)轴线规划

除了方格平面外,直线街道也常常和轴线型的城市设计相结合。其中有两个杰出的案例,一个是由西克斯图斯五世所主导设计的罗马,另一个则是奥斯曼为拿破仑三世所规划的巴黎。西克斯图斯五世极力发展一个通路架构,让朝圣者可以自由地从一个教堂走到另一个教堂。西克斯图斯五世所规划的宗教游行路线,为后期的建筑发展与现今所见遗址,奠定了良好的模式。奥斯曼也考虑了动线,但在比例中却以军队的快速移动作为考量,以维持城市的秩序,其设计也为城市街道设计留下了卓越的典范。

而约翰·纳什等所受令设计的伦敦摄政街(图 9-26),联系了摄政公园到詹姆士公园,再沿着林荫道,到达白金汉宫,这个区域的开发成为欧洲城市设计的杰作。波特兰广场是这条新街道的最北端起点,并预告了摄政街街道序列的壮丽入口。往南,纳什让这条路通过一个圆环横穿了牛津街,圆环不仅定义了一个重要结点,又便于转向。而从四分区开始,街道以 90°在波卡通卡尔顿官邸。自从纳什完成了这条街道以后,已经经历了很多改变,但从摄政公园到白金汉宫的道路主题上保持了其原有路线和城市风貌。这其中体现了好的城市设计并不脱离周边建筑质量而独立存在的。

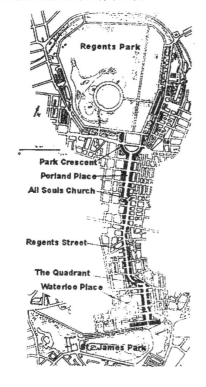

图 9-26　伦敦摄政街

4）街道地面景观

地面景观是和谐、有机整体的重要组成部分。在街道空间中有两种主要的地面类型——"硬质"元素和"软质"元素。

硬质的地面景观是"硬质"元素的核心内容。地面景观能明确地被设计来增强空间的审美特征，其尺度感可以来自所用材料的尺度、不同材料的式样，或者两者结合。地面景观的式样常常起着打破大的尺度，把硬的表面变得更易于管理、更符合人体尺度的重要美学功能；地面景观的图案则能强化街道的线形特征，通过以视觉上动态的图案提供方向感来强调其"路径"特征，街道家具的质量和组织是衡量城市空间质量最基本的标准，还可以强调空间的"场所"特征。街道家具则是与地面景观不同的"硬质"元素，可以包括灯柱、电话亭、长椅、喷泉、公共汽车站等，公共艺术也是街道家具的一种形式。

软质的景观设计属于"软质"元素，是创造街道特色和个性的决定性因素之一。软质景观是硬质景观的一种对比和衬托，并增加了人体尺度感。树和其他的植物表现季节的变化，可以提高城市环境在时间上的可识别性，在提供或增强连续性和围合感，增加不同环境的一致性和结构方面也起着重要的美学作用。在所有的城市环境中都应积极地配置树木，应联系城市景观的整体效果来进行树木的选择和定位。

4. 步行商业街（区）

1）步行商业街的定义与功能

步行是市民最普遍的行为活动方式。人们的步行系统是组织城市空间的重要元素。步行系统包括步行商业街、林荫道、空中的和地下的步行街(道),其中步行商业街是步行系统中最典型的内容。

当人们在公共场所擦肩而过,是一种最重要的基本社会交流之一,而步行街就隐含了这种功能。步行街(区)是城市开放空间的一个特殊分支,它从属于城市的人行步道系统,是现代城市空间环境的重要组成部分,是支持城市商业活动和有机活力的重要构成。确立以人为核心的观念是现代步行街规划设计的基础。同时,步行街建设的成功与否还关系到城市中某特定地段的发展,乃至整个城市的生活状态。

街道空间自古就是"步行者的天堂"。而今天,对街道回归的更多重视,步行街(区)作为一种最富有活力的街道开放空间,已经成为城市设计中最基本的要素构成之一。

2) 步行商业街的设计要点

步行街(区)的设计,最关键的是城市环境的整体连续性、人性化、类型选择和细部设计。从城市设计的角度来看,步行要素应有助于基本城市要素的相互作用,强有力地联系现存的空间环境和行为格局,并有效地与城市未来的物质形态变化相联系。

概括起来,步行街有以下优点:①社会效益——它提供了步行、休憩、社交聚会的场所,增进了人际交流和地域认同感;②经济效益——促进城市社区经济的繁荣;③环境效益——减少空气和视觉的污染,较少交通噪声,并使建筑环境更富于人情味;④交通方面——步行道可减少车辆,并减轻汽车对人活动环境所产生的压力。

5. 街道(区)实例

1) 废墟中的重建开发:英国考文垂中心步行区

英国考文垂中心步行区是结合战争期间毁掉的房屋重建并开发的步行街,在步行街的周围设置了 1700 辆汽车停车位,中心广场在步行商业区的一段。广场把商业区与文化中心联结起来。广场不仅环境优美,而且组织了二层平台的步行交通(9-27)。

2) 两层空间的利用:瑞典斯德哥尔摩魏林比中心区

瑞典斯德哥尔摩魏林比中心区的性质和功能与哈罗新城中心属同一种类型,但在设计手法上扩展到两层空间的利用,中心区结合铁路车站布置,地面层形成 700m×800m 的步行平台,这种手法对许多城市旧区改建有深远影响(图 9-28)。

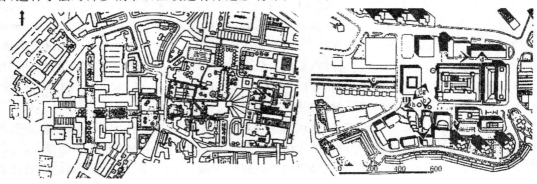

图 9-27 英国考文垂中心步行区   图 9-28 瑞典斯德哥尔摩魏林比中心区图

3) 特色地段的整治:上海市南京东路步行商业街

南京东路步行街东起河南路,西至西藏路,全长约 1050m。南北分别以平行南京东路的九江路、天津路为界,两侧纵深约为 200m。原南京东路上行驶的车辆交通转移到九江路上和天津路上,地铁二号线在人民公园及河南中路设站,解决了步行街的公共交通问题(图9-29,图 9-30)。

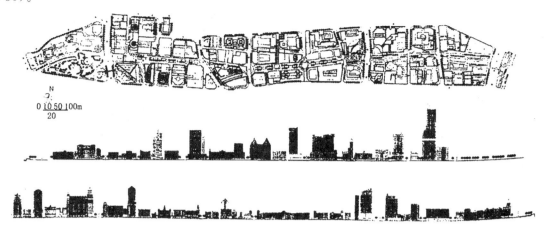

图 9-29　上海市南京东路步行商业街平面图及两侧建筑立面

图 9-30　上海市南京东路步行商业街

　　南京东路步行街建设,除对两侧界面建筑进行改建,在街道上布置环境设施外,还增加了三处较大面积的开放空间布置绿地,分别位于西藏中路以西、浙江中路、福建中路及河南中路,使得步行街更具特色。

　　4) 街区的更新改造:重庆杨家坪步行商业街区

　　重庆杨家坪地区地处成渝经济走廊的前沿阵地,是重庆西部的重要交通枢纽,工业基础雄厚,交通便捷,人口密集,辐射面宽。杨家坪商圈是重庆五大商圈之一,而杨家坪步行街所在地区属杨家坪商圈的核心部分。

　　2001 年开始的杨家坪步行街的规划和改造建设,是当时九龙坡区城镇化战略的一号工程。一方面,承担着塑造城市副中心和九龙坡区"退二进三"产业结构调整的重任,杨家坪中心地带的商业业态和购物环境亟需提升和改善;另一方面,杨家坪商圈中心地段被 5 条交通干线隔断,交通条件差,商圈发展收到了极大限制,改造也是缓解交通矛盾的迫切要求。

　　杨家坪步行街的城市设计范围为 18.9hm^2,步行区环境景观设计范围为 6 万 m^2。整体城市设计结构为:"三元步行系统+内聚结构核心",三元步行系统包括城市型步行系统、生态型步行系统、购物廊步行系统。设计上注重城市环境的整体性连续性、人性化、类型选择和细部的设计，系统组织步行要素，强有力地构建街区的环境空间和行为格局。改造建设突出人文景观，体现购物与生态、休闲和文化的和谐统一，为该区人民提供一个集旅游、休闲、购物、生态于一体的生活环境美化城市形象、扩展城市功能、塑造城市品牌，并为城市的产业结构转型作出贡献。如今，该区域已成为重庆市主城区现代金融商贸副中心，也是市民购物游憩休闲的城市标志性公共空间（图9-31）。

图 9-31　重庆杨家坪步行商业街区规划平面图

五、城市滨水区

1. 滨水区在城市中的作用

城市滨水区作为"城市中陆域与水域相连的一定区域的总称"，一般由水域、水际线、陆域三部分组成。城市滨水区是城市独特的资源，在一定的时期和条件下，它往往是城市活动空间的核心，也是城市空间结构的重要组成部分。城市滨水区揭示了水岸边缘的传承，也证实了经济的发展机遇与科技的变革，应实现多种交通功能模式、城市的发展、开放的用地、海岸线的稳定以及公众的参与等多重目标。

2. 滨水区的规划设计

滨水区对于城市发展长期的主导地位来源于它在执行城市发展战略中表现出的独特价值、弹性和适应能力，通过对滨水区的开发活动可以更科学合理地配置资源、建立秩序、营造氛围，并对周边地区产生强大的带动作用，从而使城市形成自己的特色，提升城市竞争力。

1）滨水区的开放性

水体本身是不可建设的，其空间具有开放性，这使得滨水区自然地成为城市重要的公共空间。滨水区往往具有向公众开放的界面，可以赋予公众平等享有的权力，构成了城市的特色和活力区域。在城市设计方面，通常力求用一个开敞空间体系将滨水区和原市区联结起来，并保持通向水边的视线走廊的通畅，使滨水区与城市主要功能区域的发展实现有效互动。

2）滨水区的共享性

在规划设计时确保滨水地区的共享性是一个重要原则。让全体市民共同享受滨水地区不仅有社会效益上的考量，而且有经济效益上的考量。在城市设计中，将连续的公共空间沿整个水边地带布置，是保证滨水地区的共享性的好方法。而短视的做法则是将滨水区岸线划开并出让给滨水区的投资者，从而容易损害滨水区的公共使用功能，造成人们的公共活动与滨水区域的隔离，降低滨水区的活力和品质。

3）滨水区的交通组织

滨水区往往是陆域边缘，处于交通末梢。因此，滨水区的交通组织就显得尤为重要。如果处理不好，会影响整个区域的可达性以及活力的营造。在滨水区交通系统的组织上，应布置便捷的公交系统和步行系统，将市区和滨水区连接起来。另外，在城市设计中考虑滨水区水上活动的组织，是将陆上和水上项目结合在一起的有效办法，可以吸引更多的陆上游客，丰富旅游的内容，因为水上活动项目本身也是陆上游客观赏的对象，反之亦然。

　　4）滨水区对城市营销的作用

　　滨水区由于其空间具有开放性,可以充分、完整地展示城市天际线,对于城市整体形象的塑造具有非常重要的作用。例如,香港维多利亚湾就勾勒出了城市美丽且富有特色的天际线,自身也成为了城市名片。另外,文化也是保持滨水区魅力和竞争力的不竭源泉。滨水区的历史建筑、文化遗产甚至历史地段,浓缩了时代的印记,具有重要价值,有助于滨水区特色的构建。在增强滨水区活力的同时,还可以促进旅游和经济的发展。

　　5）滨水区的防洪及环保

　　滨水区由于紧靠水体,往往会受到湖水、洪水等自然灾害的威胁。开发滨水地区,必须和水文部门密切合作,认真研究开发工程可能对海水、湖水的潮汐及泄洪能力的影响。而提高滨水区及水体自身的环境质量也对滨水区开发有举足轻重的影响。成功的经验证明,很多城市从水体的治理着手,有效推进了滨水区进一步的开发和投资。

3. 滨水区实例

　　1）中心商务区滨水设计:纽约炮台公园区

　　纽约炮台公园区(Battery Park)是美国下曼哈顿区西面填海而成的 $37hm^2$ 的用地。该区涉及办公面积 55 万 m^2,住户 1.4 万户,高级酒店与影城综合体、高中、图书馆各一个,博物馆若干。1969 年项目启动时规划方案的概念为"巨构城市"——纪念性尺度的建筑、清晰的结构、宏伟的城市景观和开阔的公共空间。但考虑到交通设施造价高昂、巨型结构与原有城市肌理格格不入、市区街道被阻挡通往河面等,因此方案不断被修改。直至 1979 年,库伯和埃克斯塔的规划设计被采纳,提倡融入既有城市结构并延续其设计灵感的文脉主义。

　　炮台公园区是回归传统的城市设计的方法,即以街道和广场为中心元素形成混合功能的城市街区。其用地被分解成较小的地块,以鼓励更多的开发商和建筑师参与到这个项目中,并进行循序渐进的建设。同时,滨水区条件被充分利用,设置河滨步行道、港湾以及众多绿地公园。足够用地被保留用来优先建设公共空间和公园,高达 40％的土地被投入室外公共空间的建设。每处公共空间不求大,但求实用,分散于各个分区,通过滨水步行道相互联系,并由不同地块的不同景观建筑师与艺术家根据不同的主题设计,展现出丰富的景观效果。另外,贯彻设计准则,控制建筑体量、尺度和材料,但准则本身又具有足够的灵活性。在 25 年的建设期内,炮台公园管理局的管理和详尽的规划设计,一起为整个地区的建筑风格和城市空间的连贯性和可识别性作出了巨大的贡献,使炮台公园区获得了市民的认同感(图 9-32)。

图 9-32　2004 年纽约炮台公园

2）滨水区的重塑与复兴：伦敦金丝雀码头

金丝雀码头（Canary Wharf）是伦敦市在 1980 年代末 1990 年代初在原废弃的泰晤士河港区基地上建设的全新的国际中央商务区。作为英国自 1970 年代的新城运动之后最具影响的城市建设项目，它是大型城市商业开发的典型案例，也是通过城市设计重塑城市空间、带动城市复兴的代表作。金丝雀码头位于伦敦城以东的码头开发区的狗岛区中部，距伦敦市区 4 公里，三面被泰晤士河环绕，面积 35hm²。业主与开发商为奥林匹克与约克公司、金丝雀码头发展公司，其主要的规划设计者为 SOM。

金丝雀码头规划设计要点主要包括：①空间结构：强调严谨的构图和轴线关系；中央三幢超高层的办公楼作为地标；沿河为整齐的中高层办公和金融交易建筑，两排建筑之间为一系列公共空间，空间封闭且内聚。②交通系统：双层林荫大道环绕全岛，分隔人行系统；与伦敦相联系的地铁与轻轨南北向从基地中央穿过。③开放空间：林荫大道从中央东西向贯穿地块，形成主轴线，并串联起 4 个不同形状的城市广场。轴线两侧建筑对外部空间限定十分严谨。④规划的多样性：规划的 26 个地块分别由不同的建筑师在 SOM 指定的总体规划和立面建议方案的基础上进行设计。1990 年业主委托佛瑞德·科特（Fred Koetter）对总规作补充：利用对角线元素打破过于严谨的几何性；在建筑立面上要求底层变得丰富，并特意引入码头区原有的典型建筑元素。⑤景观小品：规划制定详细的规范，如规定柱廊、拱廊、庭院等空间形态，以及建筑的尺度、后退、材料和立面处理等细部。

金丝雀码头是利用公共政策引导私人投资进行城市改造的大胆尝试。在城市设计上，它为英国的城市发展带来了观念性的变化。突破了原有"城镇景观"理论的局限，适应了经济全球化时代快速的城市扩张的需求。但是，金丝雀码头的开发建设也曾一度陷入困境，城市基础建设曾滞后数年。其规划设计也存在一定缺陷，例如河滨区域的可达性不强，沿河景观没有得到充分利用，城市功能偏单一等。但整体而言，SOM 的总体规划展示了金丝雀码头的城市意象和空间特质，有效地协调了个体建筑间的关系并将其整合成为有机的组群，使这个项目在 10 多年的建设中能保持其形态上的连贯性（图 9-33）。

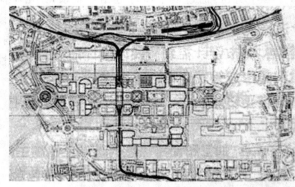

图 9-33　SOM 的规划总平面图及建成的金丝雀码头鸟瞰

第 3 节　控制性详细规划的基础理论

一、控制性详细规划的含义

控制性详细规划以总体规划或者分区规划为依据，以土地使用控制为重点，详细规定建设用地性质、使用强度和空间环境,它强调规划设计和空间环境,强调规划设计与管理及开发相衔接,作为城市规划管理的依据并指导修建性详细规划的编制。这一定义主要是从控制性详细规划在我国城市规划编制体系中的地位出发,阐明了控制性详细规划的主要内容以及其城市建设的作用。

二、控制性详细规划的特征

控制性详细规划有以下特征。

1. 控制引导性和灵活操作性

控制性详细规划的控制引导性主要表现在对城市建设项目具体的定性、定量、定位、定界的控制和引导。这既是控制性详细规划编制的核心,也是控制性详细规划不同于其他规划编制层次的首要特征。控制性详细规划通过技术指标来规定土地的使用性质和使用强度,其以土地使用控制为主要内容,以综合环境质量控制为要点,从以下 6 个方面进行控制:土地使用性质细分及其兼容范围控制;土地使用强度控制;主要公共设施与配套设施控制;道路及其设施与内外交通关系控制;城市特色与环境景观控制;工程管线控制。控制性详细规划通过对土地使用性质的控制来规定土地允许建什么,不允许建什么,应该建什么,不应该建什么,通过建筑高度、建筑密度、容积率、绿地率等控制指标来控制土地的使用强度,控制土地建设的意向框架,从而达到引导土地开发的目的。

控制性详细规划的灵活操作性一方面表现在适应城市快速发展,可以实现规划管理的简化操作,大大缩短决策、土地批租和项目建设的周期,提高城市建设和房地产开发的效率,控制性详细规划将抽象的规划原则和复杂的规划要素进行简化和图解,再从中提炼出控制城市土地功能的最基本要素,实现了规划设计与规划管理相结合,提高了规划的可操作性;另一方面,控制性详细规划在确定了必须遵循的控制指标和原则外,还留有一定的"弹性",如某些质变可在一定范围内浮动,同时一些涉及人口、建筑形式、风貌及景观特色等指标,可根据实际情况参照执行,以更好地适应城市发展变化的要求。

2. 法律效应

控制性详细规划是城市总体规划法律效应的延伸和体现,是总体规划宏观法律效应向微观法律效应的拓展。法律效应是控制性详细规划的基本特征。2008 年颁布的《中华人民共和国城乡规划法》进一步强化了控制性详细规划作为指导城市建设的刚性作用,强调它是获得城市国有土地使用权的重要依据,如果擅自更改控制性详细规划中确定的出让条件,将依法追究其法律责任。

3. 图则标定

图则标定是控制性详细规划在成果表达方式上区别于其他规划编制层次的重要特征,是控制性详细规划法律效应图解的表现,它用一系列控制线和控制点对用地和设施进行定位控制,如地块边界、道路红线、建筑后退线及绿化控制线及控制点等。控制性详细规划图则在经法定的审批程序后上升为具有法律效力的地方法规,具有行政法规的效能。

三、控制性详细规划的作用

控制性详细规划的实施表明中国城市规划管理从终极形态走向动态控制的过程。另外,与形态设计为特征的传统修建性详细规划相比,它还代表了一种新的技术手段,实现规划设计与规划管理的有机结合。其作用主要有以下 4 个方面:

1. 承上启下,强调规划的延续性

其承上启下作用主要体现在规划设计和规划管理两个方面。在规划设计上,控制性详细规划是详细规划编制阶段的第一编制层次,它以量化指标将总体规划的原则、意图及宏观的控制转化为对城市土地乃至三维空间定量、微观的控制。从而具有宏观与微观、整体与局部的双重属性,既有整体控制,又有局部要求;既能继承、深化、落实总体规划意图,又可对城市分区及地块建设提出直接指导修建性详细规划的准则。在规划管理上,控制性详细规划将总体规划宏观的管理要求转化为具体的地块建设管理指标,使规划编制与规划管理及城市土地开发建设相衔接。

2. 与管理结合、与开发衔接,作为城市规划管理的依据

"三分规划,七分管理"是城市建设的成功经验。在城市土地有偿使用和市场经济体制条件下,城市规划管理工作的关键,在于按照城市规划的宏观意图,对城市每块土地的使用及其环境进行有效控制,同时引导房地产开发等各项建设的健康发展。控制性详细规划能将规划控制要点,用简练、明确的方式表达出来,作为控制土地出租、出让的依据,正确引导开发行为,实现规划目标,并且通过对开发建设的控制,使土地开发的综合效益最大化。

3. 体现城市设计构想

控制性详细规划可将城市总体规划、分区规划的宏观的城市设计构想,以微观、具体的控制要求进行体现,并直接引导修建性详细规划及环境景观设计等的编制。它对城市设计主要以引导为主,按照美学和空间艺术处理的原则,从建筑单体环境和建筑群体环境两个层面对建筑设计和建筑建造提出指导性综合设计要求和建议,甚至提供具体的形态空间设计示意,为开发控制提供管理准则和设计框架。控制指标主要有建筑色彩、建筑形式、建筑体量、建筑群体空间组合形式及建筑轮廓线控制等。

4. 城市政策的载体

控制性详细规划的编制和实施过程中都包含诸如城市产业结构、城市用地结构、城市人口空间分布、城市环境保护和鼓励开发建设等各方面广泛的城市政策的内容,同时,通过传达城市政策方面的信息,在引导城市社会、经济、环境协调发展方面具有综合能力。市场运作过程中各类经济组织和个人可以通过规划所提供的政策,辅以城市未来发展的相关政策和信息来消除在决策时所面对的不确定性,从而促进资源的有效配置和合理利用。

第 4 节　控制性详细规划的控制体系和控制要素

控制体系图(图 9-34)归纳出控制性详细规划对土地使用、环境容量、建筑建造、城市设计引导、配套设施、行为活动等六项控制内容,它们共同形成控制性详细规划控制体系的内在构成,并基本上规定了控制性详细规划功能作用的广度。但由于控制内容选取受多种因素影响,因此,对每一规划用地不一定都需要从这六个方面控制,而应视用地具体情况,选取其中部分控制。

一、土地使用控制

土地使用控制是对建设用地上的建设内容、位置、面积和边界范围等方面做出的规定,其具体控制内容如上图所显示的内容。用地边界、用地面积规定了用地的范围大小;用地使用相容性(土地使用兼容)通过土地使用性质兼容范围的规定或适建要求,规定了用地相容或者混

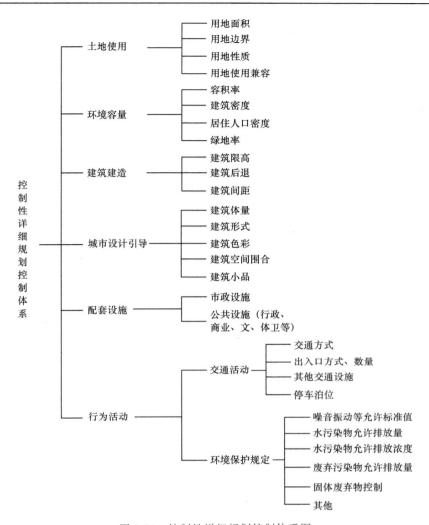

图 9-34　控制性详细规划控制体系图

合使用的规划要求,便于灵活处理。

1. 用地面积与用地边界

　　1)用地面积

　　用地面积是规划地块划定用地的平面投影面积,单位为公顷,精确度全国各地略有不同,一般为小数点后两位,每块用地不可有重叠部分。

　　用地面积(A_p)和征地面积(A_g)是有区别的,用地面积是规划用地红线围合的面积,是确定容积率、建筑密度、人口容量所依据的面积,如图 9-35 中短虚线划定的部分;征地面积是土地部门为了征地划定的征地红线围合而成,图 9-35 中长虚线划定部分,显然用地面积小于征地面积,即

$$A_p \leqslant A_g$$

　　2)用地边界

　　用地边界是规划用地和道路或其他规划用地之间的分界线,用来划分用地的权属。一般用地红线表示的是一个控制空中和地下空间的竖直的三维界面。在实践操作中,一般通过在控规图则中对用地边界进行地理坐标标注加以限定(图 9-36)。

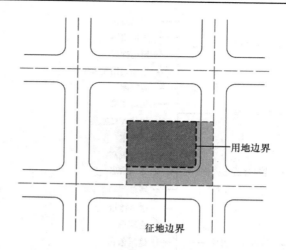

图 9-35　用地与征地边界范围对照示意图

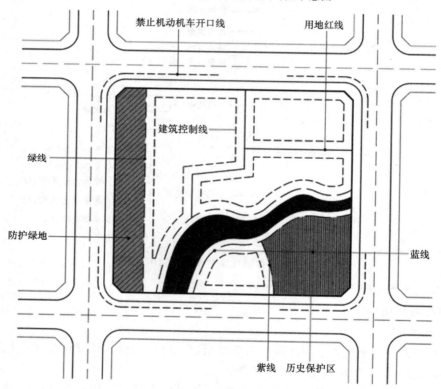

图 9-36　用地边界专业规划线的表达

　　控制性详细规划的作用主要是为城市规划管理、综合开发和土地有偿使用提供依据,将具体的规划设计转化为便于管理的条文、数据和图表,以便从微观上对各规划地块提出具体控制内容和要求,从而强化规划与管理的衔接,为修建性详细规划提供可靠依据。因此,确定用地面积与边界不应停留于简单的表面形式上,而应以用地性质规划为基础,综合考虑开发建设管理的灵活性以及小规模成片更新的可操作性等因素,对地块进行合理划分。

　　地块划分规模可按新区和旧城改建区两类区别对待,新区的地块规模可划分得大些,面积控制在 $3\sim5hm^2$ 左右,旧城改建区可在 $0.5\sim3hm^2$ 左右。

表 9-2　　　　　　　　　　　　　　　　　　　规划控制线一览表

线形名称	线形作用
红线	道路用地和地块用地边界线
绿线	生态、环境保护区域边界线
蓝线	河流、水域用地边界线
紫线	历史保护区域边界线
黑线	市政设施用地边界线
禁止机动车开口线	保证城市主要道路上的交通安全和通畅
机动车出入口方位线	建议地块出入口方位，利于疏导交通
建筑基底线	控制建筑体量、街景、立面
裙房控制线	控制裙房体量、用地环境、沿街面长度、街道公共空间
主体建筑控制线	延续景观道路界面、控制建筑体量、空间环境、沿街面长度、街道公共空间
建筑架空控制线	控制沿街界面连续性
广场控制线	提升地块环境质量、完善城市空间体系
公共空间控制线	控制公共空间用地范围

2. 土地使用性质控制

　　用地性质是一项非常重要的用地控制指标，关系到城市的功能布局形态。关于用地性质的划分我们前面第四章用地分类章节已讲过。对于规划中具体采用哪些用地性质要一般根据所在城市规模、城市特征、所处区位、土地开发性质等土地细分类别。

　　国家标准《城市用地分类与规划建设用地标准》(GB 50137—2011)所囊括的用地类型对控制性详细规划不完全适用，无法为一些用地提供精确的用地分类依据。在全国注册城市规划师考试指定用书之一《城市规划原理》中，关于控制性详细规划的用地分类基于国家标准确定了另外一套标准，为解决上述问题提供了一种思路，表 9-3 是这个标准中较国家标准新增的一些用地分类和代号，图 9-37 是部分新增用地分类的图示。

表 9-3　　　　　　　　　　　城市规划原理中国家标准新增用地分类和代号

国标或新增小类	新增细分类	类别名称	范围
R12		公共服务设施用地	
	R12C61	托儿所用地	
	R12C62	幼儿园用地	
	R12C63	小学用地	
	R12C64	中学用地	
	R12C65	其他公共服务设施用地	
R25		商住综合用地	含上层为住宅与底层小区级以下的公共服务设施建筑
CR1		一类商住综合用地	农贸市场及其他交易市场等与住宅的综合用地
CR2		二类商住综合用地	其他商业金融、文化娱乐设施及饮食业与住宅的综合用地
CR3		办公楼综合用地	办公等写字楼于商业金融、文化娱乐设施的综合用地
CR4		旅馆业综合用地	旅馆招待所与商业金融、文化娱乐设施的综合用地
CR5		一类工业建筑综合用地	包括一类工业与住宅混合，以及一类工业与商业金融、文化娱乐设施混合的综合用地

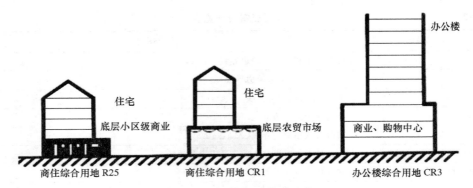

图 9-37　部分新增用地分类图示

应该注意,上表中两种商住混合用地,一种是以居住用地为主,一般属于居住小区用地范围;另一种是以商业为主的,一般位于商业区。

3. 土地使用兼容性

为适应城市发展需求,多种用地性质在同一地块内允许混合布置,以利于综合开发,而有些互相干扰的用地性质则不允许混合布置,这就要求对土地使用性质的兼容做出规定。

土地使用的兼容主要用用地的适建表来反映,给规划管理提供一定程度的灵活性。

1)土地使用兼容表控制

为了使控制性详细规划既有"弹性",又不失去控制作用,各地拟定了控制性详细规划土地使用性质兼容表。表中分别列出了控制性详细规划指标中确定的用地性质和可以被兼容的用地性质。表中的"+"表示可以兼容,"-"表示不可以兼容。所谓"相容",是指同一类性质的用地内允许建、不许建或经过规划部门批准后允许建的建筑项目。

2)土地使用兼容的原则

(1)促进相关功能建筑的集中布置。

(2)提高土地经济效益。

(3)减少环境干扰。

(4)确保非营利性设施、市政设施用地不被占用。

(5)保持土地使用的有限灵活性,允许部分建筑、设施混合布置。

(6)土地使用兼容应注意到其宽容度和灵活性以提高应变能力,同时又不和总体规划相违背。就具体分类各地应从实际出发具体对待。

3)建筑性质兼容

土地使用兼容包括用地上的兼容和建筑的兼容,相比之下,建筑性质的兼容更加详细,更能达到控制的目的,如表示上海市的建设用地适建性表 9-4,偏重于建筑性质的控制。

表 9-4　　　　　　　　　　　上海市各类建设用地适建范围表

序号	用地类别建设项目	居住用地			公共设施用地		工业用地			仓储用地		市政公用设施用地 U	绿地	
		第一类 R1	第二类 R2	第三类 R3	商贸办公 C1C2	教科文卫 C3~C6	第一类 M1	第二类 M2	第三类 M3	普通 W1	危险品 W2		G1	G2
1	低层独立式住宅	√	√	○	×	○	×	×	×	×	×	×	×	×
2	其他低层居住建筑	√	√	○	×	○	×	×	×	×	×	×	×	×

续表

序号	用地类别建设项目	居住用地			公共设施用地		工业用地			仓储用地		市政公用设施用地 U	绿地	
		第一类 R1	第二类 R2	第三类 R3	商贸办公 C1C2	教科文卫 C3～C6	第一类 M1	第二类 M2	第三类 M3	普通 W1	危险品 W2		G1	G2
3	多层居住建筑	×	√	√	×	○	○	×	×	×	×	×	×	×
4	高层居住建筑	×	○	√	×	○	○	×	×	×	×	×	×	×
5	单身宿舍	×	√	√	×	√	√	○	×	○	×	○	×	×
6	居住小区教育设施（中小学、幼托机构）	√	√	√	×	×	○	×	×	×	×	×	×	×
7	居住小区商业服务设施	○	√	√	√	√	×	○	×	○	×	×	×	×
8	居住小区文化设施（青少年和老年活动室、文化馆等）	○	√	√	×	√	○	×	×	×	×	×	×	×
9	居住小区体育设施	√	√	√	×	√	○	×	×	×	×	×	×	○
10	居住小区医疗卫生设施（卫生站、街道医院、养老院等）	√	√	√	×	√	○	×	×	×	×	×	×	×
11	居住小区市政公用设施（含出租汽车站）	√	√	√	√	√	√	√	○	√	○	√	×	○
12	居住小区行政管理设施（派出所、居委会等）	√	√	√	○	√	○	○	×	○	×	×	×	×
13	居住小区日用品修理、加工场	×	√	○	○	○	√	○	×	○	×	×	×	×
14	小型农贸市场	×	√	○	×	×	√	○	×	○	×	×	×	○
15	小商品市场	×	√	○	○	√	√	○	×	○	×	×	×	×
16	居住区级以上（含居住区级，下同）行政办公建筑	×	√	√	√	√	√	○	×	×	×	×	×	×
17	居住区级以上商业服务设施	×	√	√	√	×	○	○	×	○	×	×	×	×
18	居住区级以上文化设施（图书馆、博物馆、美术馆、音乐厅、纪念性建筑等）	×	○	○	○	√	×	×	×	×	×	×	×	×
19	居住区级以上娱乐设施（影剧院、游乐场、俱乐部、舞厅、夜总会）	×	×	×	√	√	○	×	×	○	×	×	×	×
20	居住区级以上体育设施	×	○	×	×	√	√	×	×	×	×	×	×	○

续表

序号	用地类别建设项目	居住用地			公共设施用地		工业用地			仓储用地		市政公用设施用地 U	绿地	
		第一类 R1	第二类 R2	第三类 R3	商贸办公 C1C2	教科文卫 C3~C6	第一类 M1	第二类 M2	第三类 M3	普通 W1	危险品 W2		G1	G2
21	居住区级以上医疗卫生设施	×	○	○	×	√	○	×	×	×	×	×	×	×
22	特殊病院（精神病院、传染病院）——需单独选址	×	×	×	×	○	×	×	×	×	×	×	×	○
23	办公建筑、商办综合楼	×	○	○	√	○	○	×	×	○	×	×	×	×
24	一般旅馆	×	○	○	√	○	○	×	×	×	×	×	×	×
25	旅游宾馆	×	○	○	√	○	○	×	×	×	×	×	×	×
26	商住综合楼	×	√	√	√	○	○	×	×	×	×	×	×	×
27	高等院校、中等专业学校	×	×	×	×	√	√	×	×	×	×	×	×	×
28	职业学校、技工学校、成人学校和业余学校	×	○	○	○	√	√	○	×	×	×	×	×	×
29	科研设计机构	×	○	○	○	√	√	×	×	×	×	×	×	×
30	对环境基本无干扰、污染的工厂	×	○	○	×	○	√	○	×	√	×	×	×	×
31	对环境有轻度干扰、污染的工厂	×	×	×	×	×	○	√	×	×	×	○	×	×
32	对环境有严重干扰、污染的工厂	×	×	×	×	×	×	×	√	×	×	×	×	×
33	普通储运仓库	×	×	×	×	×	√	○	×	√	×	○	×	×
34	危险品仓库	×	×	×	×	×	×	×	×	×	√	×	×	×
35	农、副、水产品批发市场	×	×	×	×	×	√	○	×	○	×	×	×	×
36	社会停车场、库	×	○	○	√	○	√	○	○	○	×	√	×	○
37	加油站	×	○	○	○	○	√	√	√	○	×	√	×	×
38	汽车修理、专业保养场和机动车训练场	×	×	×	×	×	√	√	√	○	×	√	×	×
39	客、货运公司站场	×	×	×	×	×	√	√	√	√	×	√	×	×
40	施工维修设施及废品场	×	×	×	×	×	√	√	√	√	×	○	×	×
41	污水处理厂、殡仪馆、火葬场	×	×	×	×	×	×	√	○	○	×	√	×	○
42	其他市政公用设施	×	×	×	×	×	√	○	○	×	○	√	×	○

注：√允许设置；×不允许设置；○允许或不允许设置，由城市规划管理部门根据具体条件和规划要求确定。

二、环境容量控制

1. 容积率

1) 容积率的概念

容积率又称楼板面积率或建筑面积密度,是衡量土地使用强度的一项指标,英文缩写为 FAR,是地块内所有建筑物的总建筑面积之和 A_r 和地块面积 A_1 的比值,即 $FAR = A_r/A_1$(图 9-38)。

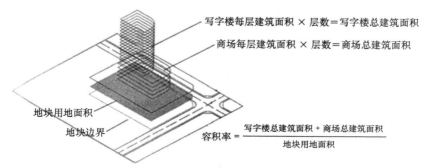

图 9-38　容积率概念示意图

容积率可根据需要制定上限和下限。容积率的下限,一方面可以保障开发商的利益,综合考虑征地价格和建筑租金的关系来制定;另一方面是要提高土地的利用率,实现土地社会经济价值防止浪费。

在一定的建筑密度条件下,容积率与地块的平均层数成正比;同理,在一定的层数条件下,容积率与地块建筑密度成正比。当容积率作为控制土地利用的机制来运转时,就存在楼层与空地的替换关系,即在容积率不变时高层建筑比低层建筑节约用地,从而提供更多的开放空间。在一些地方规定中,容积率计算中的总建筑面积不是全部建筑面积的总和,而是总建筑面积减去停车库、设备层以及完全向公众开放的部分之后的建筑面积。这种规定的用意是鼓励开发商注重停车场的建设,注重在建筑设计中增加开放空间。

2) 容积率的确定

从总体上来说容积率的确定与城市的许多因素有关,例如,规划区总人口、每个人的空间需求、土地的供应能力、基础设施承受能力、交通设施的运输能力和城市景观要求等。

在控制性详细规划中,合理容积率主要考虑以下因素:

(1)地块的使用性质。不同性质的用地,有不同的使用要求和特点,因而开发强度也不同,如商业、旅店和办公楼等的容积率一般高于住宅、学校、医院和剧院等。

(2)地块的区位。由于各建设用地所处区位不同,其交通条件、基础设施条件、环境条件出现差距,从而产生土地级差。这就决定了地块的土地使用强度,应根据其区位和级差地租区别确定。

(3)地块的基础设施条件。一般来说,较高的容积率需要较好的基础设施条件和自然条件作为支撑。一方面,开发强度越高,对土地的地质条件要求越高;另一方面,开发强度的提高意味着城市活动强度的增加,这必然对能源、给排水、环卫、交通等支撑设施提出更高的要求。

(4)人口容量。人口容量和容积率是紧密相关的,一般来说,较高的容积率能容纳更多的人口,则需要较好的基础设施条件和自然条件,如上海的国际金融中心地区、英国的道克兰地区等。

（5）地块的空间环境条件。即与周边空间环境的制约关系，如建筑物高度、建筑间距、建筑形态、绿化控制和联系通道等。

（6）地块的土地出让价格条件。即政府希望的价格，一般情况下，容积率与出让价格呈正比，关键在于获得使社会-经济-生态环境协调持续发展的最佳容积率。

（7）城市设计要求。将规划对城市整体面貌、重点地段、文物古迹和视线走廊等的宏观城市设计构想，通过其具体的控制原则、控制指标与控制要求等来体现，并落实到控制性详细规划多种控制性要求和土地使用强度指标上。

（8）建造方式和形体规划设计。不同建造方式和形态规划设计能得出多种开发强度的方案，如低层低密度、低层高密度、多层行列式、多层围合式、自由式、高层低密度和高层高密度，这些均对容积率的确定产生重大影响。

2. 建筑密度

建筑密度是指规划地块内各类建筑基底面积占该块用地面积的比例（图9-39）。

建筑密度=（规划地块内各类建筑基底面积之和/用地面积）×100%

与容积率概念相区别的是它注重的是建筑基底面积。反过来理解就是表示了一个地块除了建筑以外的用地所占的比例多少，规划控制其上限。建筑密度着重于平面二维的环境需求，保证一定的旷地及绿地率。

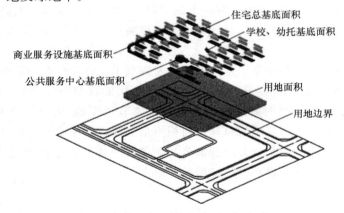

$$建筑密度=\frac{商业服务设施基底面积+公共服务中心基底面积+住宅总基底面积+学校、幼托基底面积}{用地面积}$$

图 9-39

城市建筑应保持适当的密度，这一点是十分重要的，它能确保城市的每一个部分都能在一定条件下得到最多的日照、空气和防火安全，以及最佳的土地利用强度。建筑过密造成街廊消失、空间紧缺，有的甚至损害历史保护建筑。

3. 居住人口密度

居住人口密度指单位建设用地上容纳的居住人口数，单位为人/公顷。具体表现在一块用地上，就是用该块用地的总人口除以用地面积得出的数值：

居住人口密度=（地块内的总人口数/地块的面积）×100%

确定人口密度，应根据总体规划或城市分区规划，合理确定人口容量，再进一步确定具体地块的人口密度。

4. 绿地率

绿地率指规划地块内各类绿化用地占该块用地面积的比例。

绿地率＝(地块内绿化用地总面积/地块面积)×100％。

规划控制其下限。这里的绿地包括公共绿地、组团绿地、公共服务设施所属绿地和道路绿地(道路红线内的绿地)，不包括屋顶、晒台的人工绿地，公共绿地内占地面积不大于 1％ 的雕塑、亭榭、水池等绿化小品建筑可视为绿地。

三、建筑建造控制

建筑建造控制是对建设用地上的建筑物布置和建筑物之间的群体关系做出必要的技术规定。其主要内容有建筑高度、建筑间距、建筑后退、沿路建筑高度、相邻地段的建筑规定等。

1. 建筑限高

1) 影响建筑限高的因素

经济因素和社会环境因素是建筑高度的最主要影响因素。

(1) 经济因素。建筑的建造成本由土地价格和建筑物本身的造价两部分组成，而在一定的层数内，建筑物建造的单位成本几乎不变，于是建筑层数越高，面积越大，摊到单位建筑面积上的土地成本就越少。这也是在市场利益驱动下开发商不惜一切代价、运用各种手段盖高楼的原因。

(2) 社会环境因素。建筑物的高度，需要从城市整体风貌的和谐统一入手，考虑不同地段的不同要求，考虑与周边建筑、特别是历史文化建筑的协调关系，只有这样，城市天际线才不会完全迷失在经济利益驱动下的市场浪潮里。

一般来说建筑物的高度 H 与旷地宽度 W (道路、广场、绿地、水面等)的比例关系给人的视觉心理感受如下：

$$H < 0.3W \qquad 宽阔、空旷$$
$$0.3W < H < 0.6W \qquad 亲切、宜人$$
$$H > 0.6W \qquad 高耸、压迫$$

(3) 基础设施条件的限制。例如机场周边建筑，由于飞机起飞降落安全的需要，有专门净空限制要求，其高度限制范围半径可达 20km 以上。

2) 建筑限高的确定

在考虑建筑高度的控制时，除应满足建筑日照、消防等方面的要求外，还应符合如下规定，以《上海市城市规划管理技术规定》第四十七条至第五十条为例：

(1) 在有净空高度限制的飞机场、气象台、电台和其他无线电通讯台(含微波通讯)设施周围的新建、改建建筑物，其控制高度应符合有关净空高度限制的规定。

(2) 在文物保护单位和建筑保护单位周围的建设控制地带内新建、改建建筑物，其控制高度应符合建筑和文物保护的有关规定，并按经批准的详细规划执行。尚无批准的详细规划的，应先编制城市设计或建筑设计方案，进行视线分析，提出控制高度和保护措施，经建筑和文物保护专家小组评议后核定(图 9-40)。

首先选择适当视点确定视线走廊，视点的距离要大于或等于 $3H$，因现状条件限制难以按 $3H$ 视点距离控制高度的，视点距离可适当缩小，但不得小于 $2H$。

(3) 沿城市道路两侧新建、改建建筑物的控制高度，除经批准的详细规划另有规定外，应符合下列规定：

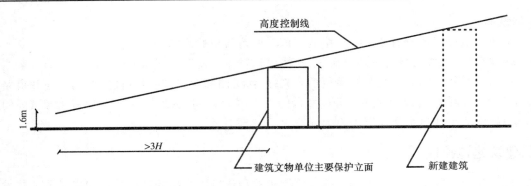

图 9-40　建筑高度控制视线分析

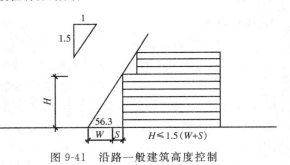

图 9-41　沿路一般建筑高度控制

　　沿路一般建筑的控制高度(H)不得超过道路红线宽度(W)加建筑后退距离(S)之和的1.5倍(图 9-41),即

$$H \leqslant 1.5(W+S)$$

　　沿路高层组合建筑的高度,按下式控制:

$$A \leqslant L(W+S)$$

式中　A——沿路高层组合建筑以 1：1.5(即56.3°)的高度角在地面上投影的总面积;

　　　　L——建筑基地沿道路规划红线的长度;

　　　　W——道路规划红线宽度;

　　　　S——建筑的后退距离;

　　　　H_1, H_2, H_3——建筑各部分实际高度(图 9-42)。

图 9-42　沿路高层组合建筑高度控制(轴测图)

2. 建筑后退

　　建筑后退指在城市建设中,建筑物相对于规划地块边界的后退距离,通常以后退距离的下

限进行控制。必要的建筑后退距离可以避免城市建设过程中产生混乱,保证必要的安全距离,保证必要的城市公共空间和良好的城市景观。

各个城市对不同情况下建筑后退均有详细的规定。一般包括建筑后退用地红线、建筑后退道路红线、建筑后退河道蓝线、建筑后退绿线、黑线、紫线等。其退让距离的确定除必须考虑消防、防汛、交通安全等方面外,还应考虑城市景观、城市公共活动空间要求等。

建筑后退的具体要求,可参考各城市的城市规划管理技术规定。

3. 建筑间距

建筑间距是两栋建筑物或构筑物之间的水平距离。建筑间距的控制是使建筑物之间保持必要的距离,满足消防、卫生、环保、工程管线和建筑保护等方面的基本要求。

除此之外,从人们居住的生理和心理健康需求考虑,建筑物之间必须保持一定的间距以满足日照、通风的要求。根据各地区的气候条件和居住卫生要求确定的,居住建筑正面向阳房间在规定的日照标准日获得的日照量,是编制居住区规划确定居住建筑间距的主要依据。一般居住建筑之间的间隔距离是采用日照间距来控制。

在实际应用中,常将 D 换算成 H 的比值,即日照间距系数,以便于根据不同建筑高度算出间距。对于非居住建筑之间、居住建筑与非居住建筑之间的间距各地方一般均有相关规定。

四、城市设计引导

1. 建筑体量、建筑形式与建筑色彩控制

1) 建筑体量

建筑体量指建筑物在空间上的体积,包括建筑的长度、宽度、高度。建筑体量一般从建筑竖向尺度、建筑横向尺度和建筑形态三方面提出控制引导要求,一般规定上限。

建筑体量的大小对于城市空间有很大的影响,同样大小的空间,被大体量的建筑围合,和被小体量的建筑围合,给人的空间感受完全不同。另一方面,建筑所处的空间环境不同,其体量大小给人的感受也不同。

以北京天安门广场上的建筑为例。天安门城楼、人民大会堂、毛主席纪念堂等建筑的体量都很巨大,但在开阔的天安门广场上没有大而不当的感觉,建筑体量与所处空间的大小有了很好的呼应。与天安门广场相连的东西长安街上的建筑体量也很巨大,这一方面是因为大体量建筑可以很好的体现北京作为国家政治中心的庄严形象,另一方面也是由于建筑要与整个北京恢弘大气的城市格局相协调(图 9-43)。

2) 建筑形式

时代进步使建筑具有了更多的外在形式,而不同的城市因其不同的城市文化特色,也会产生不同的地方建筑风格。应根据具体的城市特色、具体的地段环境风貌要求,从整体上考虑城市风貌的协调性,对建筑形式与风格进行引导与控制。

如多年前的北京,曾一度"大屋顶"盛行,不顾经济美观适用和特定的时代背景与环境,用千篇一律的大屋顶来阐释古都风貌,为城市风貌带来了诸多不协调的音符。而现在,这座古老的城市又从千篇一律走向了标新立异,CCTV 大楼、国家大剧院、鸟巢、水立方等一批现代主义建筑拔地而起,在表达着北京走向世界的愿望。

建筑形式控制的内容很多,依据规划控制的目标确定。常用的主体结构形式控制,如横三段、竖三段;屋顶形式控制,如坡顶、平顶等。例如对屋顶形式的控制中,斯特拉斯堡的无顶式大斜坡加多层老虎窗,而上海浦东陆家嘴则要求每一栋建筑的屋顶都不一样(图 9-44)。

图 9-43　天安门广场

图 9-44　上海

3）建筑色彩

色彩对于人能引起生理反应和心理反应，同时色彩也是人们对城市环境直观感受的主要要素之一，如青岛给人的印象是"青山、绿树、红瓦、蓝天、碧海"。统一协调、富于地方特色的建筑色彩令街道或地区具有动人的魅力。各种类型的建筑，都有相对适合它的建筑形式及色彩。而一个城市的色彩，要受其历史、气候、植被、文化等诸多因素的影响。如北方城市，因气候寒冷，植被颜色较单一，民风奔放，建筑色彩往往较南方艳丽。

建筑色彩一般从色调、明度和彩度上提出控制引导要求，建筑色彩的控制应分类进行，包括：① 建筑主体的色谱（如墙面、墙基、屋顶等主要颜色）；② 点缀色谱：与建筑主调相配合的建筑体的其他因素（如门、窗框、栏杆等）；③ 组合色谱：指建筑主体色谱和点缀色谱相配合的谱系。

北京市要求对城市建筑物外立面进行定期清洗粉饰，建筑物外立面粉饰主要选择以灰色调为主的复合色，以创造稳重、大气、素雅、和谐的城市环境。

2. 建筑空间组合控制

建筑群体环境的控制引导，即对由建筑实体围合成的城市空间环境及周边其他环境要求提出控制引导原则，一般通过规定建筑组群空间组合形式、开敞空间的长宽比、街道空间的高宽比和建筑轮廓线示意等达到控制城市空间环境的空间特征目的。

城市建筑群体整体空间形态可以分为封闭空间形态、半开放空间形态和全开放空间形态。不同的建筑空间组合，给人不同的空间感受。根据不同的情况和要求，建筑空间组合采用不同的形式，形成公共或私密的空间形态。

以上海宝山区罗店中心镇控制性详细规划为例（图 9-45）。罗店中心镇是上海"十五"计划重点建设的十个特色卫星城镇之一，总体定位为北欧风格，以居住用地为主，按密度将其分为几种类型不同居住形态，并分别给出建筑空间组合方式示意。

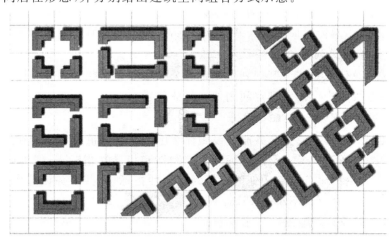

图 9-45 罗店花园城住宅类型空间组合模式

3. 建筑小品

控制性详细规划中对绿化小品、商业广告、指示标牌等街道家具和建筑小品的引导控制一般是规定其内容、位置、形式和净空限界。

例如，大同市中心区城市设计对户外设施进行了分类引导与规定，对户外广告标识的位置、色彩、净空高度、大小等进行了较为详细的规定（图 9-46）。

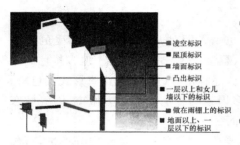

■凌空标识
■屋顶标识
■墙面标识
凸出标识
■一层以上和女儿
墙以下的标识
■做在雨棚上的标识
■地面以上、一
层以下的标识

■一般原则
• 要求建筑设计时预留标识与广告的适当位置
• 广告标识的大小、形状应与建筑形态尺度相协调
• 广告与标识的安放不遮盖建筑的特征
• 考虑标识及其支承架在不同角度时的外观、包括从地面上、附近高层建筑以及正对天际线观察时的可视性

■地面以上一层的标识
• 凸出标识体量不得大于0.5m×2.5m，标识由建筑物向外凸出的距离应符合以下图则
• 标识凸出设置，应保证人行道2.7m最小净空高度
• 沿街面底层、沿雨棚或门窗上沿的标识高度要求一致、宽度统一为0.6m

■一层以上和女儿墙以下的标识
■凸出标识
• 标识的高度应视建筑物结构而定，并且垂直方向高度不得超过三层楼层标高的高度
• 标识从建筑物向外的水平凸出距离不得超过1m

■墙面标识
• 与建筑物和街景设计相协调，不得损害建筑物的立面特征
• 应完全设在建筑物外墙上，广告标识面积不得超过立面面积的十分之一

■临时性标识及其构筑物
• 所有临时性标识及其构筑物应与永久性标识的设计和位置要求相同。但对于那些与社区重要活动有关、具有宗教或文化性质的标识应根据实际情况予以具体的考虑除有特别的规定外，临时性标识最多只允许保留2个月

■凌空标识
• 一般不宜设置凌空标识
• 在特殊情况下需要设置凌空标志时，应当不损害主体建筑物屋顶形态和中心的天际轮廓线
• 在设计时注意支撑结构（特别是从背面观察时）不破坏街道和城市轮廓线的景观

■开放空间上的标识
• 离地最大高度4米，每幅标识最大面积为2平方米
• 标识位置不影响建筑或绿化景观
• 街道上每个路段的广告灯箱形式要统一

■屋顶标识
• 屋顶标识宜用于社团标志或建筑物名称
• 屋顶标识应与建筑物和街景相协调
• 屋顶标识不得损害屋顶造型

 标识竖向设置　　 标识横向设置　　

■临时性标识　　■开放空间上的标识

图 9-46　大同市中心区城市设计

五、配套设施控制

1. 公共设施配套控制

公共设施配套一般包括文化、教育、体育、公共卫生、商业、服务业等生产生活服务设施。分为两大类，一是城市总体层面上的公共服务设施，二是不同性质用地上的公共服务设施。

1）城市总体层面上的公共服务设施配套要求

主要依据城市总体规划或分区规划所确定的公共服务设施配置要求。将上层次规划用文字规定的公共服务设施内容落实到空间用地和具体位置上。

2）居住区的公共服务设施配套要求

居住区公共服务设施在整个公共服务设施体系中占据非常重要的分量和地位。对其配置必须与居住人口规模相适应。其配建指标分为控制性和指导性指标，一般为确保公共服务设施用地的落实，各类公共服务设施用地的指标为控制性指标，公共服务设施用地（不计公共绿地）占居住区总用地的百分比不小于15%。

（1）居住区公共服务设施内容。主要包括文化设施（文化科技站、图书馆、青少年活动设施等）、体育设施、教育设施（高中、初中、小学及幼儿园）、社区卫生服务中心（门诊所、卫生站、医院）、商业设施（食品店、百货店、餐饮、中西药店、市场、便民店）、行政管理设施（街道办事处、市政管理机构、派出所）。

（2）居住区公共服务设施布局方式。居住区公共服务设施可采用集中与分散相结合的方式。集中配置的公共服务设施，可设置在居住区中心。居住区中心应安排在位置适中、交通便利、人流相对集中的地方，宜结合交通枢纽或沿居住区主要道路布置。

（3）居住区公共服务设施控制指标，见表9-5。

表 9-5　　　　　　　　　　　　居住区公共服务设施控制指标

类别	项目	居住区	小区	组团
教育	托儿所	—	▲	△
	幼儿园	—	▲	—
	小学	—	▲	—
	中学	▲	—	—
医疗卫生	医院（200～300 床）	▲	—	—
	门诊所	▲	—	—
	卫生站	—	▲	—
	护理院	△	—	—
文化体育	文化活动中心（青少年活动中心、老年活动中心）	▲	—	—
	文化活动站（含青少年、老年活动站）	—	▲	—
	居民运动场、馆	△	—	—
	居民健身设施（含老年户外活动场地）	—	▲	△
商业服务	综合食品店	▲	▲	—
	综合百货店	▲	▲	—
	餐饮	▲	▲	—
	中西药店	▲	△	—
	书店	▲	△	—
	市场	▲	△	—
	便民店	—	—	▲
	其他第三产业设施	▲	▲	—
金融邮电	银行	△	—	—
	储蓄所	—	▲	—
	电信支局	△	—	—
	邮电所	—	▲	—

续表

类别	项目	居住区	小区	组团
社区服务	社区服务中心	—	▲	—
	养老院	△	—	—
	托老所	—	△	—
	残疾人托养所	△	—	—
	治安联防站	—	—	▲
	居委会	—	—	▲
	物业管理	—	▲	—
市政公用	供热站或热交换站	△	△	△
	变电室	—	▲	△
	开闭所	▲	—	—
	路灯配电室	—	▲	—
	燃气调压站	△	△	—
	高压水泵房	—	—	△
	公共厕所	▲	▲	△
	垃圾转运站	△	△	—
	垃圾收集点	—	—	▲
	居民存车处	—	—	▲
	居民停车场、库	△	△	△
	公交始末站	△	△	—
	消防站	△	—	—
	燃料供应站	△	△	—
行政管理及其他	街道办事处	▲	—	—
	市政管理机构	▲	—	—
	派出所	▲	—	—
	其他管理用房	▲	△	—
	防空地下室	△	△	—

注:①▲为应配建项目;△为宜设置的项目;② 在国家确定的一、二类人防重点城市,应按人防有关规定配建防空地下室。

2. 市政设施配套控制

1）给水工程

在给水分区规划或给水总体规划基础上，编制城市详细规划阶段的给水规划。首先参照《城市给水工程规划规范》(GB50282—98)计算用水量。根据城市总体规划布局、规划期给水规模并结合近期建设确定加压泵站等给水设施和给水管网，其走向应沿现有或规划道路布置，并宜避开城市交通干道。管网布置必须保证供水安全，宜布置成环状。即按主要流向布置几条平行干管，其间用连通管连接。干管尽可能布置在两侧用水量较大的道路上，以减少配水管水量。平行的干管间距为 500～800m，连通管间距为 800～1000m。干管尽可能布置在高地，若城市地形高差较大时，可考虑分压供水或局部加压。

以最高日最高时各管段的计算流量为依据，计算输配水灌渠、管径，校核配水管网水量及水压，并根据实际要求选择管材。同时，参照《城镇消防站布局与技术装备配备标准》(GNJ 1—82)布置消防栓。

2）排水工程

首先分别计算污水量和雨水量，城市污水量根据《城市排水工程规划规范》(GB 50318—2000)中的相关参数确定分类污水排放系数，根据城市综合用水量（平均日）乘以城市污水排放系数进行计算；雨水量采用当地的城市暴雨强度公式或采用地理环境及气候相似的临近城市暴雨强度公式进行计算。

根据上层次规划和专项规划确定城市排水体制，并布置排水设施和排水管网。排水设施包括污水处理厂、污水泵站、雨水泵站等，污水处理厂需要根据上层次规划落实规模和布局，排水管沟断面尺寸应按规划最大流量设定。管沟平面位置和高程，应根据地形、图纸、地下水位、道路情况、原有的和规划的地下设施以及施工条件等因素综合考虑确定，必要时设置泵站。

3）供电工程

在电力分区规划或电力总体规划的基础上，编制控制性详细规划阶段的电力规划。根据《规划单位建设用地负荷指标》(GB 50293—1999)确定规划区中各类用地或人口的规划用电指标，可采用电量预测和负荷密度两种方法进行负荷预测，两种方法可以相互校核。在控制性详细规划中，电力负荷预测较为常见的方法为建设用地负荷指标法，这一方法首先确定规划区中各类用地的规划电力负荷密度指标，然后根据各类用地地块面积乘积后相加。

根据电力总体规划或分区规划所确定的供电电源的容量、数量、位置及用地，以及规划区内的电力负荷预测，确定规划区供电电源的容量、位置及用地，同时布置规划区内中压配电网或中、高压配电网，确定其变电所、开关站的容量、数量、结构形式、位置及用地。

电力线路网规划中，需要确定规划区中的中高压电力线路的路径、铺设方式及高压线走廊（或地下电缆通道）宽度。

4）通信工程

城市固定电话容量的预测基于以下指标进行：居民用户电信容量以居民户数及每户拥有的电话数；公建用地电信容量以公建用地面积或公建建筑面积；工业用地电信容量以一定面积的工业用地面积或工业建筑面积。规划区的固定电话容量为以上几方面的预测之和。

通信设施布局包括电信局所、邮政局和电台的选址布置。电信局所选址原则为：靠近计算的线路网中心；避开靠近 110kV 及以上变电站和线路的地点，避免强电对弱电的干扰；便于近局电缆两路进线和电缆管道的敷设。电信居所分枢纽局、汇接局、端局，局所规划趋向大容量、多模块。

邮政局选址要交通便利,考虑规划范围邮政支局所的分布位置、规模等,并落实涉及总体规划中上述设置的位置与规模。

电台选址应有安全、卫生、安静的环境,应考虑临近的高压电站、电气化铁道、广播电视、雷达、无线电发射台等干扰源的影响。无线电台选址中心距军事设施、机场、大型桥梁等的距离不得小于5km。天线场地边缘距主干铁路不得小于1km。

通信线路敷设方式有管道、直埋、架空、水底敷设等方式。管道宜敷设在人行道下,若在人行道下无法敷设,可敷设在非机动车道下,不宜敷设在机动车道下。

5) 燃气工程

详细规划阶段燃气负荷的计算多采用不均匀系数法,一般以小时计算流量为依据确定燃气管网及设备的通过能力。

根据燃气的年用气量指标可以估算城市年燃气用量。城镇居民生活用气量标准和供给建筑用气量标准可根据《城镇燃气设计规范》(GB 50028—2006)确定。

燃气气源选择通常在详细规划的上一层次规划编制或者燃气专项规划中确定。

城市燃气管道的压力分级直接决定了燃气设施及管网布置。城市燃气输配管网可以根据整个系统中管网的不同压力级制数量分为一级管网系统、二级管网系统、三级管网系统和混合管网系统。

城市燃气输配设施和燃气输配管网的干管布局规划主要依据上层规划所确定。管网支管沿路布置,同时燃气管网要避免与高压电缆平行敷设。

6) 供热工程

城市的热负荷主要为采暖热负荷,特别是冬季的采暖热负荷。采暖热负荷一般采用面积热指标法估算。

供热设施包括各类锅炉房、热力站、中继泵站。供热规划中布置各类供热设施的用地可参考《城市基础设施工程规划手册》。

供热按照相关规范进行热水管网、管径的估算。管网布置要尽量避开主要交通干道和繁华的街道,以免给施工和运行管理带来困难。供热管道通常敷设在道路的一边,或是敷设在人行道下面。供热管道穿越河流或大型渠道时,可随桥架设或单独设置管桥,也可采用虹吸管由河底通过。

7) 管线综合

工程管线综合规划的任务是分析各类现状及规划工程管线,解决各种工程管线平面、竖向布置时管线之间以及与道路、铁路、构筑物存在的矛盾,作出综合规划设计,用以指导各类工程管线的工程设计。主要内容包括:①确定工程管线在地下敷设时的排列顺序和工程管线间的最小水平净距、最小垂直净距;②确定城市工程管线在地下敷设时的最小覆土深度;③确定城市工程管线在架空敷设时管线及杆线的平面位置及周围建(构)筑物、道路、相邻工程管线间的最小水平净距和最小垂直净距。

编制工程管线综合规划设计时,应减少管线在道路交叉口处交叉。当工程管线竖向位置发生矛盾时,按工程设施规划相应规定进行避让处理。

8) 环卫工程

规划范围内固体废弃物一般从两方面估算,包括城市生活垃圾和工业固体废弃物。

　　规划范围内固体废弃物产量的估算有两种方法:一是人均指标法。比较世界发达国家城市生活垃圾的产量情况,我国城市生活垃圾的规划人均指标为 0.6~1.2kg,由人均指标乘以规划的人口数则可得到城市生活垃圾的总量。二是增长率法。由递增系数,利用基准年数据算得规划年的城市生活垃圾总量。

　　工业固体废物产量的估算有三种方法:一是单位产品法。即根据各行业的数据统计,得出每单位原料或产品的产废量。例如冶金工业中,单位产品每吨铁产生高炉渣 400~1000kg;每吨钢产生钢渣 150~250kg 等。二是万元产值法。根据规划的工业产值乘以每万元的工业固体废物产生系数,则得出产量。参照我国部分城市的规划指标,可选用 0.04~0.1t/万元。最好根据历年数据进行推算。三是增长率法。由上述公式计算。根据历史数据和城市产业发展规划,确定了增长率后计算。

　　环卫设施布置包括废物箱、垃圾收集点、垃圾转运站、公厕、环卫管理机构等,确定其位置、服务半径、用地、防护隔离措施。

　　9) 防灾规划

　　防灾规划主要包括消防规划、防洪规划、人防规划及抗震规划。

　　(1) 消防规划

　　确定规划范围内各种消防设施的布局及消防通道间距。

　　消防设施包括消防站和消防栓。根据《建筑设计规范》、《高层民用建筑设计防护规范》、《消防站建筑设计规范》、《城镇消防站布局与技术装备标准》等要求,消防站色设置应位于责任区的中心;位于交通便利的地点,如城市干道一侧或十字路口附近;应与医院、小学、幼托以及人流集中的建筑保持 50m 以上的距离,防止相互干扰;应确保自身的安全,与危险品或易燃易爆品的生产储运设施或单位保持 200m 以上的间距,且位于这些设施的上风向或侧风向。

　　消防栓应沿道路设置,靠近路口。当路宽大于等于 60m 时,宜双侧设置消防栓,消防栓距建筑墙体应大于 50cm;其设置间距应小于或等于 120m。

　　(2) 防洪规划

　　确定规划范围内防洪、排涝工程的布局。

　　防洪、防涝工程设施主要有防洪堤墙、排洪沟与截洪沟、防洪闸、排涝设施。

　　(3) 人防规划

　　确定规划范围内的人防设施的规模、数量、位置、配套内容、抗力等级,明确平战结合的用途。一般说来,战时留城人口数约占城市总人口数的 30%~40%。按人均 1~1.5m² 的人防工程面积标准,则可推测出城市所需的人防工程面积。按相关标准,在成片居住区内按总建筑面积的 2% 设置人防工程,或按地面建筑总投资的 6% 左右进行安排。

　　人防工程设施的布局应避开宜遭到袭击的重要军事目标,如军事基地、机场、码头等;避开易燃易爆品生产储运单位和设施,控制距离应大于 50m;避开有害液体和有毒气体贮罐,距离应大于 100m;距离人员掩蔽所距人员工作地点不宜大于 200m。

　　(4) 抗震规划

　　确定规划范围内的震时疏散通道及避震疏散场地。

　　城市内的疏散通道的宽度不应小于 15m,一般为城市主干道,通向市内疏散场地和郊外旷地,或通向长途交通设施。对于 100 万人口以上的大城市,至少应有两条以上不经过市区的过境公路,其间距应大于 20km。为保证震时房屋倒塌不致影响其他房屋和人员疏散,规定震区城市居民区与公建区的建筑间距应满足规范要求。

避震疏散场地的布局应远离火灾、爆炸和热辐射源；地势较高，不易积水；内有供水设施或易于设置临时供水设施；无崩塌、地裂与滑坡危险；易于铺设临时供电和通讯设施。

六、行为活动控制

行为活动控制是从外部环境要求出发，对建设项目就交通活动和环境保护两方面提出控制规定。其控制内容为：交通出入口方位、数量，禁止机动车出入口路段，交通运行组织规定、地块内允许通过的车辆类型，以及地块内停车泊位数量和交通组织等。环境保护的控制通过制定污染物排放标准，防止在生产建设或其他活动中产生的废气、废水、废渣、粉尘、有毒有害气体、放射性物质以及噪声、振动、电磁波辐射等对环境的污染和危害，达到环境保护的目的。

1. 交通活动控制

控制性详细规划阶段的道路及其设施控制，主要指对路网结构的深化，完善和落实总体规划、分区规划对道路交通设施和停车场（库）的控制

1）交通方式

根据地形条件、用地布局确定经济、便捷的道路系统和断面形式；符合人和车交通分行、机动车与非机动车交通分道要求。合理组织人流、货流、车流，建立高效、持续的交通系统。

2）出入口方位、数量

主要指地块内允许设置出入口的方位、位置和数量。

地块出入口方位要考虑周围道路等级及该地块的用地性质。一般规定对城市快速路不宜设置出入口，城市主干道出入口数量要求尽量少，相邻地块可合用一个出入口。城市次干道及支路出入口根据需求设定，数量一般不限制。

例：湖北省控制性详细规划编制技术规定中规定机动车出入口开设需符合以下规定：①距大中城市主干路交叉口距离，自道路红线交点起不应小于70m；②距道路交叉口过街人行道（包括引桥、引道和地铁出入口）边缘不应小于5m；③距公共交通站台边缘不应小于10m；④距公园、学校、儿童及残疾人建筑的出入口不应小于20m；⑤与立交道口关系处理及在其他特殊情况下出入口的开设应按当地规划主管部门的规定办理（图9-47）。

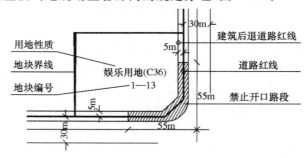

图9-47　禁止开口路段图示

3）停车泊位

规划地块内规定的停车车位数量，包括机动车车位数和非机动车车位数。

对社会停车场（库）进行定位、定量（泊位数）、定界控制；对配建停车场（库），包括大型公建项目和住宅的配套停车场（库），进行定量（泊位数）、定点（或定范围）控制。各地块内按建筑面积或使用人数必须配套建设的机动车停车泊位数。湖北省控制性详细规划编制技术规定中各项用地的停车泊位控制指标（表9-6）。

表 9-6　　　　　　　湖北省控制性详细规划编制技术规定中各项用地控制指标

用地性质	泊位数（当量小汽车）
一类住宅用地	0.5～1/户
二、三类住宅用地	0.1～0.3/户
商住楼	0.3～0.5/户
办公	0.3～0.5/100m2 建筑面积
商贸	0.2～0.3/100m2 营业面积
旅馆类	0.1～0.2/客房
餐饮类	1.5～2/100m2 营业面积
文娱类	0.1～0.3/100 座
展览馆	0.2～0.3/100m2 建筑面积
医院	0.2/100m2 门诊、住院部建筑面积
中学	5～8/所
大中专学校	0.1～0.2/100 学生

注：停车面积按室外 $25～30m^2$/车、室内 $30～35m^2$/车控制。

4）其他交通设施

主要包括大型社会停车场、公交站点停保场、轻轨站场、加油站。

公共停车场用地面积按规划城市人口每人 $0.8～1.0m^2$ 计算，其中：机动车停车场每车位用地占 $80\%～90\%$，自行车停车场用地占 $10\%～20\%$。公共停车场采用当量小汽车停车位数计算。一般地面停车场每车位按 $25～30m^2$ 计，地下停车场每车位按 $30～35m^2$ 计。公共停车场服务半径，市中心地区不应大于 $200m^2$，一般地区不应大于 $300m^2$；自行车公共停车场服务半径以 50～100m 为宜。

城市公共加油站服务半径 0.9～1.2 km，且以小型为主。

2. 环境保护规定

根据城市总体规划阶段环境保护的要求及当地环境保护部门制定的环境保护要求，提出该地区环境保护规定，主要包括：噪音振动等允许标准值、水污染物允许排放量、水污染物允许排放浓度、废气污染物允许排放浓度、固体废弃物控制等。

第10章　城市历史文化遗产保护

第1节　历史文化遗产保护意义及原则

一、历史文化遗产保护-文物与文化遗产

1. 文物与文物保护

文物是人类在历史发展过程中留存下来的遗物、遗迹。文物古迹从一定层面上反映了不同历史时期各地域的社会活动、意识形态、人与自然的关系以及生态环境状况。文物古迹的保护,对于人们认识自己的历史和创造力量,揭示人类社会发展的客观规律,认识并促进当代和未来社会的发展具有重要的意义。

按照《中华人民共和国文物保护法》(以下简称《文物保护法》)的有关条款规定,受国家保护的文物包括:①具有历史、艺术、科学价值的古文化遗址、古墓葬、古建筑、石窟寺和石刻、壁画;②与重大历史事件、革命运动有关或者具有史料价值的近代现代重要史迹、实物、代表性建筑;③历史上各时代珍贵的艺术品、工艺美术品;④历史上各时代重要的文献资料以及具有历史、艺术、科学价值的手稿和图书资料等;⑤反映历史上各时代、各民族的社会制度、社会生产、社会生活的代表性实物。此外,具有科学价值的古脊椎动物化石和古人类化石同文物一样受国家保护。

2. 文化遗产

与文物相比,文化遗产的概念与范畴有很大的拓展。文化遗产不仅包含人类历史上遗留的物质遗产(主要指文物),还包含一切与人类发展过程相关的知识、技术、习俗等无形文化资产。2005年国务院《关于加强文化遗产保护的通知》指出"文化遗产包括物质文化遗产和非物质文化遗产"。

物质文化遗产是具有历史、艺术和科学价值的文物,包括古遗址、古墓葬、古建筑、石窟寺、石刻、壁画、近代现代重要史迹及代表性建筑等不可移动文物,历史上各时代的重要实物、艺术品、文献、手稿、图书资料等可移动文物;以及在建筑样式、或与环境景色结合方面具有突出普遍价值的历史文化名城(街区、村镇)。

非物质文化遗产是指各种以非物质形态存在的与群众生活密切相关、世代相承的传统文化表现形式,包括口头传统、传统表演艺术、民俗活动和礼仪与节庆、有关自然界和宇宙的民间传统知识和实践、传统手工艺技能等,以及与上述传统文化表现形式相关的文化空间。

二、文化遗产分类的国际标准

1. 文化遗产的基本类别

1978年在莫斯科召开的第五届大会上通过的《国际古迹遗址理事会章程》第三条中,对城市文化遗产的主要类别作出了如下定义:"古迹/纪念物"、"建筑群"和"遗址/场所"。但不包括:①存放在古迹内的博物馆藏品;②博物馆保存的,或考古、历史遗址博物馆展出的考古藏品;③露天博物馆。

2. 历史文化遗产类型的扩展

在国际保护领域,近年来文化遗产的保护理念得到进一步的拓展。保护对象由遗产本体扩展到周边环境、遗产廊道、文化景观,遗产类型由静态向动态扩展,保护范围形态由点、线、面,扩展到遗产区域。

以下为联合国教科文组织等国际机构对物质形态相关主要文化遗产类型的定义。

(1) 建筑遗产。建筑遗产不仅包括品质超群的单体建筑及其周边环境,而且包括城镇或乡村的所有具有历史和文化意义的地区。建筑遗产的保护应该成为城市和区域规划不可缺少的部分。区域规划政策必须考虑建筑遗产的保护,并有利于保护。而且,建筑遗产保护可为经济衰退地区带来新的活力,可以遏制旧区人口减少,并阻止旧建筑衰败和资源浪费。

(2) 乡土建筑遗产。乡土建筑是社区自己建造房屋的一种传统的和自然的方式。为了对社会和环境的约束作出反应,乡土建筑包含必要的变化和不断适应的连续过程。乡土建筑遗产在人类的情感和自豪中占有重要的地位。它已经被公认为有特征和有魅力的社会产物。乡土建筑环境看起来是不拘于形式的,但却是有秩序的;它是功能性的,同时又是有魅力和趣味的;它是那个时代生活的聚焦点,同时又是社会史的记录;它是人类的作品,也是时代的创造物。如果不重视保存这些组成人类自身生活核心的传统文化形态,将无法体现人类遗产的价值。

(3) 产业遗产。产业遗产是指近代工业革命以来的文明遗存,它们具有历史的、科技的、社会的、建筑的或科学的价值。这些遗产包括建筑,机械,车间,工厂、选矿和冶炼的矿场、矿区,货栈仓库,能源生产、输送和利用的场所,运输及基础设施,以及与产业活动相关的社会活动场所,如住宅、宗教和教育设施等。

(4) 文化景观。文化景观是人和自然共同的作品,是人与所在自然环境多样的互动,具有丰富的形式。对文化景观的保护有利于永续的土地利用,有利于生物多样性的保护。文化景观根据其特征分为三类:人类主动设计的景观,包括庭院和公园等,美学和使用往往是其重要的建造原因,这些景观有时会和宗教或其他古迹关联;有机进化的景观,是人类社会、经济、管理、宗教作用形成的结果,是对其所在自然环境顺应和适应的结果;关联和联想的文化景观,其重点在于自然元素在宗教、艺术和文化上的强烈练习,而文化上的物质实证退居到次要地位。

(5) 文化线路。文化线路是一种陆上道路、水路或者混合类型的通道,其形态特征的定型和形成基于它自身的动态发展和功能演变。它展示了人类迁徙和交流的特殊文化现象,代表了一定时间内国家和地区内部或国家和地区之间人的交往和文化传播。文化线路提出了一个新的保护规范,认为遗产的保护应该超越地域的界限,综合考虑遗产的价值,反映了认同文化遗产背景环境和相关区域整体价值重要性的趋势。

(6) 20 世纪遗产。20 世纪遗产主要指产生于 20 世纪、年代不甚久远(如不足 50 年历史)的建筑、建成环境和文化景观。它包括所有样式和功能的建筑、新建筑、乡土建筑、再利用建筑实例,城市集合体邻里小区、新城城市公园、庭院和景观、艺术作品、家具、室内设计或大型工业设计、土木工程、道路、桥梁、水利设施、港口工业、综合体纪念性场所,以及建筑档案、文献资料等。在考虑 20 世纪遗产的建构时应考虑到遗产的动态概念,必须注意到永续发展框架下的当前和未来的生活,这一概念还需要以社区的普遍期望为基础进行项目评定,特别关注人居环境、经济活动和文化生活。

三、文化遗产保护的基本原则

1. 原真性

在文化遗产的保护原则方面,世界遗产委员会认为:原真性是定义、评估、监控世界文化遗产的基本原则,这已在国际文化保护领域达成广泛的共识。

文物古迹和历史环境不仅提供直观的外表和建筑形式的信息,同时又是历史信息的物化载体,历史信息包括今天尚未认识、而于明天可能被认识的文化和科技信息。文物古迹和历史环境是不可再生的文化资源,因而保护是第一位的,必须切实保护。在一些历史城市中,把重建、仿造古建筑、仿古街等当做一种保护方式,实际是对文化遗产保护的误解。这些城市新建的仿古建筑和"明清街",并不含有任何真实的历史信息,却给人造成错觉,甚至会产生"以假乱真"的负面效果,冲淡和影响对历史名城中历史遗存的保护。

在城乡建设发展进程中,要采取必要的措施确保对历史建筑以及周边环境尽可能少的改变,必须寻求适当、协调的新用途,或者按最初的目的继续使用它们。无论如何,文化遗产易于识别的历史品质或固有特征不应改变或受到威胁,所有的历史将作为它们那个时代的产物而能够被识别,这是历史保护的基本要求。

2. 完整性

"环境"是指对历史地区动态或静态的景观发生影响的自然或人工背景,或者是在空间上有直接联系或通过社会、经济和文化的纽带相联系的自然的或人工的背景。

众所周知,任何历史遗存与其周围的环境同时存在,失去了原有环境,就会影响对其历史信息的正确理解。从这一意义上讲,原真性也可以说是描述场所、建筑或活动与其原型相比较的相对完整的概念。遗憾的是多年来只有一些主要的纪念性建筑得以保护和修缮,而纪念物的周边环境则被忽视了,周边环境一旦遭到削弱,纪念物的许多特征将会丧失,文物古迹的历史价值或纪念意义也将在一定程度上受损。

3. 永续性

保护是指对历史建筑、传统民居和历史街区等文化遗产及其景观环境的改善、修复和控制,即为降低文化遗产和历史环境衰败的速度而对变化进行的动态管理。

永续性原则要求我们认识到遗产保护的长期性和连续性,随着对文化遗产及所包含的信息、价值的认识的提高,文化遗产已被视为社会持续发展不可再生的战略资源。而文化遗产所承载的文化与社会意义也更加普遍、更加深刻,与当今社会的关联程度更为密切,与其有关的知识、信息的传播讨论以及对其保护利用的社会参与也将更为普遍。

四、城市文化遗产保护的意义

1. 文化遗产是城市历史的见证与记忆

城市是人类社会物质文明和精神文明的结晶,也是一种文化现象。城市既是历史文化的载体,又是社会经济的文化景观。保持城镇景观的连续性,保护乡土建筑的地方特色,保存街巷空间的记忆,是人类文明发展的需要,是永续发展的具体行动。

文化遗产是城市历史的见证,保护城市遗产就是保护城市的文化记忆。城市的发展演变过程犹如人的成长历程,有其诞生、发展、消亡的过程,而文化遗产反映了城市发展的历史过程,这些文化遗产既包括体现不同时期特有风貌的地上不可移动文物及建筑,也包括遗留于地下反映不同时代人们生活足迹的遗迹和遗物。

随着经济全球化和现代化进程的加快,我国的文化生态正在发生巨大变化,文化遗产及其生存环境受到严重威胁。不少历史文化名城、历史文化街区、古镇、古村落、古建筑、古遗址及风景名胜区整体风貌遭到破坏。由于过度开发和不合理利用,许多重要文化遗产正在消亡。在文化遗产相对丰富的少数民族聚居地区由于人们生活环境和条件的变迁,民族或区域文化特色消失加快。因此,加强文化遗产保护刻不容缓。

2. 文化遗产是城市发展的资源

　　文化遗产是人类文明的结晶,是人类共有的财富。文化遗产又是不可再生的社会资本。保护文化遗产被认为是社会文明进步的标志。

　　在永续发展理论的演进过程中,人们对"资源"的认识不再局限于自然资源,而是包含文化资产、景观资源、人类资本在内的更为完整的构成。文物古迹、历史建筑、历史街区等文化遗产资源,具有多方面的资源效应,在城市形象宣传、乡土情结的维系、文化身份的认同、和谐人居环境的构建等多方面具有综合性价值。

3. 文化遗产保护是塑造城市特色的基础

　　城市特色是指一座城市的内涵和外在表现明显区别于其他城市的个性特征。城市特色是一种具有生命力的东西,是一座城市区别于他城市的可识别、可认知的重要标志形象。一座现代化的城市除了要有时代气息外,更要传承地方文化传统。保护城市文化遗产,对于维护和塑造城市特色有着更加迫切现实的意义。

　　不能以城市现代化的名义重塑城市物质环境,甚至破坏历史环境从而导致城市特色的丧失和地域文化的衰减。

第 2 节　城市历史文化遗产的保护历程

一、国外城市文化遗产保护的概括

1. 城市遗产保护的开端

　　希腊通过立法进行保护开展较早,1834 年有了第一部保护古迹的法律。

　　英国 1882 年颁布了《古纪念物法》,1900 年颁布第二部《古纪念物法》扩大了古迹的保护对象,1953 年颁布了《历史建筑与古纪念物法》。

　　法国 1887 年颁布了《历史纪念物法》,1913 年颁布新的《历史纪念物法》,1930 年颁布了《景观地法》,1943 年制定了《历史纪念物周边环境法》。

　　日本 1897 年制定了《古社寺保存法》,1919 年制定了《史迹名胜天然纪念物保存法》,1929 年制定了《国宝保存法》,1950 年整合上述三项法律制定了综合性保护大法《文化财保护法》。

　　美国 1906 年制定了《古物保护法》,1935 年颁布了《历史古迹和建筑法》。

2. 欧美日发达国家城市文化遗产保护概况

　　欧洲城市遗产保护概况:欧洲的文化遗产保护脱胎于纪念物保护,但其后的演变已远远超越了历史建筑的范畴。不仅保护的对象不断扩展,而且保护的对策也变得更为多样与成熟。历史保护已成为城市政府的发展政策,城市规划的重要价值取向。保护已从纯粹纪念物性关注走向规划意义上的关注,从物质形态的转为在一个更大的系统内寻找对策(这个系统涉及经济、社会、环境、生态等诸多的领域)。历史保护也由处于边缘地位而成长为一门有着相当独立性和综合性的、日益科学化的学科分支,并被纳入各国的立法、教育、城市建设与规划的政策体系中。保护工作由少数专家的呼吁、支持,演变为全体民众参与的保护运动。

　　美国历史保护的概况:美国早期的历史保护是跟爱国主义有关的。美国是一个移民社会,需要用它的历史、它的古迹来团结人民。籍由保护文物古迹让一般民众认同美国开国的精神以及美国的生活方式。1906 年,颁布《古物保护法》,1916 年成立国家公园管理局,管理国家公园内的古迹和历史资源。1935年颁布《历史古迹和减柱法》,1966年颁布《国家历史保护法》,奠定了美国历史环境保护的基石。

日本历史环境保护概况:1950年制定的《文化财保护法》奠定了历史文化保护的基石。1966年颁布《关于位于古都的历史风土保存的特别措施法》1975年和1996年对《文化财保护法》进行了修订。

二、《保护世界文化和自然遗产公约》

1. 公约的缔结

第二次世界大战结束之后,迅猛如潮的现代化进程给人类的居住环境和文化遗产带来了巨大的压力和破坏。为了使物质文明的进步与环境保护相协调,为了全人类的永续发展,联合国教科文成员组织于1972年倡导并缔结了《保护世界文化和自然遗产公约》(简称《世界遗产公约》)。

公约的宗旨是"建立一个依据现代科学方法制定的永久有效的制度,共同保护具有突出普遍价值的文化和自然遗产"。强调"缔约国本国领土内的文化和自然遗产的确认、保护、保存、展出和移交给后代,主要是该国的责任"。公约规定设立世界遗产委员会,并由该委员会公布《世界遗产名录》和《濒危世界遗产名录》。世界遗产的登录工作并不是一种单纯的学术活动,而是一项具有司法性、技术性和实用性的国际任务,其目的是动员世界各国人民团结一致,积极保护人类共同的文化遗产和自然遗产。

2. 文化遗产和自然遗产

世界遗产公约指出,以下各项被视为文化遗产。

纪念物:从历史、艺术或科学角度看,具有突出的普遍价值的建筑物、雕刻和绘画,具有考古意义的素材或遗构、铭文、洞窟以及其他有特征的组合体。

建筑群:从历史、艺术或科学角度看,在景观的建筑样式、同一性、场所性方面具有突出的价值,由独立的或有关联的建筑物组成的建筑群。

古迹遗址:从历史、美学、人种学或人类学角度看,具有突出的价值的人工物或人与自然的共同创造物和地区(包括考古遗址)。

自然遗产包括以下各项:

从美学或科学的角度看,具有突出价值的由自然和生物结构或这类结构群所组成的自然面貌。

从科学或保护的角度看,具有突出价值的地质、自然地理结构以及明确划定过的濒临危机的动植物物种生境区。

从科学、保护或自然美的角度看,具有突出的普遍价值的天然名胜或明确划定的自然区域。

三、《雅典宪章》、《威尼斯宪章》及其后的发展

1. 雅典宪章

1931年10月,第一届历史建筑物建筑师及技师国际会议在雅典召开,来自23个国家的代表出席会议,会议通过了《关于历史性纪念物修复的雅典宪章》,简称《雅典宪章》。

通过创立一个定期持久的保护体系,有计划地保护古建筑,摒弃整体重建的做法。提出尊重历史和艺术作品,在不排斥任何一种历史风格的前提下对历史纪念物进行修缮。赞成谨慎地利用现代技术资源,强调这样的工作应尽可能隐蔽,使修复后的纪念物保持原有的外观和特

征,所使用的新材料可以识别。保护历史纪念物周围环境。

1933 年,国际现代建筑协会(CIAM)第四次会议通过了另一份《雅典宪章》,其中针对历史遗产也提出了相应的建议。

2. 威尼斯宪章

1964 年 5 月,在意大利威尼斯举行了第二届历史纪念物建筑师及技师国际会议,会议通过了《国际古迹保护与修复宪章》,简称《威尼斯宪章》。面对社会发展的复杂化和多样化,威尼斯宪章对 1931 年的雅典宪章进行了重新审阅和修订,它更多地关注于历史性纪念物保护的原真性和整体性,宪章明确"世世代代人民的历史古迹,饱含着过去岁月的信息留存,成为人们古老的活的见证,传递他们真实性的全部信息是我们的职责"。

《威尼斯宪章》强调的古迹保护意味着对一定范围环境的保护。凡是现存的传统环境必须予以保存,决不允许任何导致群体和色彩关系改变的新建、拆除或改动行为。

宪章针对第二次世界大战后欧洲在保护中过分强调风格修复所带来的问题,强调指出"修复过程是一个高度专业性的工作,其目的在于保存和展示古迹的美学与历史价值,并以尊重原始材料和确凿文献为依据。一旦出现臆测,必须立即予以停止。此外,任何不可避免的添加都必须与该建筑的构成有所区别,并且必须看得出是当代的东西。无论在任何情况下,修复之前及之后必须对古迹进行考古及历史研究。

威尼斯宪章已成为联合国教科文组织处理国际文化遗产事物的准则,评估世界文化遗产的主要参照基准。

3. 其后的发展

1976 年 10 月联合国教科文组织第十九届会议在内罗毕通过了《关于历史地区的保护及其当代作用的建议》(简称《内罗毕建议》)。

1981 年 5 月国际古迹遗址理事会与国际风景园林师联合会共同设立的国际历史园林委员会在佛罗伦萨召开会议,起草了一份历史园林与景观保护宪章,即《佛罗伦萨宪章》。其于1982 年由国际古迹遗址理事会登记采纳,作为《威尼斯宪章》的附件。

受《内罗毕建议》的影响,1987 年,国际古迹遗址理事会通过了《保护历史城镇与城区宪章》,即《华盛顿宪章》。它虽然只是针对保护历史城镇与街区而写的,却是总结了《威尼斯宪章》后二十多年科学成果的一份集大成的文件,作为威尼斯宪章的重要补充,详细规定了保护历史城镇和城区的原则、目标和方法,对历史城市保护具有重要指导意义。

第 3 节　中国历史文化遗产保护的法律制度

一、新中国以前近现代文化遗产保护历程

1. 清末的规章与制度

我国现代意义上的文物保护立法始于 20 世纪初。光绪三十二年(1906 年),清政府设立民政部,拟定《保存古物推广办法》,并通令各省执行。

光绪三十四年(1908 年)颁布《城镇乡地方自治章程》,将"保存古迹"与"救贫事业、贫民工艺、救生会、救火会"等作为"城镇乡之善举",列为城镇乡的"自治事宜"。这是我国历史上最早涉及古物、古迹保存的法律。

2. 民国时期的规章与法律

民国五年(1916 年 3 月),北洋政府内务部颁发《为切实保存前代文物古迹致各省民政长

训令》。同年 10 月,该部又颁发《保存古物暂行办法》,要求各地对待古物应"一面认真调查,一面切实保管"。

民国十七年(1928 年 9 月),南京国民政府内政部颁布《名胜古迹古物保存条例》,同年设立中央古物保管委员会。

民国十九年(1930 年 6 月 2 日),国民政府颁布《古物保存法》,明确在考古学、历史学、古生物学等方面有价值的古物为保护对象。

1931 年 7 月 3 日,颁布《古物保存法施行细则》,1932 年国民政府设立中央古物保管委员会,并制定了《中央古物保管委员会组织条例》。

当时的中央古物保管委员会在文物保护方面做了一些有益的工作,但由于时局动荡,没有形成长期稳定的管理机制,地方政府也没有设置相应的文物管理机构,保护法规很难执行,大量文物仍处于管理不善的状况。

二、新中国文物保护制度的发展

1. 建国后三十年的规章与制度

从 1950 年起,针对战争造成的大量文物破坏及流失现象,中央人民政府通过颁布有关法令、法规、设置中央和地方管理机构等一系列措施,加强了对文物古迹的保护管理。

1961 年 3 月 4 日国务院发布《文物保护管理暂行条例》以及《关于进一步加强文物保护和管理工作的指示》。

1963 年,文化部颁布《文物保护单位保护管理暂行办法》、《革命纪念建筑、古建筑、石窟寺修缮暂行管理办法》。

1964 年国务院批准《古遗址、古墓葬调查、发掘暂行管理办法》,对《文物保护管理暂行条例》作了补充和完善。

这些法规的起步建设,标志着我国文物保护制度的基本创立。

始于 1966 年的"文化大革命",使刚刚建立起的国家文物保护制度遭到毁灭性的破坏,以"破四旧"为代表的一系列革命运动,使文物古迹遭受了前所未有的、广泛的人为破坏,以致形成了一种忽视传统文化的"破旧立新"的社会倾向,在今后的岁月中产生了不良影响。

直到 1970 年代中期,文物保护工作才得以逐步恢复。1979 年颁布的《中华人民共和国刑法》第 173 条、第 174 条制定了对违反文化保护法规者追究刑事责任的条款。

1980 年,国务院批转国家文物局、建委《关于加强古建筑和文物古迹保护管理工作的请示报告》,发布《关于加强历史文物保护工作的通知》等重要文件。

2. 《文物保护法》

1982 年 11 月 19 日全国人大常委会第 25 次会议通过的《中华人民共和国文物保护法》,奠定了国家文物保护法律制度的基础,标志着我国文物保护制度的创立。

《文物保护法》将文物分为古文化遗址、古墓葬、古建筑、石窟寺、石刻,历史纪念物,艺术品、工艺美术品,文献资料,各类代表性实物等五大类。在建立文物保护基本制度外,开始注意到文物古迹与周边环境的关系,规定对文物保护单位,由各级行政单位划定必要的保护范围,作出标志说明。根据保护文物的实际需要,可以在文物保护单位的周围划出一定的建设控制地带。这部法律,对加强文物保护工作起了重要作用。

2002 年修订后的《文物保护法》,条款较 1982 年有大幅度的增加。在内容上是一次全面深入的修改和完善。在保留 1982 年《文物保护法》基本原则和规制的基础上,对其内容作了大幅度修改,使其更符合文物工作与社会经济发展的实际要求,更具有可操作性。

三、历史文化名城制度和保护规划

1. 制度建设

1982 年 2 月,国务院转批国家建委、城建总局、文物局《关于保护我国历史文化名城的请示的通知》,公布了北京等 24 座城市为首批国家历史文化名城,标志着历史文化名城制度正式启动。1986 年 12 月又公布了上海等第二批 38 座国家历史文化名城,1994 年 1 月再次公布了第三批哈尔滨等 37 座国家历史文化名城。2001 年增补河北山海关和湖南凤凰、2004 年增补河南濮阳、2005 年增补安徽安庆为国家历史文化名城,2007 年增补山东泰安、海南海口、浙江金华、安徽绩溪、新疆吐鲁番和特克斯、江苏无锡,2009 年 1 月增补江苏南通为国家历史文化名城。至此,国家历史文化名城总数累计达 110 个。

2002 年修订的《文物保护法》增设了历史文化街区保护制度,规定"保存文物特别丰富并且具有重大历史价值或者革命纪念意义的城镇、街道、村庄,由省、自治区、直辖市人民政府核定公布为历史文化街区、村镇,并报国务院备案"(第十四条)。

2008 年 4 月,国务院公布了《历史文化名城名镇名村保护条例》(以下简称《名城保护条例》),2008 年 7 月 1 日起执行,条例共 6 章 48 条。条例的制定旨在加强历史文化名城、名镇、名村的保护与管理,继承中华民族优秀文化遗产,正确处理经济发展和文化遗产保护的关系。

《名城保护条例》明确规定历史文化名城、名镇、名村应当整体保护,应当遵循科学规划、严格保护的原则,保持和延续其传统格局和历史风貌,不得改变与其相互依存的自然景观和环境。在保护范围内的建设活动应当符合保护规划,不得损害文化遗产的真实性和完整性,不得对其传统格局和历史风貌造成破坏性影响。

从 1980 年代初至今,历史文化名城保护制度经过近 30 年的发展,从规划、立法、管理、学术研究及人才培养等多方面不断发展与完善,在理论和实践方面积累一些富有中国特色的保护经验。

2. 历史文化名城保护规划

1)申报历史文化名城的条件

《名城保护条例》第七条明确了申报国家历史文化名城、名镇、名村的条件,具体为:保存文物特别丰富;历史建筑集中成片;保留着传统格局和历史风貌;历史上曾经作为政治、经济、文化、交通中心或者军事要地,或者发生过重要历史事件,或者其传统产业、历史上建设的重大工程对本地区的发展产生过重要影响,或者能够集中反映本地区建筑的文化特色、民族特色。

而且,申报历史文化名城的,在所申报的历史文化名城保护范围内还应当有两个以上的历史文化街区。

2)历史名城保护规划的内容

2005 年 7 月 15 日发布、2005 年 10 月 1 日实施的国家标准《历史文化名城保护规划规范》(GB 50357—2005),是为确保我国文化遗产得到切实的保护,使文化遗产的保护规划及其实施管理工作科学、合理、有效进行,制定的适用于历史文化名城、历史文化街区和文物保护单位的保护规划的技术性规范。该规范为名城保护规划的编制修订以及名城保护规划的审批工作提供了依据。对确保保护规划的科学合理和可操作性,对各地制订相应的保护政策和实施措施,具有规范指导作用。

保护规划的主要内容包括:制订历史文化名城的保护原则、保护内容和保护重点;合理确定

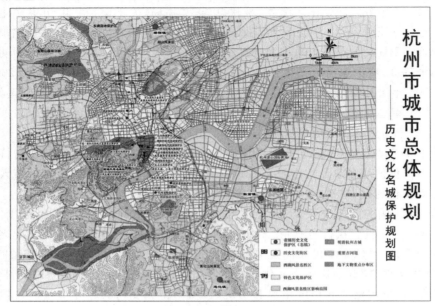

历史城区的保护范围,制订保持、延续古城格局和传统风貌的总体策略与保护措施;合理规定历史文化街区的核心保护范围和建设控制地带制订相应的保护措施、开发强度和建设控制要求;确认需要保护的传统民居、近现代建筑等历史建筑;制订保护规划分期实施方案,确定对影响名城历史风貌实施整治的重点地段,包括需要整治、改造的建筑、街巷和地区等(图 10-1)。

图 10-1 杭州市城市总体规划

3)城市历史环境的整体保护

城市历史环境的整体保护侧重于历史性景观的保护,它包含历史城区空间格局的保护、城市布局的适度调整和历史城区周边环境的控制等内容。

在城市空间布局层面处理城市发展与城市文化遗产保护关系的方式有两种,即开辟新区和新旧相融并存。

开辟新区或在历史城区以外进行新的建设,以减轻历史城区的压力,是当前协调城市文化遗产保护与城市发展的一种方式,是一种希望避免保护与发展相冲突的战略性规划。如我国苏州城区东侧的工业园区和西侧的开发区。

将新的建筑形态和城市空间融入原有的城市空间格局中,以求整个城市在形态和功能的新旧交替中得到发展,则是一种新旧并存的城市发展战略,如法国巴黎的中心城区、德国的慕尼黑和中国的北京旧城等。这种以新旧并存的方式处理城市保护与发展关系的做法,应该基于这样一种观念,即在保持城市纹理的连续性和逻辑性的前提下,考虑介入现代城市要素的协调性。新旧并存是一种有利于保持城市发展整体性和历史城区持续发展的城市发展战略,它的意义不仅在于空间景观方面,还在于城市内部机能的协调发展。

3. 历史文化街区保护规划

1)历史文化街区的基本特征

历史文化街区,是指保存文物特别丰富,历史建筑集中成片、能够较完整和真实地体现传统格局和历史风貌,并具有一定规模的区域。历史文化街区是历史文化名城特色与风貌的重要组成部分,历史文化街区的保护是为了在整体上保持和延续名城传统风貌。2002 年修订的

《文物保护法》采用"历史文化街区"这一专有名词,历史文化保护区、历史街区等名词被逐步取代。2008 年 8 月 1 日施行的《历史文化名城名镇名村保护条例》进一步强调了历史文化街区在历史名城中的地位和作用,并对历史文化街区整体保护提出了控制要求,对历史文化街区保护制度的建设与完善将起到积极的作用。

历史文化街区是以保存着真实的历史信息的物质环境为主体构成的,以保存有一定数量和比重的历史建筑为基本特征,历史建、构筑物是构成历史文化街区整体方面的主体要素。历史文化街区内的历史建筑和历史环境要素可以是不同时代的,但必须是真实的历史实物,而不是重建和仿造的建筑。

一般情况下,城市的历史文化街区应具有以下基本特征:

保留有一定比例的真实历史遗存物,携带着真实的历史信息。反映历史风貌的建筑、街巷等是历史原物,而不是仿古建造。整个地区内会有一些后代改动的建筑存在,但所占比例较少且与历史风貌几百年协调。

具有较完整的历史风貌,能反映某历史时期某一民族及某个地方的鲜明特色,在该地区的历史文化上占有重要地位。代表这一地区历史发展脉络和集中反映地区特色的建筑群,其中或许每一座建筑都达不到文物的等级标准,但从整体环境上看,却具有完整而鲜明的风貌特征,是这一地区的历史见证。

历史文化街区应在城镇生活中仍起着重要的作用,是生生不息的、具有活力的生活社区,这就决定了历史文化街区不但记载了过去城市的大量文化信息,而且还不断并继续记载着当今城市发展的新信息。历史文化街区不仅包括有形的建筑物及构筑物,还包括蕴含其中的无形文化资产,如世代生活在这一地区的人们所形成的价值观念、生活方式、组织结构、风俗习惯等,从某种意义上讲,无形文化资产更能表现历史文化街区特殊的文化价值。

2)历史文化街区的范围划定

历史文化街区的范围划定应遵守以下原则:一是保护历史的真实性,要尽可能多地保护真实的历史遗存,对历史建筑积极维护、修缮,不要因其破旧认为没有使用价值而拆毁,也不可将仿古造假当成保护的手段;二是维护风貌的完整性,要保存整体的环境风貌,不但包括建筑物,还包括街巷、古树、小桥、院墙、河溪、驳岸等构成环境风貌的各类因素;三是保持生活的延续性,应改善居住环境条件让居民能够继续在此居住生活,应尽可能维持原有的功能或植入适当的新的功能,促进地区的经济复兴。

3)历史文化街区的保护内容

历史文化街区的保护内容包括建筑,街巷的公共和半公共空间及其界面,私密和半私密性院落,围墙、门楼、过街楼、牌坊、植物、铺地、河道和水体等构成历史风貌特色的物质要素。一般可归纳为建筑保护、街巷格局、空间肌理及景观界面保持等三方面的内容。

(1)历史建筑在历史文化街区中,有两类建筑需要重点保护,一类是必须保护的各级文物保护单位,它们必须符合文物保护单位的保护要求;另一类是反映地区历史风貌和地方特色的建筑。后一类保护建筑的数量在历史文化街区中占绝大多数,它们的保护应该结合居民生活的改善进行,以保持地段的生活活力。

对后一类建筑的保护方式一般概括为整体保存和局部保存两种。整体保存是指在不改变被保护建筑原有特征的基础上,对建筑的外观和内部进行修缮、整治,对建筑整体结构进行加固,对损坏部分进行修复。局部保存是指保留被保护建筑中体现历史风貌的最主要要素,如立面、屋顶、墙面材料和建筑构件等。针对不同的情况保留部分要素,并对保留的部分进行修缮,同时对建筑进行不改变原有形象特征的改建(图10-2)。

(2) 街巷格局保持街巷的格局应该考虑街巷布局与形态、街巷功能和街巷空间及景观三个基本方面。街巷的布局与形态主要包含街巷网络的平面布局特征、主次街巷的相互连接关系、街巷的分级体系和街巷空间的层次关系。

(3) 空间肌理及景观界面空间肌理及景观界面是体现一个城市风貌特征的重要部分,也是组成城市纹理的重要要素,两者是相辅相成的。空间肌理由城市各个层次的空间关系与形态、各种空间在城市空间肌理及城市生活中地位与作用以及其中的活动等要素构成。

通常情况下,历史文化街区的空间肌理应该予以保持,重要的开放空间和有特征的景观界面应该予以保护,重点在于空间功能和形态、空间联系的结构关系和界面的景观特征的保持。因而,空间肌理和景观界面的保持往往结合建筑保护进行。

4. 历史文化街区的整治工程

1) 景观环境的整合

对历史文化街区现有的建筑环境进行整治,使历史文化街区的新建和改建建筑与现有的景观整体协调,是历史文化街区建筑环境整合的主要工作。在历史文化街区中,并不是所有的建筑都需要保护,对历史文化街区中现存的各类不合理建、构筑物,包括不符合卫生要求的、不符合消防要求的和不符合景观要求的新旧建筑物和临建、搭建物,应根据不同情况对其采取拆、改、补的方法,使地段的整体景观特征得以充分体现。

历史文化街区和城市的其他地区一样都有新建和改建的需要。历史文化街区的新建和改建建筑应该与现有的建筑尺度相适应,如开间、柱距、层高、高度、面宽和体量等,并在色彩、材料、工艺和形式等方面考虑与现存环境的关系。

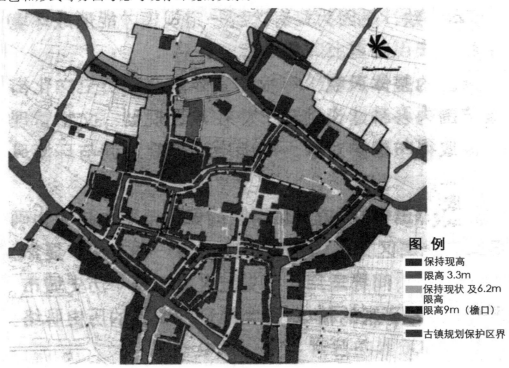

图 10-2　江苏同里历史文化名镇中心区建筑保护规划图

一些在历史上十分重要的、对地区或民族文化具有象征性意义的，同时也对考古、科学研究和建筑艺术有重要价值的建、构筑物，由于各种原因现在已经（或基本）被毁，在确实需要且条件允许的情况下可以考虑重建。重建必须在有完整的历史资料和科学研究分析的基础上进行。

2）基础设施的改造

历史文化街区的基础设施一般较差，就目前的情况而言，我国绝大部分的历史文化街区仍没有良好的排水设施，整个地段管网陈旧、路面破损、积水、雨污合流、电线架空、基础设施不符合基本的规范，普遍存在安全隐患。

历史文化街区基础设施的改造包括供水、供电、排水、供气和取暖等管网，垃圾收集清理，道路路面等街区市政基础设施的改造和完善。

历史文化街区需要保护的居住建筑，其平面布局及内部设施均已陈旧，厨卫设施相当简陋，与现代生活要求不相适应，因此需要对其在平面布局和内部设施方面进行改造，以满足现代生活的需求。建筑物内部的改造，应以不破坏建筑外观的风貌特征和内部的结构特征为原则，重新分割平面，更替与添置设备，对室内环境做适度装修（图10-3）。

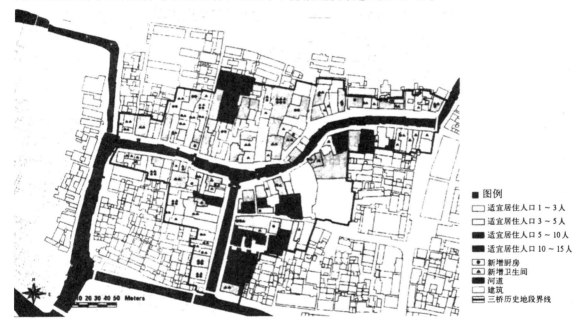

图 10-3　江苏同里历史文化名镇中心区居住人口及厨卫设施规划图

3）居住环境的改善

居住环境的改善除了建筑物内部的改造外，从城市规划的角度还包括居住人口规模的调整和户外居住环境质量的提高。

保持适当的居住人口是历史文化街区维持生存活力的基本条件。过密或过疏的人口密度既不利于保护也不利于城市发展。对居住人口密度过大的历史文化街区，由于在历史文化街区中不可能依靠增加大量新的建筑面积来使该地段的居民达到舒适的居住面积标准和户外环境标准，因此应适当减少居住人口，调整居民结构，迁走一定比例的住户，同时拆除搭建建筑和少量无价值的破损建筑，增加绿地与空地，以保护仍居住在历史文化街区的居民达到一定标准的居住质量。而对居住人口密度太低的历史文化街区,则应该考虑如何吸引居民来此居住、工作和消费,恢复历史文化街区的活力。

4）土地使用的调整

历史文化街区土地使用调整一般有四种途径:保持现有用途,恢复历史用途,部分纳入其他用途和改为新的用途。保持现有用途和恢复历史用途一般常用在以居住用途为主的历史文化街区的保护规划中。在通常情况下,由于城市的发展,历史文化街区的用途或多或少都需要有所改变,在历史文化街区中纳入新的用途是必要的,当然纳入新用途的规模需要有所限制。历史文化街区的主体功能一般不宜改变,除非原有用途已经完全不适应现在的要求,才采用完全改变为新用途的做法。无论采取何种方式,将历史文化街区完全转变为博物馆式的游览景区是不可取的。

5）地段交通的组织

在一些人口密集、交通拥挤的历史文化街区,交通工具的改变常使原来的街巷无法适应。解决这一问题的原则是疏导交通,在满足居民对现代化交通需求和保持历史文化街区的历史文化环境特征之间寻求平衡。一般采取的解决方案是最大限度地将交通疏导到历史文化街区的外围,或是在街区内利用现有街巷组织单向交通,或是两种措施并用,以保持历史文化街区的空间景观特征。一般不主张采用拓宽原有街巷、开辟新的道路和新建停车场的做法来解决交通问题。

5. 历史建筑的利用原则与方式

在严格遵循文物保护或历史建筑保护要求的前提下,妥善合理地利用文物建筑或历史建筑,是保护并使其传之久远的一个好方法,它不仅有助于保护,而且赋予历史建筑新的活力。

应在严格保护与控制的前提下合理利用文物建筑。不论采用何种利用方式,均应体现保护优先的原则,合理利用应在文物保护单位或历史建筑保护规划的指导下进行。

历史建筑的利用可以保持原有用途,也可以改变原有用途,作为博物馆、学校、图书馆等文化设施,也可以作为旅游设施使用。

第 11 章　村镇规划

第 1 节　村镇体系的基本概念

我国的居民点依据它的政治、经济地位,人口规模及其特征,可以分为城镇型居民点和乡村型居民点两大类型。其中,城镇型居民点又分为城市(特大城市、大城市、中等城市、小城市)和城镇(县城镇、建制镇)(表 11-1);乡村型居民点分为乡村集镇(中心集镇、一般集镇)和村(中心村、自然村)。截至 2002 年年底,我国(不包括台湾地区,以下同)共有乡镇 39 054 个,其中建制镇 19 811 个;共有村庄 694 515 个。

表 11-1　　　　　　　　　　　　　　我国居民点类型表

类别	类型	具体形式	对应行政等级
城镇型居民点	城市	特大城市、大城市、中等城市、小城市	市
	城镇	县城关镇、建制镇	县、县级市
乡村型居民点	集镇	非建制镇:中心集镇、一般集镇	乡
	村	中心村、自然村	村

一、我国城乡行政建制的基本构成

1. 建制市

即设市城市,在我国指人口数量达到一定规模,人口、劳动力结构与产业结构达到一定要求,基础设施达到一定水平,或有军事、经济、民族、文化等特殊要求,并经国务院批准设置的具有一定行政级别的行政单元。

2. 建制镇

除建制市以外的城市聚落可统称之为镇,其中具有一定人口规模,人口、劳动力结构与产业结构达到一定要求,基础设施达到一定水平,并被省(直辖市、自治区)人民政府批准设置的镇为建制镇。建制镇是农村一定区域内政治、经济、文化和生活服务的中心。

1984 年国务院批准的民政部门《关于调整建制镇标准的报告》,关于设镇的规定调整为:

(1)凡县级地方国家机关所在地,均应设置镇的建制。

(2)总人口在 2 万以下的乡,乡政府驻地,非农业人口超过 2000 的,可以建镇;总人口在 2 万以上的乡,乡政府驻地,非农业人口占全乡人口 10% 以上也可建镇。

(3)少数民族地区、人口稀少的边远地区、山区和小型工矿区、小港口、风景旅游区、边境口岸等地,非农业人口虽不足 2000 人,如确有必要,也可设置镇的建制。

县城关镇是县人民政府所在地的建制镇,其他建制镇(不包含集镇)则为县级建制以下一级的行政单元。集镇不是一级行政单元。

3. 乡

乡一般是和镇同级的行政单元。传统意义上的乡是属于农村范畴,乡政府驻地一般是乡域的中心村或集镇。乡的设置是针对农村地区的属性,其社会经济活动不具备聚集性,乡政府的职能主要是行政管理和服务。

4. 集镇

大多数是在集市的基础上发展起来的。"集"的发展带动了镇的发展,在位置适中、交通方便、规模较大的集市上,有人为交易者食宿方便,开设了酒店、饭馆、客栈等饮食服务业。随后又有工业、商业者前来定居、经营,集市逐渐成为具有一定人口规模和多种经济活动内容的聚落居民点——集镇。它是商品经济发展到一定程度的产物,是指乡人民政府所在地和经县级人民政府确认,由集市发展而成的作为农村一定区域经济、文化和生活服务中心的非建制镇。因此,集镇大多数是乡政府所在地,或居于若干中心村的中心。集镇也是农村中工农结合、城乡结合、有利生产、方便生活的社会和生产活动中心,集镇是今后我国农村城镇化的重点。

5. 行政村

也称中心村。一般是村民委员会的所在地,是农村中从事农业、家庭副业和工业生产活动的较大居民点,其中有为本村和附近基层村服务的一些生活福利设施,如商店、医疗站、小学等。人口规模一般在1000~2000人。

6. 基层村

也就是自然村。是农村中从事农业和家庭副业生产活动的最基本的居民点,一般只有简单的生活福利设施,甚至没有。

二、我国城乡建制的设置特点

1. 市建制的特点

市是指其行政辖区,既包括主城区,也包括主城区之外的城镇和乡村地区,也就是所称的市域;镇既包括镇区,同时也包括所辖的集镇和乡村区域,也即为所称的镇区;市的社会经济活动是以"城"为中心,镇的社会经济活动则是以"乡村"为服务对象。

2. 镇的多重含义

首先,镇的建制中存在镇区,可属于小城镇;其次,镇与农村的关系密切,是农村的中心社区;再者,镇具有乡村商业服务中心的作用。

"小城镇"是建制镇和集镇的总称,但不是一个行政建制的概念,却具有一定的政策属性。"小"是相对于城市而言,是从人口规模、地域范围、经济总量影响能力等方面比较而言较小。

三、村镇体系的概念和基本特点

世界上任何一个城镇都不是孤立地存在。城镇既是物质的生产者,又是物质的消耗者。城镇活动是一个物质的生产与消耗的过程,为了维持城镇的正常活动,城镇与城镇之间、城镇与乡村之间总是不断地进行着物质、能量、人员、信息的交换与相互作用。这种相互作用将彼此分离的村镇结合为具有一定结构和功能的有机整体,即形成村镇体系。

村镇体系是以某一村镇为核心,形成一定引力范围的村镇居民点网络。即在一定区域内,由不同层次的村庄与村庄、村庄与集镇之间的相互影响、相互作用和彼此联系构成的相互完整的系统。村镇系统和城市系统完整地构成了城乡体系。

村镇体系由村庄、集镇及县城以外的建制镇组成,其范围一般以行政边界划分,但村镇体系分析要考虑行政区外的相邻区域,结合实际分析论证,如确有必要时,也可突破行政边界。

1. 村镇体系的构成条件

村镇体系并不是与城镇、乡村同步产生的,它是在区域内的城镇、乡村发展到一定阶段的

历史产物,村镇体系的构成一般应具备以下几个条件:

（1）各村镇内部在地域上应是相邻的,彼此之间有便捷的交通联系。

（2）各村镇应具有自身的功能特征和形态特征。

（3）各村镇从大到小、从主到次、从中心镇到一般集镇、从中心村到自然村,共同构成整个系统内的等级序列,而系统本身又是属于一个更大系统的组成部分。

经济发展是村镇发展的必要条件,而村镇的发展又有力地影响和推动经济的发展。一方面,区域内各村镇和区域是"点"和"面"的关系,区域经济的发展是区域内村镇之间具有纵横方向的相互密切联系,并在其经济中心的带动下发展;另一方面,村镇的建设和发展不能脱离区域的具体条件。因此,要编制一个行之有效的村镇建设规划,必须立足于宏观角度,从现实角度出发,全面综合地分析研究区域经济发展的具体条件,分析研究区域内村镇之间的相互影响和作用,因地制宜地进行整体的、发展的、动态的规划,将其纳入更为科学的轨道。

2. 村镇体系的构成结构

村镇体系的构成如下:建制(集)镇(中心集镇、一般集镇)-中心村(行政村)-基层村(自然村)。

村镇体系构成为多层次、多等级的结构模式。从系统角度而言,村镇体系具有群体性、层次性、关联性、开放性、动态性、整体性的特征。建制(集)镇与区域内的其他村庄、建制(集)镇等相互联系,产生区域性的影响和辐射作用。在村镇体系中,村庄和村庄、建制(集)镇和村庄之间的相互联系表现为:经济上互相依托、生产上分工协作、生活上密切联系、发展上协调统一。因此,建立起完整的村镇体系,从区域和系统的角度进行村镇规划,对村庄和建制(集)镇定点、定性、分责、分级,明确发展对象,合理布局生产力具有深远的意义。

第 2 节　村镇规划的法律地位和工作范畴

一、村镇规划的法律地位

《城乡规划法》把镇规划与乡规划作为法定规划,含在同一规划体系内,纳入同一法律管辖范畴,明确了镇政府和乡政府的规划责任。同时《城乡规划法》将镇规划单独列出,顺应了我国城镇化建设的需求,有助于促进城乡协调发展。

1. 镇规划的法律地位

《城乡规划法》顺应体制改革的需求和部分小城镇迅猛发展的现实,赋予一些小城镇拥有部分规划行政许可权利。对于镇规划建设重点,从法律层面上提出了有别于城市和村庄的要求,这是考虑镇自身特点提出的,是统筹城乡发展的重要制度安排。

2. 乡规划和村庄规划的法律地位

明确了乡规划和村庄规划的编制内容等,将城镇体系规划、城市规划、镇规划、乡规划和村庄规划统一纳入一个法律管理,确立了乡规划和村规划的法律地位。

二、村镇规划的工作范畴

镇规划所划定的范围即为规划区。镇规划包括两个空间层次:一是镇域范围为镇人民政府行政的地域;二是镇区范围为镇人民政府驻地的建成区和规划建设发展区。

1. 县城关镇规划的工作范畴

编制县城关镇规划时,需编制县域城镇体系规划,镇区规划参照城市规划的内容进行。

2. 一般建制镇规划的工作范畴

一般建制镇规划介乎于城市和乡村之间，服务于农村，有其特定的侧重面，既是有着经济和人口聚集作用的城镇，又是服务于广大农村地区的村镇，因此，应编制镇域镇村体系规划。

镇域镇村体系是镇人民政府行政地域内，在经济、社会和空间发展中有机联系的镇区和村庄群体。镇村体系规划中，村庄分为中心村和基层村，中心村是镇村体系中为周围村服务的公共设施的村，基层村是中心村以外的村。

3. 乡和村庄规划的工作范畴

《村庄和集镇规划建设管理条例》中所称的集镇，是指乡、民族乡人民政府所在地和经县级人民政府确认由集市发展而成作为农村一定区域经济、文化和生活服务中心的非建制镇。规划区是指集镇建成区和因集镇建设及发展需要实现规划控制的区域：

《镇规划标准》明确，乡规划可按《镇规划标准》执行。

村庄是指农村村民居住和从事各种生产的居民点。规划区是指村庄建成区和因村庄建设及发展需要实行规划控制的区域。

第 3 节　镇规划的编制

一、镇规划的作用和任务

1. 镇规划的作用

镇规划是对镇行政区内的土地利用、空间布局以及各项建设的综合部署，是管制空间资源开发，保护生态环境和历史文化遗产，创造良好生活生产环境的重要手段，是指导与调控镇发展建设的重要公共政策之一，是一定时期内镇的发展、建设和管理必须遵守的基本依据。

2. 镇规划的层次和任务

镇规划包括镇域规划和镇区规划。镇域规划的任务是落实市（县）社会经济发展战略及城镇体系规划提出的要求，指导镇区、村庄规划编制。

县人民政府所在地的镇规划，分为总体规划和详细规划，总体规划之前可增加规划纲要阶段；县人民政府所在地的镇总体规划，包括县域城镇体系规划和县城区规划；

镇总体规划的任务是：综合研究和确定城镇的性质、规模和空间发展形态，统筹安排城镇各项建设用地，合理配置城镇各项基础设施，处理好远期发展与近期建设的关系，指导城镇合理发展。镇可以在总体规划指导下编制控制性详细规划和修建性详细规划，也可直接编制修建性详细规划。

镇区控制性详细规划的任务是：以镇区总体规划为依据，控制建设用地性质、使用强度和空间环境。

镇区修建性详细规划的任务是：对镇区近期需要进行建设的重要地段做出具体的安排和规划设计。

3. 镇规划的编制期限

（1）镇总体规划的期限为 20 年；

（2）镇近期建设规划可以为 5～10 年。

二、一般建制镇规划编制的内容

1. 村镇总体规划的主要内容

（1）对现有居民点与生产基地进行布局调整，明确各自在村镇体系中的地位。

（2）确定各个主要居民点与生产基地的性质和发展方向，明确它们在村镇体系中的职能分工。

（3）确定乡（镇）域及规划范围内主要居民点的人口发展规模和建设用地规模。

人口发展规模的确定：用人口的自然增长加机械增长的方法计算出规划期末乡（镇）域的总人口。在计算人口的机械增长时，应当根据产业结构调整的需要，分别计算出从事一、二、三产业所需要的人口数，估算规划期内有可能进入和迁出规划范围的人口数，预测人口的空间分布。

建设用地规模的确定：根据现状用地分析，土地资源总量以及建设发展的需要，按照《村镇规划标准》确定人均建设用地标准。结合人口的空间分布，确定各主要居民点与生产基地的用地规模和大致范围。

（4）安排交通、供水、排水、供电、电信等基础设施，确定工程管网走向和技术选型等。

（5）安排卫生院、学校、文化站、商店、农业生产服务中心等对全乡（镇）域有重要影响的主要公共建筑。

（6）提出实施规划的政策措施。

2. 镇规划的强制性内容

（1）规划范围。

（2）规划建设用地规模。

（3）基础设施和公共服务设施用地。

（4）水源地和水系。

（5）基本农田和绿化用地。

（6）环境保护的规划目标与治理措施。

（7）自然与历史文化遗产保护区及利用的目标与要求。

（8）防灾减灾工程。

3. 镇域镇村体系规划的具体内容

（1）预测一、二、三产业的发展前景以及劳动力和人口的流动趋势。

（2）落实镇区规划人口规模，划定镇区用地规划发展的控制范围。

（3）提出村庄的建设调整设想。

（4）确定镇域内主要道路交通、公用工程设施、公共服务设施以及生态环境、历史文化保护、防灾减灾防疫系统。

4. 镇区建设规划的具体内容

（1）在分析土地资源状况、建设用地现状和经济社会发展需要的基础上，根据《村镇规划标准》确定人均建设用地指标，计算用地总量，再确定各项用地的构成比例和具体数量。

（2）进行用地布局，确定居住、公共建筑、生产、公用工程、道路交通系统、仓储、绿地等建筑与设施建设用地的空间布局，做到联系方便、分工明确，划清各项不同使用性质用地的界线。

（3）确定历史文化保护及地方传统特色保护的内容及要求。

（4）根据村镇总体规划提出的原则要求，对规划范围的供水、排水、供热、供电、电信、燃气等设施及其工程管线进行具体安排，按照各专业标准规定，确定空中线路、地下管线的走向与布置,并进行综合协调。

(5) 确定旧镇区改造和用地调整的原则、方法和步骤。

(6) 对中心地区和其他重要地段的建筑体量、体型、色彩提出原则性要求。

(7) 确定道路红线宽度、断面形式和控制点坐标标高,进行竖向设计,保证地面排水顺利,尽量减少土石方量。

(8) 综合安排环保和防灾等方面的设施。

(9) 编制镇区近期建设规划。

5. 镇区详细规划编制的内容

(1) 控制性详细规划:①确定规划区内不同用地性质的界线;②确定各地块主要建设指标的控制要求与城市设计指导原则;③确定地块内的各类道路交通设施布局与设置要求;④确定各项公用工程设施建设的工程要求;⑤制定相应的土地使用与建筑管理规定。

(2) 修建性详细规划:①建设条件分析及综合技术经济论证;②建筑、道路和绿地等的空间布局和景观规划设计;③提出交通组织方案和设计;④进行竖向规划设计以及公用工程管线规划设计和管线综合;⑤估算工程造价,分析投资效益。

三、县城关镇规划的内容

县人民政府所在地镇(即县城关镇)的规划编制应执行城市规划的办法,按照省(自治区、直辖市)域城镇体系规划以及所在市的城市总体规划提出的要求,对县域镇乡和所辖村庄的合理发展与空间布局、基础设施和社会公共服务设施的配置等内容提出引导和控制措施。

县人民政府所在地的镇规划,分为总体规划和详细规划;其中镇总体规划,包括县域城镇体系规划和县城区规划;总体规划之前可增加规划纲要阶段。

镇总体规划纲要包含的内容有:

(1) 根据县(市)域规划,特别是县(市)域城镇体系规划所提出的要求,确定乡(镇)的性质和发展方向。

(2) 根据对乡(镇)本身发展优势、潜力与局限性的分析,评价其发展条件,明确长远发展目标。

(3) 根据农业现代化建设的需要,提出调整村庄布局的建议,原则确定村镇体系的结构与布局。

(4) 预测人口的规模与结构变化,重点是农业富余劳动力空间转移的速度、流向与城镇化水平。

(5) 提出各项基础设施与主要公共建筑的配置建议。

(6) 原则确定建设用地标准与主要用地指标,选择建设发展用地,提出镇区的规划范围和用地的大体布局。

四、镇规划的成果要求

1. 村镇总体规划的成果要求

村镇总体规划的成果包括图纸与文字资料两部分。

(1) 图纸应当包括:①乡(镇)域现状分析图(比例尺 1∶10 000,根据规模大小可在1∶5000～1∶25 000 之间选择);②村镇总体规划图(比例尺必须与现状分析图一致)。

(2) 文字资料应当包括:①规划文本,主要对规划的各项目标和内容提出规定性要求;②经批准的规划纲要;③规划说明书,主要说明规划的指导思想、内容、重要指标选取的依据,以及在实施中要注意的事项;④基础资料汇编。

2. 镇区建设规划的成果要求

镇区建设规划的成果要求包括图纸与文字资料两部分。

(1)图纸应当包括:①镇区现状分析图(比例尺 1∶2000,根据规模大小可在 1∶1000～1∶5000 之间选择);②镇区建设规划图(比例尺必须与现状分析图一致);③镇区工程规划图(比例尺必须与现状分析图一致);④镇区近期建设规划图(可与建设规划图合并,单独绘制时比例尺采用 1∶200～1∶1000)。

(2)文字资料应当包括规划文本、说明书、基础资料三部分。镇区建设规划与村镇总体规划同时报批时,其文字资料可以合并。

第 4 节　乡和村庄规划的编制

一、乡和村规划的概述

1. 乡和村庄规划的指导思想和基本原则

乡和村庄规划应以服务农业、农村和农民为基本目标。根据因地制宜、循序渐进、统筹兼顾、协调发展的指导思想,规划编制应遵循以下原则:

(1)根据国民经济和社会发展计划,结合当地经济发展的现状和要求,以及自然环境、资源条件和历史状况等,统筹兼顾,综合部署村庄和集镇的各项建设。

(2)处理好近期建设与远景发展、改造与新建的关系,使村庄、集镇的性质和建设的规模、速度和标准,同经济发展和农民生活水平相适应。

(3)合理用地,节约用地,各项建设应当相对集中,充分利用原有建设用地,新建扩建工程及住宅应当尽量不占用耕地和林地。

(4)有利生产,方便生活,合理安排住宅、乡(镇)企业、乡(镇)村公共设施和公益事业的建设布局,促进农村各项事业协调发展,并适当留有发展余地。

(5)保护和改善生态环境,防治污染和其他公害,加强绿化和村容村貌、环境卫生建设。

2. 乡和村庄规划的阶段和层次

(1)乡规划分为乡总体规划和乡驻地建设规划两个阶段。

(2)村庄、集镇规划一般分为总体规划和建设规划两个阶段。

3. 乡和村庄规划的期限

(1)乡总体规划期限为 20 年,近期建设规划可以分为 5～10 年。

(2)村庄规划期限比较灵活,一般整治规划考虑近期为 3～5 年。

4. 乡和村庄规划的编制重点

乡规划和村庄规划编制的方法与镇规划编制的方法相同,均以《村镇规划标准》的要求为准。村庄规划编制的重点是:村庄用地功能布局、产业发展与空间布局、人口变化分析、公共设施和基础设施、发展时序、防灾减灾。

二、乡和村庄规划的内容

1. 乡规划编制的内容

(1)乡域规划的主要内容:①提出乡产业发展目标以及促进生产发展的措施建议,落实相关生产设施、生活服务设施以及公益事业等各项建设的空间布局;②确定规划期内各阶段人口规模与人口分布;③确定乡的职能规模,明确乡政府驻地的规划建设标准与规划范围;④确定中心村、基层村的层次与等级,提出村庄集约建设的分阶段目标及实施方案;⑤统筹配置各项公共设施、道路和各项公用工程设施,制定各专项规划,并提出自然和历史文化保护、防灾减灾、防疫等要求;⑥提出实施规划的措施和有关建议;⑦明确规划强制性内容。

(2)村庄,集镇总体规划的主要内容:①乡级行政区域的村庄、集镇布点;②村庄和集镇的位置、性质、规模和发展方向;③村庄和集镇的交通,供水、供电、商业、绿化等生产和生活服务设施的配置。

(3)乡驻地规划的主要内容:①确定规划区内各类用地布局,提出道路网络建设与控制要求;②对规划区内的工程建设进行规划安排;③建立环境卫生系统和综合防疫系统;④确定规划区内生态环境与优化目标,划定主要水体保护和控制范围;⑤确定历史文化保护及地方传统特色保护的内容及要求;⑥划定历史文化街区、历史建筑保护范围,确定各级文物保护单位、特色风貌保护区域范围及保护措施;⑦划定建设容量,确定公用工程管线位置、管径和工程设施的用地界线,进行管网综合。

2. 村庄规划编制的内容

(1)安排村域范围内的农业生产用地布局及为其配套服务的各项设施。

(2)确定村庄居住、公共设施、道路、工程设施等用地布局。

(3)确定村庄内的给水、排水、供电等工程设施及其管线走向、敷设方式。

(4)确定垃圾分类及转运方式,明确垃圾收集点、公厕等环境卫生设施的分布、规模。

(5)确定防灾减灾、防疫设施分布和规模。

(6)对村口、主要水体、特色建筑、街景、道路以及其他重点地区的景观提出规划设计。

(7)对村庄分期建设时序进行安排,提出3~5年内近期项目的具体安排,并对近期建设的工程量,总造价、投资效益等进行估算和分析。

(8)提出保障规划实施的措施和建议。

三、村庄规划编制的技术要点

1. 村庄规划编制的技术要点

(1)村庄规划应是以行政村为单位的编制。

(2)村庄规划应在乡(镇)域规划、土地利用规划等有关规划的指导下进行编制。

(3)村庄规划重点规划好公共服务设施、道路交通、市政基础设施、环境卫生设施等内容。

(4)村庄规划要合理保护和利用当地资源、尊重当地文化和传统,充分体现"四节"原则。

2. 村庄规划中应注意的问题

(1)要重视安全问题。

(2)村庄发展用地,可以在乡、镇规划中统筹考虑。

(3)结合村庄道路规划,安排消防通道。

(4)市政、道路等公用设施的规划充分结合当地条件,因地制宜。

(5)配套公共服务设施的配置不能缺项。

(6)新农村建设,应避免大拆大建,力求有地方特色。

3. 村庄建设发展对策的确定

根据风险型生态因素、资源型生态因素、村庄规模和管理体制、历史文化资源等影响发展

建设的因素,规划可以将村庄分为城镇化整理、迁建和保留发展三种类型,其中:

（1）城镇化整理型村庄是位于规划城市(镇)建设区内的村庄。

（2）迁建型村庄是与生态限建要素有矛盾需要搬迁的村庄。

（3）保留发展型村庄包括位于限建区内可以保留但需要控制规模的村庄和发展条件好可以保留并发展的村庄,具体可再细分为保留控制发展型、保留适度发展型、保留重点发展型。

4. 村庄整治规划

村庄整治规划的重点是解决当前农村地区的基础条件差、人居环境亟待改善等问题,兼顾长远。其规划应遵循以下原则:

（1）尊重农民意愿,保护农民利益。

（2）尊重农村建设实际,坚持因地制宜,分类指导。

（3）整治的重点要明确,避免盲目铺开。

四、乡和村庄规划的成果要求

乡和村规划的成果要求可参照镇规划执行,包括规划图纸和必要的文字说明。规划基本图纸包括以下内容:

（1）位置图。

（2）用地现状图。

（3）用地规划图。

（4）道路交通规划图。

（5）市政设施系统规划图。

<h1 style="text-align:center">第 5 节　名镇和名村保护规划</h1>

一、国家历史文化名镇和名村的基本情况

从 2003 年起,建设部、国家文物局分期分五批公布了国家历史文化名镇和国家历史文化名村,并制定了《中国历史文化名镇(村)评选办法》。目前我国已公布的国家历史文化名镇共计 181 个,国家历史文化名村共计 169 个(表 11-2)。

表 11-2　　　　　　　　　　　我国五批次的历史文化名镇和名村的评选情况

批次	批复时间	国家历史文化名镇(个)	国家历史文化名村(个)
第一批	2003 年 10 月 8 日	10	12
第二批	2005 年 9 月 6 日	34	24
第三批	2007 年 5 月 31 日	41	36
第四批	2008 年 12 月 23 日	58	36
第五批	2010 年 7 月 22 日	38	61
合计		181	169

二、国家历史文化名镇和名村的评选标准

根据《中国历史文化名镇(村)评选办法》,入选的镇(村)应满足以下四个方面的基本条件

和标准。

1. 历史价值与风貌特色

历史文化名镇(村)在历史价值和风貌特色上应当具备下列条件之一：

(1) 在一定历史时期内对推动全国或某一地区的社会经济发展起过重要作用,具有全国或地区范围的影响。

(2) 系当地水陆交通中心,成为闻名遐迩的客流、货流、物流集散地。

(3) 在一定历史时期内建设过重大工程,并对保障当地人民生命财产安全、保护和改善生态环境有过显著效益且延续至今。

(4) 在革命历史上发生过重大事件,或曾为革命政权机关驻地而闻名于世。

(5) 历史上发生过抗击外来侵略或经历过改变战局的重大战役,以及曾为著名战役军事指挥机关驻地。

(6) 能体现我国传统的选址和规划布局经典理论,或反映经典营造法式和精湛的建造技艺。

(7) 能集中反映某一地区特色和风情,民族特色传统建造技术。

(8) 建筑遗产、文物古迹和传统文化比较集中,能较完整地反映某一历史时期的传统风貌、地方特色和民族风情,具有较高的历史、文化、艺术和科学价值,现存有清代以前建造或在中国革命历史中有重大影响的成片历史传统建筑群、纪念物、遗址等,基本风貌保持完好。

2. 原状保存程度

(1) 镇(村)内历史传统建筑群、建筑物及其建筑细部乃至周边环境基本上原貌保存。

(2) 因年代久远,原建筑群、建筑物及其周边环境虽曾倒塌破坏,但已按原貌整修恢复。

(3) 原建筑群及其周边环境虽部分倒塌破坏,但"骨架"尚存,部分建筑细部亦保存完好,依据保存实物的结构、构造和样式可以整体修复原貌。

3. 现状规模

除同时满足上述 1、2 项条件外,镇的现存历史传统建筑的总建筑面积须在 $5\,000\mathrm{m}^2$ 以上,村的现存历史传统建筑的总建筑面积须在 $2\,500\mathrm{m}^2$ 以上。

4. 规划编制

已编制了科学合理的村镇总体规划,并设置有效的管理机构,配备了专业人员,有专门的保护资金。

三、名镇和名村保护规划的内容

历史文化名镇保护规划的规划期限应当与镇总体规划的规划期限相一致;历史文化名村保护规划的规划期限应当与村庄规划的规划期限相一致。

规划内容具体包括：

(1) 保护原则、保护内容和保护范围。

(2) 保护措施、开发强度和建设控制要求。

(3) 传统格局和历史风貌保护要求。

(4) 历史文化街区、名镇、名村的核心保护范围和建设控制地带。

(5) 保护规划分期实施方案。

四、名镇和名村保护规划的成果

历史文化名镇名村保护规划的成果一般由规划文本、图纸和附件三部分组成,其中附件包括规划说明、基础资料和专题报告。

1．规划文本

（1）总则。规定本次保护规划编制的目的依据、指导思想、基本原则和规划期限等。

（2）保存现状和价值特色评价。分析评价现存的历史街区、街巷格局、历史建筑保存规模、保存完好度和历史价值。

（3）确定保护范围。划定保护等级、保护范围、保护面积,根据保护等级和范围,提出有针对性的保护要求、控制指标。

（4）建（构）筑物的保护。对历史保护区内现存的建筑物和构筑物,根据其价值的不同划分为保护和整治两大类。对保护类建筑,分别提出有针对性的保存、维护、修复等保护方式;对整治类建筑,分别提出有针对性的保留、整饰、拆除等整治方式。

（5）街巷格局的保护。对历史保护区内现存街巷的空间尺度、街巷立面和铺地等,分别提出有针对性保护要求和整治措施。

（6）重点地段的保护。对历史文化名镇名村历史保护区内重点地段和空间节点的现状情况,从空间和建筑分别提出具体的保护整治措施。

（7）重点院落的保护。对历史文化名镇名村保护区内重点院落,分别从院落布局、建（构）筑物等方面,提出有针对性的保护和维修措施。

（8）历史环境的保护。分别对名镇名村内部历史环境和外部自然生态环境,提出有针对性的保护,整治要求和措施。

（9）设施功能的提升。对历史文化名镇名村历史保护区,在保护原有格局、风貌、特色和价值的前提下,提出改善设施、提升功能的规划意见。

（10）历史文化资源的利用。进行旅游资源分析、景区划分、市场定位、线路设计、客源分析、旅游环境容量测定,提出旅游设施配置的意见。

（11）分期规划。提出分期保护和整治的重点,详细列出修缮、整治的街区和建筑,以及需要改造的设施项目,提出分期整治的具体措施。

（12）规划实施的措施。对保护规划的实施,提出具体措施和政策建议。

（13）附则。规定保护规划的成果构成、法律效力、生效时间、规划解释权、强制性内容等。

2．规划图纸

图纸比例尺一般宜采用 1∶200～1∶500,具体包括下列内容:

（1）区位结构分析图。

（2）土地利用现状图。

（3）建筑质量评价图。

（4）资源景观分析图。

（5）保护规划总平面图。

（6）建筑高度控制图。

（7）重点地段和院落保护规划图。

（8）保护与更新规划图。

（9）分期保护规划图。

（10）旅游规划图。

（11）道路绿化规划图。

（12）基础设施规划图。

（13）保护规划鸟瞰图。

3. 附件

（1）规划说明。对保护规划中重要观点进行分析,重要思路进行论证,重要指标进行解释,重要措施进行说明。

（2）基础资料。基础资料汇编,包括历史资料、建筑资料、用地资料、经济资料、社会资料、人口资料和环境资料等。

（3）专题报告。对重要问题通过深入研究形成的专题论证材料等。

第 12 章　城市生态与绿地景观系统

第 1 节　城市生态环境的基本概念和内容

一、城镇化与城市生态环境

在原始社会,人类崇拜和依附于自然。农业文明时期,人类敬畏和利用自然进行生产。在工业文明后,人类对自然的控制和支配能力急剧增强,自我意识极度膨胀,开始一味地对自然强取豪夺,从而激化了与自然的矛盾,加剧了与自然的对立,使人类不得不面对资源匮乏、能源短缺、环境污染、气候变化、森林锐减、水土流失、物种减少等严峻的全球性环境问题和生态危机。

经历了近 200 年的工业文明后,人类积累和创造了农业文明无法比拟的财富,开发和占用自然资源的能力大大提高,人与自然的关系发生了根本性颠倒,人类确立了对自然的主体性地位,而自然则被降低为被认识、被改造,甚至被征服和被掠夺的无生命客体的对象。

1. 城镇化与资源和环境

城市是人类文明的产物,也是人类利用和改造自然的集中体现。从 18 世纪的工业革命开始,大规模的集中生产和消费活动促进了人口的聚集,现代化的交通和基础设施建设加快了城镇化的进程,城市数量和规模迅猛发展。

城镇化和城市人口的规模增加与资源消耗的关系十分密切。目前城市集中了全人类 50% 以上的人口,大量能源和资源向城镇化地区输送,城市是地球资源主要的消费地。一般认为,城市消耗的能源占人类能源总消耗的 75%,城市消耗的资源占人类资源总消耗的 80%。同时,城镇化进程对能源的消耗有着巨大的影响。世界银行 2003 年的一份分析报告表明,人均国民生产总值(GNP)每增加一个百分点,能源消耗会以同样的数值增加(系数为 1.03)。城市人口每增加一个百分点,能源消耗会增加 2.2%。即能源消耗的变化速度是城镇化过程变化速度的两倍。从人类文明历程来看,工业化和城镇化的过程,是社会财富积累加快、人民生活水平迅速提高的一个过程,也是人类大量消耗自然资源的过程。按照经济地理学界的城镇化理论,当城镇化率超过 30% 时,就进入了城镇化的快速发展时期,中国的城镇化正处在这个快速发展的关键时期,对能源和资源的需求急剧上升,绝大部分能源和资源用于制造业、交通和建设过程之中。

城镇化可以促进经济的繁荣和社会的进步。城镇化能集约地利用土地,提高能源利用效率,促进教育、就业、健康和社会各项事业的发展。同时,城镇化不可避免地影响了自然生态环境。

从城市自身发展来看,由于人口密集和资源的大量消耗,城市生活环境恶化,提高了城市的生活成本,使城市自身发展失去活力。城市产生和排放的大量有害气体、污水、废弃物,加剧了城市地区微气候的变化和热岛效应,使城市的自然生态系统受损,危及人类健康,人为地加大了改善环境的投资和医疗费用等。此外,大量的物质消耗造成各种自然资源的短缺,加重了城市的负担,加剧了城市的生态风险,对城市的永续发展形成了制约。

2. 城市生态系统的特点

生态系统是指由生物群落与无机环境构成的统一整体。生态系统的范围可大可小,相互交错。最大的生态系统是生物圈,地球上有生命存在的地方均属生物圈,生物的生命活动促进了能量流动和物质循环,并引起生物的生命活动发生变化。而人类只是生物圈中的一员,主要生活在以城乡为主的人工生态系统中。

城市生态系统是城市居民与周围生物和非生物环境相互作用而形成的一类具有一定功能的网络结构,也是人类在改造和适应自然环境的基础上建立起来的特殊的人工生态系统,由自然系统、经济系统和社会系统复合而成。

城市生态系统具有以下特点:

(1) 城市生态系统是人类起主导作用的人工生态系统。城市中的一切设施都是人工制造的,人类活动对城市生态系统的发展起着重要的支配作用,具有一定的可塑性和调控性。与自然生态系统相比,城市生态系统的生产者绿色植物的量很少;消费者主要是人类,而不是野生动物;分解者微生物的活动受到抑制,分解功能不强。因此,城市生态系统的演化是由自然规律和人类影响叠加形成的。

(2) 城市生态系统是物质和能量的流通量大、运转快、高度开放的生态系统。城市中人口密集,城市居民所需要的绝大部分食物要从其他生态系统人为地输入;城市中的工业、建筑业、交通等也必须大量从外界输入物质和能量。城市生产和生活产生大量的废弃物,其中有害气体必然飘散到城市以外的空间,污水和固体废弃物绝大部分不能靠城市中自然系统的净化能力自然净化和分解,如果不及时进行人工处理,就会造成环境污染。

(3) 城市生态系统是不完整的生态系统。城市自我稳定性差,自然系统的自动调节能力弱,容易出现环境污染等问题。

(4) 城市生态系统的人为性、开放性和不完整性决定了它的脆弱性。

3. 城市环境的概念与组成

1) 概念

城市环境是指影响城市人类活动的各种自然的或人工的外部条件。狭义的城市环境主要指物理环境,包括地形、地质、土壤、水文、气候、植被、动物、微生物等自然环境及房屋、道路、管线、基础设施、不同类型的土地利用、废气、废水、废渣、噪声等人工环境。广义的城市环境除了物理环境外还包括人口分布及动态、服务设施、娱乐设施、社会生活等社会环境、资源、市场条件、就业、收入水平、经济基础、技术条件等经济环境,以及风景、风貌、建筑特色、文物古迹等美学环境。

2) 组成

城市环境由城市自然环境、城市人工环境、城市社会环境、城市经济环境和城市美学环境等组成。城市自然环境是构成城市环境的基础,它为城市这一物质实体提供了一定的空间区域,是城市赖以存在的地域条件。城市人工环境是实现城市各种功能所必需的物质基础设施,没有城市人工环境,城市与其他人类聚居区域或聚居形式的差别将无法体现,城市本身的运行也将受到抑制。城市社会环境体现了城市这一区别于乡村及其他聚居形式的人类聚居区域在满足了人类在城市中各类活动方面所提供的条件。城市经济环境是城市生产功能的集中体现,反映了城市经济发展的条件和潜势。城市景观环境(美学环境)则是城市形象、城市气质和韵味的外在表现和反映。

二、城市生态规划

1. 生态规划概念

生态规划的思想起源于 1960 年代,联合国"人与生物圈计划"第 57 期报告中指出:"生态规划就是要从自然生态和社会心理两方面去创造一种能充分融合技术和自然的人类活动的最优环境,诱发人的创造精神和生产力,提供高的物质和文化生活水平。"

据此,可以对生态规划的概念进行简单的归纳,即生态规划是应用生态学原理,以人居环境永续发展为目标,对人与自然环境的关系进行协调完善的规划类型。

城市生态规划不同于传统的城市环境规划,不止考虑城市环境各组成要素及其关系,也不仅仅局限于将生态学原理应用于城市环境规划中,而是涉及城市规划的方方面面。致力于将生态学思想和原理渗透于城市规划的各个方面和部分,并使城市规划"生态化"。同时,城市生态规划在应用生态学的观点、原理、理论和方法的同时,不仅关注于城市的自然生态,而且也关注城市的社会生态。

生态规划不同于环境规划,环境规划侧重于环境,特别是自然环境的监测、评价、控制、治理、管理等,而生态规划则强调系统内部各种生态关系的和谐与生态质量的提高。生态规划不仅关注区域或城市的自然资源和环境的利用与消耗对人类的生存状态的影响,也关注系统结构、过程、功能等的变化和发展对生态的影响。同时,生态规划还考虑社会经济因子的作用。因此,城市环境规划在某种程度上可考虑作为城市生态规划内容的组成部分。

2. 城市生态规划的目标、原则与步骤

1) 目标

城市生态规划致力于城市人与自然的环境和谐:在城市中实现人与自然的和谐是城市生态系统研究的重要目标,例如:人口的增长要与社会经济和自然环境相适应,抑制过猛的人口集聚,以减轻环境负荷;土地利用类型与利用强度要与区域环境条件相适应,并符合生态法则;城市人工化环境结构内部比例要协调。

城市生态规划致力于城市与区域发展的同步化:从生态角度看,城市生态系统与区域生态系统息息相关,密不可分。因此,要在城市与区域同步发展的前提下,解决城市生态环境问题,调节城市生态系统活性,增强城市生态系统的稳定性,建立城市与区域双重的和谐结构。

城市生态规划致力于城市经济、社会、生态的永续发展:城市生态规划的目的是使城市经济、社会系统在环境承载力允许的范围之内,在提升人类生活质量的前提下得到不断的发展;并通过城市经济、社会系统的发展为城市的生态系统质量的提高和进步提供源源不断的经济和社会推力,最终促进城市整体意义上的永续发展。

2) 城市生态规划的原则

自然原则:城市的自然及物理组分是其赖以生存的基础,又往往成为城市发展的限制因素,为此,在进行城市生态规划时,首先要摸清自然本底状况,通过城市人类活动对城市气候的影响、城镇化进程对生物的影响、自然生态要素的自净能力等方面的研究,提出维护自然环境基本要素再生能力和结构多样性、功能持续性和状态复杂性的方案。同时依据城市发展总目标及阶段战略,制定不同阶段的生态规划方案。

经济原则:城市各部门的经济活动和代谢过程是城市生存和发展的活力和命脉,也是搞好城市生态的物质基础,因此城市生态规划应促进经济发展,而绝不能抑制生产,生态规划应体现经济发展的目标要求,而经济计划目标要受环境目标制约。

社会原则:进行城市生态规划时,以人类对生态的需求值为出发点,规划方案应被公众所接受和支持。

系统原则:进行城市生态规划,必须把城市生态系统与区域生态系统视为一个有机体,把城市内各小系统视为城市生态系统内相联系的单元,对城市生态系统和它的生态扩散区(如生态腹地)进行综合规划。

3)城市生态规划的步骤

目前国内外城市生态规划还没有统一的编制方法和工作规范,但不少专家学者对此已做过不同层次的研究。

我国学者王如松等认为,城镇生态规划可采取以下步骤:

(1)明确规划范围及规划目标。在城镇永续发展这个总目标下,分解成具体联系的子目标。

(2)根据规划目标与任务收集城镇及所处区域的自然资源与环境、人口、经济、产业结构等方面的资料与数据。不仅要重视现状、历史资料及遥感资料,还要重视实地考察。

(3)城镇及所处区域自然环境及资源的生态分析与生态评价。在这个阶段,主要运用城镇生态学、生态经济学、地理学及其他相关学科的知识,对城镇发展与规划目标有关的自然环境与资源的性能、生态过程、生态敏感性及城镇生态潜力与限制因素进行综合分析与评价。如果涉及的区域范围及生态过程有分异特征,则将区域划分为生态功能不同的地区,为制定区域发展战略提供生态学基础。

(4)城镇社会经济特征分析。主要目的是寻找城镇社会经济发展的潜力及社会经济问题的症结。

(5)按城镇建设与发展及资源开发的要求,分析评价各相关资源的生态适宜性;然后,综合各单项资源的适宜性分析结果,分析城镇发展及所处区域资源开发利用的综合生态适宜性空间分布因素。

(6)根据城镇建设和发展目标,以综合适宜性评价结果为基础,制定城镇建设与发展及资源利用的规划方案。

(7)运用城镇生态学与经济学的知识,对规划方案及其对城镇生态系统的影响以及生态环境的不可逆变化进行综合评价。

3. 城市生态分析方法

1)生态适宜性分析法

生态适宜性指土地生态适宜性,指由土地内在自然属性所决定的对特定用途的适宜或限制程度。生态适宜性分析的目的在于寻求主要用地的最佳利用方式,使其符合生态要求,合理地利用环境容量,以创造一个清洁、舒适、安静、优美的环境。城市土地生态适宜性分析的一般步骤如下:①确定城市土地利用类型;②建立生态适宜性评价指标体系;③确定适宜性评价分级标准及权重,应用直接叠加法或加权叠加法等计算方法得出规划区不同土地利用类型的生态适宜性分析图。

2)生态敏感性分析法

生态敏感性是指生态系统对人类活动反应的敏感程度,用来反映产生生态失衡与生态环境问题的可能性大小。也可以说,生态敏感性是指在不损失或不降低环境质量的情况下,生态因子抗外界压力或外界干扰的能力。

　　生态敏感性分析是针对区域可能发生的生态环境问题,评价生态系统对人类活动干扰的敏感程度,即发生生态失衡与生态环境问题的可能性大小,如土壤沙化、盐渍化、生境退化、酸雨等可能发生的地区范围与程度,以及是否导致形成生态环境脆弱区。相对适宜性分析而言,生态敏感性分析是从另一个侧面分析用地选择的稳定性,确定生态环境影响最敏感的地区和最具保护价值的地区,为生态功能区划提供依据。

　　3) 城市生态功能区划的制定

　　城市生态规划的基本工作是建立生态功能分区,为区域生态环境管理和生态资源配置提供一个地理空间上的框架,以实现以下目标:①明确各区域生态环境保护与管理的主要内容;②以生态敏感性评价为基础,建立切合实际的环境评价标准,以反映区域尺度上生态环境对人类活动影响的阈值或恢复能力;③根据生态功能区内人类活动的规律以及生态环境的演变和恢复技术的发展,预测区域内未来生态环境的演变趋势;④根据各生态功能区内的资源和环境特点,对工农业生产布局进行合理规划,使区域内的资源得到充分利用,又不对生态环境造成很大影响,持续发挥区域生态环境对人类社会发展的服务支持功能。

　　4) 城市生态功能区划原则

　　(1) 自然属性为主,兼顾社会属性原则

　　在城市复合生态系统中,经济结构、技术结构、资源利用方式是短时段作用因子,社会文化、价值观念、行为方式、人口资源结构是中时段作用因子,而城市的地理环境、自然资源则是长时段作用因子。在三种作用因子中,长时段作用因子是难以改变的,最好是适应它,所以一般采取的方式是通过克服中、短时段作用因子来改善城市发展条件,实现城市永续发展。因此城市生态功能区划必须以自然属性为主,根据城市自然环境特征,合理安排使用功能,首先应当考虑结构与功能的一致性,然后才考虑尽可能满足现实生产和生活需要。

　　(2) 整体性原则

　　城市生态系统具有开放性和非自律性,是一个依赖外部、不完善的生态系统,城市正常运行需要从外界输入大量的物质和能量,同时需要向外界输出产品和排放大量废物。城市生态系统的非独立性,决定了城市生态功能区划要坚持整体性原则,不仅要考虑市区内自然环境的特征、相似性和连续性,还要考虑城市与城市外缘的生态系统的联系,建立生态缓冲带和后备生态构架。

　　(3) 保护城市生态系统多样性,维护生态系统稳定性原则

　　城市生态系统是经人为构筑的生态系统。城市的形成和发展使城市中原有的自然生态系统发生剧烈变化,使自然生态系统趋于单一化,降低了城市生态系统的自我调节能力,使城市生态系统变得更为脆弱。因此,城市生态功能区划要注意保护城市生态系统结构多样性,以提高城市生态系统的稳定性。

　　(4) 注重保护资源,着眼长远利用原则

　　城市生态环境、生态资产和生态服务功能构成了城市持续发展的机会和风险,生态资产保护、生态服务功能强化是城市建设的一项重要内容,而城市生态功能区划又是合理利用和保护生态资产、强化生态服务功能的重要手段之一。因此,开展城市生态功能区划,必须从城市永续发展、资源保护和长远利用等角度出发,通过区划工作找出现实存在的城市结构与生态功能不相匹配的症结,然后逐步进行恢复调整。调整的一般原则是:对于自然资源使用不当的地方,按照远近结合原则,从实际出发提出逐步改造计划;对于自然资源的潜在利用功能,应给予特别关注;对于自然资源的竞争利用功能,应保证主功能充分发挥。

5）生态功能区划的程序与方法

城市生态功能区划以土地生态学、城市生态学、景观生态学和永续发展理论为指导,以 RS 和 GIS 技术为支撑,以城市发展与城市土地生态系统相互作用机制为研究主线,以生态适宜性分析、生态敏感性分析、生态服务功能重要性分析等为重点,参考城市土地利用规划和城市经济社会发展规划,以实现城市土地永续利用为目标。生态功能区划的具体程序如图(图 12-1)。

生态功能区划按照工作程序特点可分为"顺序划分法"和"合并法"两种。其中前者又称"自上而下"的区划方法,是以空间异质性为基础,按区域内差异最小、区域间差异最大的原则以及区域共轭性划分最高级区划单元,再依次逐级向下划分,一般大范围的区划和一级单元的划分多采用这一方法。后者又称"自下而上"的区划方法,它是以相似性为基础的,按相似相容性原则和整体性原则依次向上合并,多用于小范围区划和低级单元的划分。目前多采用自下而上、自上而下综合协调的方法。

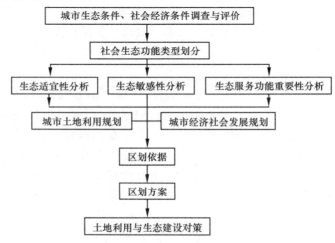

图 12-1　生态功能区规划具体程序

三、城市环境规划

城市环境规划是指对一个城市地区进行环境调查、监测、评价、区划以及因经济发展所引起的变化预测;根据生态学原则提出调整产业结构,以及合理安排生产布局为主要内容的保护和改善环境的战略性部署。也就是说,城市环境规划是城市政府为使城市环境与经济社会协调发展而对自身活动和环境所作的时间和空间的合理安排。

城市环境规划调控城市中人类的自身活动,减少污染,防止资源被破坏,从而保护城市居民生活和工作、经济和社会持续稳定发展所依赖的基础——城市环境,它是使城市居民与自然达到和谐,使经济和社会发展与城市环境保护达到统一而采取的主动行为。

1. 城市环境规划的目标与指标体系

1）城市环境规划的目标

制定环境规划目标是城市环境规划的核心内容,是对规划对象(如城市、工业区、社区等)未来某一阶段环境质量状况的发展方向和发展水平所作的规定,它既体现了环境规划的战略意图,也为环境管理活动指明了方向,提供了管理依据。

（1）按规划内容分类

环境质量目标主要包括大气质量目标、水环境质量目标、噪声控制目标以及生态环境目标。环境质量目标依不同的地域或功能区而不同。环境质量目标由一系列表征环境质量的指标体系来实现。

环境污染总量控制目标主要由工业或行业污染控制目标和城市环境综合整治目标构成。

污染排放总量控制目标实质上是以城市功能区环境容量为基础的目标,即把污染物排放量控制在功能区环境容量的限度内,多余的部分即作为削减目标或削减量。削减目标是污染总量控制目标的主要组成部分和具体体现。所谓目标的分解、实施、信息反馈、目标调整以及其他措施主要是围绕着削减目标进行的。

（2）按时间分类

按时间划分,环境规划目标可分为短期(年度)、中期(5～10 年)、长期(10 年以上)目标。对于短期目标一定要准确、定量、具体,体现出很强的可操作性。对于中期目标,要包含具体的定量目标,也包含定性目标。对于长期目标主要是有战略意义的宏观要求。从关系上看,长期目标通常是中、短期目标制定的依据,而短期目标则是中、长期目标的基础。

2）城市环境规划指标体系

城市环境规划指标是直接反映环境现象以及相关的事物,并用来描述城市环境规划内容的总体数量和质量的特征值。城市环境规划指标包含两方面的含义:一是表示规划指标的内涵和所属范围的部分,即规划指标的名称。二是表示规划指标数量和质量特征的数值,即经过调查登记、汇总整理而得到的数据。环境规划指标是环境规划工作的基础,并运用于整个环境规划工作之中。

环境质量指标主要表征自然环境要素(大气、水)和生活环境的质量状况,一般以环境质量标准为基本衡量尺度。环境质量指标是环境规划的出发点和归宿,所有其他指标的确定都是围绕完成环境质量指标进行的。

污染物总量控制指标是根据一定地域的环境特点和容量来确定的,其中又有容量总量控制和目标总量控制两种。前者体现环境的容量要求,是自然约束的反映;后者体现规划的目标要求,是人为约束的反映。中国现在执行的指标体系是将二者有机地结合起来,同时采用。

污染物总量控制指标将污染源与环境质量联系起来考虑,其技术关键是寻求源与汇(受纳环境)的输入响应关系,这是与目前盛行的浓度标准指标的根本区别。浓度标准指标里对污染源的污染物排放浓度和环境介质中的污染物浓度作出规定,易于监测和管理,但此类指标体对排入环境中的污染物总量无直接约束,未将源与汇结合起来考虑。

环境规划措施与管理指标是首先达到污染物总量控制指标,进而达到环境质量指标的支持性和保证性指标。这类指标有的由环境保护部门规划与管理,有的则属于城市总体规划,但这类指标的完成与否与环境质量的优劣密切相关,因而将其列入环境规划中。

其余相关指标主要包括经济指标、社会指标和生态指标三类,大都包含在国民经济和社会发展规划中,都与环境指标有密切联系,对环境质量有深刻影响,但又是环境规划所包容不了的。因此,环境规划将其作为相关指标列入,以便更全面地衡量环境规划指标的科学性和可行性。对于区域来说,生态类指标也为环境规划所特别关注,它们在环境规划中将占有越来越重要的位置。

2. 城市环境质量评价与预测

1）环境质量评价

（1）环境回顾评价

环境回顾评价是为检验区域内各类开发活动已造成的环境影响和效应,以及污染控制措施的有效性,对区域的经济、社会、环境等发展历程进行总结,并对原区域环评预测模型和结论正确性进行验证,查找偏差及原因。通过环境回顾评价,可掌握区域环境背景状况,在较大时空尺度上分析区域环境发展趋势和环境影响累积特征,找出区域经济、污染源、环境质量的因果关系,从而为区域产业结构优化和环境规划提供重要支撑。

环境回顾评价需根据积累的资料进行环境模拟,或者采集样品,分析和推算以往的环境状况。如可通过污染物在树木年轮中含量的分析推知该地区污染物浓度变化状况。环境回顾评价包括对污染浓度变化规律、污染成因、污染影响环境程度的评估,对环境治理效果的评估等内容。此外,工程污染源、污染物、污染治理措施、环境影响现状、环保对策、公众反应等也是环境回顾评价的内容。

(2) 环境现状评价

环境现状评价是依据一定的标准和方法,着眼当前情况,对区域内人类活动所造成的环境质量变化进行评价,为区域环境污染综合防治提供科学依据。环境现状评价包括环境污染评价和自然环境评价:

环境污染评价是对污染源、污染物进行调查,了解污染物的种类、数量及其在环境中的迁移、扩散和变化,表征各种污染物分布、浓度及效应在时空上的变化规律,对环境质量的水平进行分析和评价。

自然环境评价是以维护生态平衡、合理利用和开发自然资源为目的,对区域范围的自然环境各要素的质量进行的评价。

(3) 环境影响评价

又称环境影响分析。是指对建设项目、区域开发计划及国家政策实施后可能对环境造成的影响进行预测和估计。1969 年,美国首先提出环境影响评价概念,并在《国家环境政策法》中定为制度,随后西方各国陆续推广。中国于 1979 年确定环境影响评价制度。根据开发建设活动的不同,可分为单个开发建设项目的环境影响评价、区域开发建设的环境影响评价、发展规划和政策的环境影响评价(又称战略影响评价)等三种类型。按评价要素,可分为大气环境影响评价、水环境影响评价、土壤环境影响评价、生态环境影响评价。影响评价的对象包括大中型工厂;大中型水利工程;矿业、港口及交通运输建设工程;大面积开垦荒地、围湖围海的建设项目;对珍稀物种的生存和发展产生严重影响、或对各种自然保护区和有重要科学价值的地质地貌地区产生重大影响的建设项目;区域的开发计划;国家的长远政策等。值得注意的是,2003 年 9 月 1 日起施行的《中华人民共和国环境影响评价法》对环境影响评价的定义包含了新的内容:"本法所称环境影响评价,是指对规划和建设项目实施后可能造成的环境影响进行分析、预测和评估,提出预防或者减轻不良环境影响的对策和措施,进行跟踪监测的方法与制度。"

环境预测是指根据人类过去和现有已掌握的信息、资料、经验和规律,运用现代科学技术手段和方法对未来的环境状况和环境发展趋势及其主要污染物和主要污染源的动态变化进行描述和分析。

2) 环境预测的主要内容

城市社会和经济发展预测主要内容包括规划期内城市区域内的人口总数、人口密度、人口分布等方面的发展变化趋势;区域内人们的道德、思想、环境意识等各种社会意识的发展变化;人们的生活水平、居住条件、消防倾向、对环境污染的承受能力等方面的变化;城市区域生产布局的调查、生产力发展水平的提高和区域经济基础、经济规律和经济条件等方面的变化趋势。

社会发展预测的重点是人口预测,经济发展预测的重点是能源消耗预测、国民生产总值预测、工业部产值预测。

城市环境容量和资源预测根据城市区域环境功能的区划、环境污染状况和环境质量标准来预测区域环境容量的变化,预测区域内各类资源的开采量、储备量以及资源的开发利用效果。

环境污染预测是预测各类污染物在大气、水体、土壤等环境要素中的总量、浓度以及分布的变化,预测可能出现的新污染种类和数量。预测规划期内由环境污染可能造成的各种社会和经济损失。污染物宏观总量预测的要点是却合理的排污系数(如单位产品和万元工业产值排污量)和弹性系数(如工业废水排放量与工业产值的弹性系数),环境污染预测的要点是确定排放源与汇之间的输入响应系数。

其他还有环境治理和投资预测和生态环境预测等项内容。

第 2 节　城市绿地系统的规划布局

一、城市绿地的功能

1. 生态功能

城市绿地作为自然界生物多样性的载体,使城市具有一定的自然属性,具有固化太阳能、保持水土、涵养水源、维护城市水循环、调节小气候、缓解温室效应等作用,在城市中承担重要的生态功能。到衡水建筑绿化和道路绿化则是对这个功能的补充。同时,城市绿地对缓解城市环境污染造成的影响和防灾减灾具有重要作用。

2. 社会经济功能

城市中的各种绿地,大到郊野公园,小至街头绿地,都为市民提供了开展各类户外休闲和交往活动的空间,不但增进了人与自然融合,还可以增进人与人之间的交往和理解,促进社会融合。同时,城市绿化还可以构成城市景观的自然部分,并以其丰富的形态和季节的变化不断地唤起人们对美好生活的追求,也称为紧张城市生活中人们的心理调节剂。

由大量绿化构成的优美的城市景观环境还可以提升城市的形象,进而成为吸引人才,改善投资环境,促进城市经济发展的动力。此外,通过城市绿地规划,系统地配置绿色经济作物,可以大大提高城市绿地的产出,扩大人的社会交往,降低一部分生活的成本,使城市绿地的生态功能与社会经济功能实现高度统一(表 12-1)。

二、城市绿地系统的发展

1. 国外城市绿地系统的发展

旧约全书中的"伊甸园"、巴比伦的空中花园、古希腊古罗马城市中的集市、墓园和军事用地,中世纪欧洲城市的教堂广场、市场街道等,是城市游憩活动和绿地的雏形。

直到文艺复兴时期,欧洲各国的一些皇家园林开始定期向公众开放,如伦敦的皇家花园、巴黎的蒙克花园等。1810 年,伦敦的皇家摄政公园一部分投入房地产开发,其余部分正式向公众开放。

工业革命和社会化大生产引起城市人口急剧增加,导致城市的卫生与健康环境恶化。1833年,英国议会颁布了一系列法案,开始准许动用税收建造城市公园和其它城市基础设施。

表 12-1 　　　　　　　　　　　　　城市园林绿地功能与作用表

城市园林绿地功能与作用	生态作用	改善小气候	调节气温、湿度、气流
		净化空气促进健康	保持氧气平衡
			吸收有害气体
			滞尘、杀菌、健康维护
		防止灾害	降低噪声,防风、防火、防水
			防止水土流失
			净化水质、涵养水源
		保护生物环境	保护多样性
			保护土壤环境
	社会功能	安全防护	缓冲灾害危险,提供避灾场地
		游憩活动	提供文娱、科普、休养场地
		调节土地利用	城市备用地
			城市保留地
		审美	创造自然景观
			美化环境
		休养身心	休养、安静、休息
			自然感、生命感、享受
	经济作用	直接经济效益	物质经济收入
			旅游经济收入
		间接经济效益	以替代法计算的收益
			以环境测算的效益

1843 年,英国利物浦动用税收建造了公众可以免费使用的伯肯海德公园,标志着世界上第一个城市公园的正式诞生。

19 世纪下半叶,欧洲、北美掀起了城市公园建设的第一次高潮,称之为"公园运动"。1880 年时的美国 210 个城市,九成以上已经记载建有城市公园。在"公园运动"时期,西方各国普遍认为城市公园具有五个方面的价值,即:保障公众健康、滋养道德精神、体现浪漫主义、提高劳动者工作效率、促使城市地价增值。

"公园运功"为城市居民带来了出入便利、安全清新的集中绿地。然而,它们还只是由建筑群密集包围着的一块块脆弱的"沙漠绿洲"。1880 年,美国园林设计师奥姆斯特德等人设计的波士顿公园体系,突破了美国城市方格网格局的限制,该公园体系以河流、泥滩、荒草地所限定的自然空间为定界依据,利用 200～1500 英尺宽的带状绿化,将数个公园连成一体,在波士顿中心城区形成了景观优美、环境宜人的公园体系。波士顿公园体系的成功,对城市绿地系统的发展产生了深远的影响。

1898 年,霍华德出版了《明天——一条引向真正改革的和平道路》,他认为大城市是远离自然,灾害肆虐的重病号,"田园城市"是解决这一社会问题的方法。"田园城市"直径不应超过 2km,人们可以步行到达外围绿化带和农田。城市中心是由公共建筑环抱的中央花园,外围是宽阔的林荫大道,内设学校、教堂等,加上放射状的林荫小径,整个城市鲜花盛开、绿树成荫,形成一种城市与乡村田园相融的健康环境。在这一思想引导下,英国于 1903 年和 1919 年分别

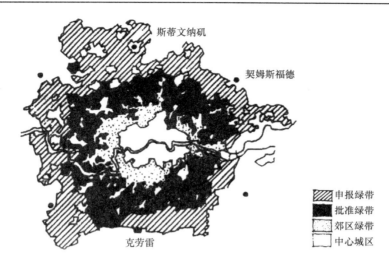

斯蒂文纳矶

契姆斯福德

克劳雷

申报绿带
批准绿带
郊区绿带
中心城区

图 12-2　大伦敦区域规划(1944 年)

建造了莱奇沃斯和韦林两座"田园城市"。

　　第二次世界大战以后,欧、亚各国在废墟上开始重建城市家园。一方面许多城市开始在老城区内大力拓建绿地;另一方面,以英国的《新城法案》为标志,许多国家开始采取措施疏解大城市人口、创建新城。无论大城市还是小城市,面对空前的发展机遇,城市绿地建设迈入了继"公园运动"之后的第二次历史高潮。

　　从 20 世纪 70 年代起,全球兴起了保护生态环境的高潮。到 80 年代初,城市绿地建设进入了生态园林的理论探讨与实践摸索阶段。新世纪以来,人类进展到理解城市与自然关系的崭新阶段。

2. 中国城市绿地系统的发展

　　中华民族"天人合一"的文化特征在城市中表现为:擅长于在将生活环境与自然环境融为一体的同时,也将人的精神文化需要与城市中的自然相交融,从而创造了举世闻名的中国园林文化。与西方古代一样,中国古代城市绿化大多只为少数人所享用。

　　1949 年建国之时,中国城市人口密度极高,基础设施十分薄弱,城市绿地极为匮乏。建国后的第一个五年计划(1953—1957)期间,一批新城市的总体规划明确提出了完整的绿地系统概念,许多城市开始了大规模的城市绿地建设。例如,北京五年内新增绿地面积达 970hm,迅速改善了城市环境和人民生活质量。1958 年,中央政府提出"大地园林化"和"绿化结合生产"的方针。

　　1976 年 6 月国家城建总局批发了《关于加强城市园林绿化工作的意见》,规定了城市公共绿地建设的有关规划指标。1972 年,国务院颁发了《城市绿化条例》,根据其中第九条的授权,1993 年 11 月建设部在参照各地城市绿化指标现状及发展情况的基础上,制定了《城市绿化规划建设指标的规定》(城建 1993784 号文件)。其中规定了城市绿化指标:即到 2000 年人均公共绿地 5~7m^2(视人均城市用地指标而定),城市绿化覆盖率应不少于 30%,2010 年人均公共绿地 6~8m^2,城市绿化覆盖率不少于 35%。该规定还明确说明,这是根据我国目前实际情况,经过努力可以达到的低水平标准,离满足生态环境需要的标准还相差甚远,它"只是规定了指标的底限",特殊城市(如省会城市、沿海开放城市、风景旅游城市、历史文化名城、新开发城市和流动人口较多的城市等)"应有较高的指标"。

　　改革开放以后,我国的城市绿化事业取得了持续的进展,城市绿化水平有了较大的提高。

三、城市绿地的类型和建设标准

1. 我国现行的城市绿地分类标准

由于城市绿地既具有生态服务功能,又具有社会经济功能,不同研究领域和工作目标下城市绿地的分类是不同的。在城市规划领域对城市绿地的分类是基于城市生态系统的运行原理,考虑不同规模、服务对象和空间位置的绿地所担当的城市功能,使城市绿地与其他功能性城市建设用地构成一个完整用地分类体系,以便形成一个完整的用地规划、建设标准和控制管理的系统。

2002 年,国家建设部颁布了《城市绿地分类标准》(CJJ/T 85—2002)。该分类标准将城市绿地划分为五大类,即:公园绿地 G1、生产绿地 G2、防护绿地 G3、附属绿地 G4 和其他绿地 G5(表 12-2)。

表 12-2 城市绿地分类标准

类别代码 大类	中类	小类	类别名称	内容与范围	备注
G1			公园绿地	向公众开放,以游憩为主要功能,兼具生态、美化、防灾等作用的绿地	
	G11		综合公园	内容丰富,有相应设施,适于公众开展各类户外活动的规模较大的绿地	
		G111	全市性公园	为全市居民服务,活动内容丰富、设施完善的绿地	
		G112	区域性公园	为市区内一定区域的居民服务,具有较丰富的活动内容和设施完善的绿地	
	G12		社区公园	为一定居住用地范围内的居民服务,具有一定活动内容和设施的集中绿地	不包括居住组团绿地
		G121	居住区公园	服务于一个居住区的居民,具有一定活动内容和设施,为居住区配套建设的集中绿地	服务半径:0.5～1.0km
		G122	小区游园	为一个居住小区的居民服务、配套建设的集中绿地	服务半径:0.3～0.5km
	G13		专类公园	具有特定内容或形式,有一定游憩设施的绿地	
		G131	儿童公园	单独设置,为少年儿童提供游戏及开展科普、文体活动,有安全、完善设施的绿地	
		G132	动物园	在人工饲养条件下,移地保护野生动物,供观赏、普及科学知识,进行科学研究和动物繁育,并具有良好设施的绿地	
		G133	植物园	进行科学研究和引种驯化,并供观赏、游憩及开展科普活动的绿地	
		G134	历史名园	历史悠久,知名度高,体现传统造园艺术,并被审定为文物保护单位的园林	
		G135	风景名胜公园	位于城市建设用地范围内,以文物古迹、风景名胜点(区)为主形成的具有城市公园功能的绿地	
		G136	游乐公园	具有大型游乐设施,单独设置,生态环境较好的绿地	绿化占地比例应大于等于65%
		G137	其他专类公园	除以上各种专类公园外,具有特定主题内容的绿地,包括雕塑园、盆景园、体育公园、纪念性公园等	绿化占地比例应大于等于65%
	G14		带状公园	沿城市道路、城墙、水滨等,有一定游憩设施的狭长形绿地	
	G15		街旁绿地	位于城市道路用地之外,相对独立成片的绿地、小型沿街绿化用地等	绿化占地比例应大于等于65%
G2			生产绿地	为城市绿化提供苗木、花草、种子的苗圃、花圃等圃地	

续表

类别代码			类别名称	内容与范围	备注
大类	中类	小类			
G3			防护绿地	城市中具有卫生、隔离和安全防护功能的绿地,包括卫生隔离带、道路防护绿地、城市高压走廊绿带、防风林、城市组团隔离带等	
G4			附属绿地	城市建设用地中,绿地之外,各种用地中的附属绿化用地,包括居住用地、公共设施用地、工业用地、仓储用地、对外交通用地、道路广场用地、市政设施用地和特殊用地中的绿地	
	G41		居住绿地	城市居住用地内社区公园以外的绿地,包括组团绿地、宅旁绿地、配套公建绿地、小区道路绿地等	
	G42		公共设施绿地	公共设施用地内的绿地	
	G43		工业绿地	工业用地内的绿地	
	G44		仓储绿地	仓储用地内的绿地	
	G45		对外交通绿地	对外交通用地内的绿地	
	G46		道路绿地	道路广场用地内的绿地,包括行道树绿带、分车绿带、交通岛绿地、交通广场和停车场绿地等	
	G47		市政设施绿地	市政公用设施用地内的绿地	
	G48		特殊绿地	特殊用地内的绿地	
G5			其他绿地	对城市生态环境质量、居民休闲生活、城市景观和生物多样性保护有直接影响的绿地,包括风景名胜区、水源保护区、郊野公园、森林公园、自然保护区、风景林地、城市绿化隔离带、野生动物园、湿地、垃圾填埋场恢复绿地等	

公园绿地(G1)是指向公众开放,以游憩为主要功能,兼具生态、美化、防灾等作用的绿地,包括城市中的综合公园、社区公园、专类公园、带状公园以及街旁绿地。公园绿地与城市的居住、生活密切相关,是城市绿地的重要部分。

生产绿地(G2)是指为城市绿化提供苗木、花草、种子的苗圃,花圃、草圃的圃地,是城市绿化材料的重要来源,对城市植物多样性保护有积极的作用。

防护绿地(G3)是指对城市具有卫生、隔离和安全防护功能的绿地,包括城市卫生隔离带、道路防护绿地、城市高压走廊绿带、防风林、城市组团隔离带等。

附属绿地(G4)是指城市建设用地(除 G1、G2、G3 之外)中的附属绿化用地里包括居住用地、公共设施用地、工业用地、仓储用地、对外交通用地、道路广场用地、市政设施用地和特殊用地中的绿地。

其他绿地(G5)是指对城市生态环境质量、居民休闲生活、城市景观和生物多样性保护有直接影响的绿地。包括风景名胜区、水源保护区、郊野公园、森林公园、自然保护区、风景林地、城市绿化隔离带、野生动植物园、湿地、垃圾填埋场恢复绿地等。

2. 城市绿化建设标准

1) 城市绿地系统的三大指标

城市绿地指标是反映城市绿化建设质量和数量的量化方式,也是对城市绿地规划编制评定和绿化建设质量考核中的主要指标,其中人均公园绿地面积、城市绿地率和绿化覆盖率是我国目前规定性的考核指标。人均公园绿地面积是城市绿化的最基本指标,其不仅是人均所需自然空间和生物量的指标,也是体现城市社会公平的重要指标。城市绿地率是从城市土地使用控制角度实施和评价城市绿化水平的指标,是编制城市规划的重要指标。城市绿化覆盖率指城市建设用地内被绿化种植物覆盖的水平投影面积与其用地面积的比例,包括屋顶花园、垂直墙面绿化等。城市绿化覆盖率对于降低城市热岛效应、改善城市小气候和创造良好的城市景观具有重要作用。

根据《城市绿化规划建设指标的规定》和《城市绿地分类标准》(CJJ/T85-002),城市绿地指标的统计范围和计算公式为:

人均公园绿地面积(m²/人)=城市公园绿地面积(G1)÷城市人口数量

城市绿地率(%)=(城市建成区内绿地面积之和/城市的用地面积)×100%

城市绿化覆盖率(%)=(城市内全部绿化种植垂直投影面积/城市的用地面积)×100%

2)国家有关城市绿地规划的建设标准

我国各类城市,特别是大城市,人均城市建设用地十分有限,为保证规划各项城市绿地规划和建设指标的落实,维持城市绿化的最低水平,国家建设部于1990年颁布了《城市用地分类域规划建设用地标准》(GBJ 137-90)中,提出城市人均绿地指标为≥9.0m²,其中人均公园绿地≥7.0m²(表12-3)。1993年,国家建设部颁布了《城市绿化规划建设指标的规定》784号文件,提出了城市人均建设用地指标,其中还确定了人均公共绿地面积、城市绿地率和城市绿化覆盖率指标。

表 12-3　　　　　　　　　国家有关城市绿地规划的建设标准

人均建设用地 (m²/人)	人均公共绿地(m²/人)		城市绿化覆盖率(%)		城市绿地率(%)	
	2000 年	2010 年	2000 年	2010 年	2000 年	2010 年
<75	>5	>6	>30	>35	>25	>30
75~105	>5	>7	>30	>35	>25	>30
>105	>7	>8	>30	>35	>25	>30

从1986年到1999年,城市人均公园绿地面积由3.45m²提高到6.52m²,城市绿地率由15%提高到23%,城市绿化覆盖率由16.86%提高到27.44%。但是从我国不同区域的一些城市的绿化建设水平来看,我国制定的《国家园林城市标准》(表12-4)和欧美发达国家的城市绿化水平相比尚有不小的距离,与1970年代末联合国生物圈生态与环境组织提出的城市最佳人居环境标准达到人均60m²公园绿地的指标存在巨大差距。

此外,为确保城市绿化的质量,充分发挥其生态功能和维护社会公平,《国家园林城市标准》对城市绿化其他相关的指标也作出了相应的规定。如:街道绿化普及率达95%以上,各城区间城市绿化覆盖率、绿地率相差在5个百分点,人均公共绿地面积差距在2m²内;新建居住小区绿地率应在30%以上,改造旧居住区的绿地率不少于25%;全市生产绿地总面积占城市建成区面积的2%以上,苗木自给率达80%以上。与此同时,城市绿地指标还应对城市绿地规划和建设提出规模、等级和空间分布等方面的要求,以满足城市居民在不同层次和不同范围的需求。

表 12-4　　　　　　　　　　　　　　公园绿地系统规划标准

城市公园划分	服务半径(标准)	占地面积(标准)
小区游园	250m	0.25hm²
居住区公园	500m	2hm²
地区公园	1000m	4hm²
城市公园	5000m	10hm²

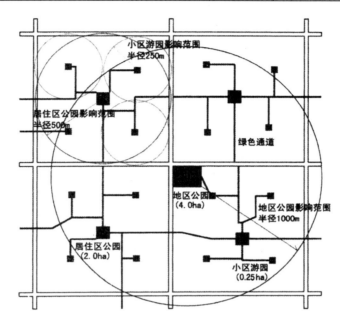

图 12-3　日本地区规划中对公园绿地系统规划的规定示意图

四、城市绿地系统规划

广义的城市绿地系统包括城市绿地和水系,即城市范围内一切人工的、半自然的以及自然的植被、水体、河湖、湿地。狭义的城市绿地系统是指城市建成区或规划区范围内,以各类绿地构成的空间系统。从这种意义上来解释城市绿地系统,可以将其定义为在城市空间内,以自然植被和人工植被为主要存在形态,能发挥生态平衡功能,对城市生态、景观和居民休闲生活有积极作用的城市空间系统。

1. 城市绿地系统规划的内容和方法

在我国的城市规划体系中,城市绿地系统规划是与用地规划、道路系统规划相并列的一项重要的规划内容,也是城市总体规划中的一项专业规划,其规划成果纳入城市总体规划加以落实。城市绿地系统规划不仅需要反映城市各类建设用地中绿地的分布状况、数量指标、绿地性质和各类绿地间的有机联系,而且要体现在市域大环境下的绿化体系。就其深度而言,应具有分区规划和控制性详细规划兼有的内容要求。具体来讲,它包括绿地结构、绿地分类、绿地布局、指标体系、绿化配置、绿地景观和近期建设等规划内容,并应具有较强的指导性和可操作性。

此外,作为一个系统的规划,城市绿地的规划应是多层次的,具体规划层次和内容如下:城市绿地系统专业规划,是城市总体规划阶段的多个专业规划之一,规划主要涉及城市绿地在总体规划层次上的统筹安排;城市绿地系统专项规划,是对城市绿地系统专业规划的深化和细化,该规划不仅涉及城市总体规划层面,还涉及详细规划层面的绿地统筹。在城市控制性详细规划和修建性详细规划阶段,城市绿地系统规划还涉及总体规划中规定的绿线和蓝线控制的落实、城市公园绿地布局、方案设计、绿地和开放空间引导等。

城市绿地系统规划的主要任务包括以下方面:

① 根据城市的自然条件、社会经济条件、城市性质、发展目标、用地布局等要求,确定城市绿化建设的发展目标和规划指标。

② 研究城市地区和乡村地区的相互关系,结合城市自然地貌,统筹安排市域大环境绿化的空间布局。

③ 确定城市绿地系统的规划结构,合理确定各类城市绿地的总体关系。

④ 统筹安排各类城市绿地,分别确定其位置、性质、范围和发展指标。

⑤ 城市绿化树种规划。

⑥ 城市生物多样性保护与建设的目标、任务和保护措施。

⑦ 城市古树名木的保护与现状的统筹安排。

⑧ 制定分期建设规划,确定近期规划的具体项目和重点项目,提出建设规模和投资估算等。

⑨ 从政策、法规、行政、技术经济等方面,提出城市绿地系统规划的实施细则。

⑩ 编制城市绿地系统规划的图纸和文件。

城市绿地系统规划的目标通常着眼于当前效益与长远效益的统合,以城市发展定位目标为依据,制定绿地空间布局和安排绿化建设的步骤。

城市绿地系统规划的工作方法通常包括区域生态环境状况和绿地现状调查,了解当地绿化结构和空间配置,绿地和水系的关系,绿地系统的演化趋势分析,以及绿地使用现状和问题的分析,进而开展城市绿地系统规划的编制。城市绿地系统规划的基本原则包括系统地整合城乡绿地网络系统,优化城市空间布局,维护生物多样性、开放空间优先、实现社会公平、保持地方特色等方面。

2. 城市绿地系统的结构布局

1)结构布局的基本模式

结构布局是城市绿地系统的内在结构和外在表现的综合体现,其主要目标是使各类绿地合理分布、紧密联系,组成有机的绿地系统整体。通常情况下,系统布局有点状、环状、放射状、放射环状、网状、楔状、带状、指状等 8 种基本模式(图 12-4)。

我国绿地城市空间布局常用的形式有以下 4 种。

(1)块状绿地布局将绿地成块状均匀地分布在城市中,方便居民使用,多应用于旧城改建中,如上海、天津、武汉、大连、青岛和佛山等城市。

(2)带状绿地布局多数是由于利用河湖水系、城市道路、旧城墙等因素,形成纵横向绿带、放射状绿带与环状绿地交织的绿地网。带状绿地布局有利于改善和表现城市的环境艺术风貌。

(3)楔形绿地布局利用从郊区伸入市中心由宽到窄的楔形绿地,称为楔形绿地。楔形绿地布局有利于将新鲜空气源源不断地引入市区,能较好地改善城市的通风条件,也有利于城市艺术面貌的体现,如合肥。

(4)混合式绿地布局是前三种形式的综合利用,可以做到城市绿地布局的点、线、面结合,

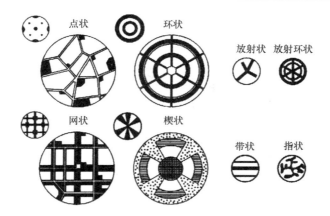

图 12-4　城市绿地分布的基本模式

组成较完整的体系。其优点是能够使生活居住区获得最大的绿地接触面,方便居民游憩,有利于就近地区气候与城市环境卫生条件的改善,有利于丰富城市景观的艺术面貌。

2) 规划布局的原则

城市绿地系统规划布局总的目标是,保持城市生态系统的平衡,满足城市居民的户外游憩需求,满足卫生和安全防护、防灾、城市景观的要求。

(1) 城市绿地应均衡分布,比例合理,满足全市居民生活、游憩需要,促进城市旅游发展。

城市公园绿地,包括全市综合性公园、社区公园、各类专类公园、带状公园绿地等,是城市居民户外游憩活动的重要载体,也是促进城市旅游发展的重要因素。城市公园绿地规划以服务半径为基本的规划依据,"点、线、面、环、楔"相结合的形式,将公园绿地和对城市生态、游憩、景观和生物多样性保护等相关的绿地有机整合为一体,形成绿色网络。按照合理的服务半径和城市生态环境改善,均匀分布各级城市公园绿地,满足城市居民生活休息所需;结合城市道路和水系规划,形成带状绿地,把各类绿地联系起来,相互衔接,组成城市绿色网络。

(2) 指标先进。城市绿地规划指标制定近、中、远三期规划指标,并确定各类绿地的合理比例,有效指导规划建设。

(3) 结合当地特色,因地制宜。应从实际出发,充分利用城市自然山水地貌特征,发挥自然环境条件优势,深入挖掘城市历史文化内涵,对城市各类绿地的选择、布置方式、面积大小、规划指标等进行合理规划。

① 远近结合,合理引导城市绿化建设目标。考虑城市建设规模和发展规模,合理制定分期建设,确保在城市发展过程中,能保持一定水平的绿地规模,使各类绿地的发展速度不低于城市发展的要求。在安排各期规划目标和重点项目时,应依据城市绿地自身发展规律与特点而定。近期规划应提出规划目标与重点,具体建设项目、规模和投资估算。

② 分割城市组团。城市绿地系统的规划布局应与城市组团的规划布局相结合。理论上每 $25\sim50km^2$,宜设 $600\sim1000m$ 宽的组团分割带。组团分割带尽量与城市自然地和生态敏感区的保护相结合。

3) 上海的绿地系统设计

《上海城市绿地系统规划》(2002—2020 年)的总体布局呈现出"环"、"楔"、"廊"、"园"、"林"的形式。规划以"一纵两横三环"为骨架、以"多片多园"为基础、以"绿色廊道"为网络,形成互为交融、有机联系的中心城绿地布局结构。在规划理念上,创造生态"源"林——建设城市森林,构筑"水都绿城"——让城市重回滨水,构筑城市"绿岛"——平衡城市"热岛",构筑"绿色动感都市"——建设绿色标志性景观空间(图 12-5)。

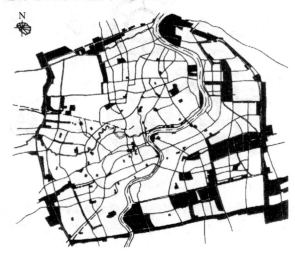

图 12-5　上海市中心城区绿地系统规划(2002 年)

五、城市绿化的树种规划

主要阐述树种规划的基本原则;确定城市所处的植物地理位置(包括植被气候区域与地带、地带性植被类型、建群种、地带性土壤与非地带性土壤类型);确定相关技术经济指标;基调树种、骨干树种和一般树种的选定;市花、市树的选择与建议等。

1. 绿化树种选择原则

城市绿化的树种选择应遵循以下几项基本原则。

常绿树种与落叶树种结合:树种规划应考虑城市气候植被区域的自然规律,使常绿阔叶树种与落叶树种的数量之间保持一定的比例,可以反映明显的季节变化。

优先选用乡土树种:乡土树种能较好反映地方的自然地理特色,并且在漫长的历史长河中与历史文化建立起综合复杂的联系,具有地方特色。乡土树种的自然适应性强,给育苗、运输、种植管理带来很大方便,成活率高,景观成型快,有利于城市园林景观的形成和保持。除乡土树种外,还可以考虑已经经过长时间栽培的引种外来树种。

景观与生产相结合:可以根据地区和对象的具体情况,在树种规划时考虑园林景观结合生产。园林树种中很多同时是经济树种,例如桑树或者果树的种植,既可以形成富有地域人文特色的景观,同时又具有良好的经济效益。

速生树与慢生树相衔接,促进长寿而珍贵的慢生树数量增多。城市绿化近期应以速生树为主,因为速生树可以快速成荫,达到设计效果,但是速生树一般寿命较短,在 20 年后需要更新和补充,因此就需要考虑与慢生树的结合使用。慢生树成荫较慢,但是可以弥补在速生树种更新时给景观效果带来的不利影响,并且利于创造一种稳定的地方景观特色。

2. 树种规划方法

1) 调查研究和现状分析

现状调查分析是整个树种规划的基础,所收集的资料应该准确、全面、科学。通过踏勘和分析,搞清楚绿地现状及问题,找出城市绿地系统的建设条件、规划重点和发展方向,明确城市发展基本需要和工作范围,作出城市绿地现状的基本分析和评价。

现状调查分析包括当地的植被地理位置,分析当地原有树种和外来驯化树种的生态习性、生长状况等;目前树种的应用品种是否丰富;新优树种的应用是否具有针对性、是否经过了引种、驯化和适应性栽培;大树、断头树的移植比例是否恰当;种植水平和维护管理水平是否达到了相应的水平;目前绿化树种生态效益、景观效益和经济效益结合的情况等,为后续规划工作做好服务。

2)确定基调树种

城市绿化的基调树种,是能充分表现当地植被特色、反映城市风格、能作为城市景观重要标志的应用树种。如长沙市,根据城市的历史、现状以及城市的发展要求,在规划中选用了香樟、广玉兰、银杏、枫香、桂花等 13 种乔木和竹类、棕树作为基调树种加以推广应用。

3)确定骨干树种

城市绿化的骨干树种,是具有优异的特点、在各类绿地中出现频率最高、使用数量大、有发展潜力的树种,主要包括行道树树种、庭园树树种、抗污染树种、防护绿地树种、生态风景林树种等,其中城市干道的行道树树种选择要求最为严格,因为相比之下,行道的生境条件最为恶劣。骨干树种的名录需要在广泛调查和查阅历史资料的基础上,针对当地的自然条件,通过多方慎重研究才能最终确定。

4)确定树种的技术指标

树种规划的技术指标主要包括裸子植物与被子植物比例、常绿树种与落叶树种比例、乔木与灌木比例、木本植物与草本植物比例、乡土树种与外来树种比例(并进行生态安全性分析)、速生与中生和慢生树种比例,确定绿化植物名录(科、属、种及种以下单位)。

六、生物多样性保护与建设规划

生物多样性是指在一定空间范围内活的有机体(包括植物、动物、微生物)的种类、变异性及其生态系统的复杂程度,它通常分为三个不同的层次,即生态系统多样性、物种多样性、遗传(基因)多样性。它是人类赖以生存和发展的基础,保护生物多样性是当今世界环境保护的重要组成部分,它对改善城市自然生态和城市居民的生存环境具有重要作用,是实现城市可持续发展的必要保障。

生物多样性规划首先需要加强本地调研,确定当地所属的气候带和主导生态因子,确定当地所属的植被区域、植被地带、地带性植被类型建群种、优势种以及城市绿化中的乡土树种,编制出绿地的立地条件类型和城市绿化适地适树表,建立城市绿化植物资源信息系统,对城市鸟类和昆虫类等动物进行调查,并列出名录。最后,从生态系统多样性、物种多样性、遗传多样性、景观多样性几个方面分别进行规划。

1. 植物物种多样性规划

(1)本地植被气候带园林植物物种的发掘与应用。争取在几年时间内发掘几十种乡土植物,对开发的园林植物进行生物学特性、生态学习性和在园林绿地中的适应性进行监测,筛选出生长势旺、抗逆性强、观赏价值高的植物种类,推广于园林绿地,逐步提高城市绿地植物物种的丰富度。

(2)相邻植被气候带园林植物的引种和应用。争取在几年内引种若干种适生的外来植物,对引入的植物进行生态安全性的测定和适应性观测研究,经较长时期试种后,确系生长势旺、适应性和抗逆性强,景观效果好,与乡土植物能共生共荣的种类,可逐步推广于城市园林绿地。

（3）建立种质资源保存、繁育基地,提高园林植物群落的物种丰富度。结合生产绿地,建立种质资源基地,针对性地开展彩叶树种、行道树、名花、水生花卉的种质资源选育。丰富层次,充分利用垂直空间生态位资源,建立树种组成和结构较丰富的园林植物群落。

2. 植物基因多样性的保护与利用

充分利用种、变种、变型,利用植物栽培品种的多样性,利用植物起源的多样性。

3. 生态系统多样性规划

规划自然功能区,重点保护和恢复本植被气候地带各种自然生态系统和群落类型,保护自然生境,丰富城市绿地系统类型多样性,采用模拟自然的群落设计方法,以形成复杂的生态系统食物网结构,支持丰富的生物种类共存。

4. 景观多样性规划

保护和恢复山体、溪谷、水体等自然生态环境的自然组合体,建立自然景观保护区,建设城市大中型绿地,充分借鉴当地自然景观特点,创建各种景观类型使其在城市绿地中再现,建立景观廊道,保护本地历史文化遗迹,建设历史文化型绿地、民俗再现型绿地等各种显示城市特点的个性化绿地。

5. 珍稀濒危植物的保护

对珍稀濒危植物,以就地保护为主、迁地保护为辅,扩大其生物种群,建立或恢复适生生境,保存和发展珍稀生物资源。

（1）就地保护。建立保护区;增加景观的异质性;保护和恢复栖息地,减缓物种灭绝和保护遗传多样性;在城市市域周围建立完整的生物景观绿化带,保护湿地、山地生态系等特殊生态环境和生态系统。

（2）迁地保护。建立动物园、专类公园和有计划地建立重点物种的资源圃或基因库;建立和完善珍稀濒危植物迁地保护网络,保护遗传物质。

6. 保护措施

（1）开展普查。普查生物多样性资源、提出资源评估报告、划定重点保护区、建立生态监测档案。

（2）加强保护和发展城市公园及绿地系统生物多样性工作。

（3）加强动、植物园建设,开展科研和科普工作,加大人工繁育研究,形成一定数量濒危植物保护群。

七、古树名木保护规划

古树名木是有生命的珍贵文物,是民族文化、悠久历史和文明古国的象征和佐证。通过对现存古树的研究,可以推究成百上千年来树木生长地域的气候、水文、地理、地质、植被以及空气污染等自然变迁。古树名木同时还是进行爱国主义教育、普及科学文化知识、增进中外友谊、促进友好交流的重要媒介。

保护好古树名木不仅是社会进步的要求,也是城市生态环境和风景资源的要求,对于历史文化名城而言,更是应做之举。

1. 古树名木的含义与分级

根据全国绿化委员会和国家林业局共同颁发的文件《关于开展古树名木普查建档工作的通知》(全绿字 200115 号),有关古树名木的含义表述和等级划分如下。

（1）古树名木的含义一般系指在人类历史过程中保存下来的年代久远或具有重要科研、历史、文化价值的树木。古树指树龄在 100 年以上的树木。名木指在历史上或社会上有重大影响的中外历代名人、领袖人物所植或者具有极其重要的历史、文化价值、纪念意义的树木。

（2）古树名木的分级及标准古树分为国家一、二、三级，国家一级古树树龄在 500 年以上，国家二级古树 300～499 年，国家三级古树 100～299 年。国家级名木不受树龄限制，不分级。

另外，根据建设部颁发的《关于印发〈城市古树名木保护管理办法〉的通知》（建城 2000192 号），有关古树名木的含义表述和等级划分则有所不同，具体表述如下：

（3）古树名木的含义古树，是指树龄在 100 年以上的树木。名木，是指国内外稀有的以及具有历史价值和纪念意义及重要科研价值的树木。

（4）古树名木的分级及标准古树名木分为一级和二级。凡树龄在 300 年以上，或者特别珍贵稀有，具有重要历史价值和纪念意义，重要科研价值的古树名木，为一级古树名木；其余为二级古树名木。

2. 保护方法和措施

（1）挂牌等级管理。统一登记挂牌、编号、注册、建立电子档案；做好鉴定树种、树龄，核实有关历史科学价值的资料及生长状况、生长环境的工作；完善古树名木管理制度；标明树种、树龄、等级、编号，明确养护管理的负责单位和责任人。

（2）技术养护管理。除一般养护如施肥、除病虫害等外，有的还需要安装避雷针、围栏等设施，修补树洞及残破部分，加固可能劈裂、倒伏的枝干，改善土壤及立地环境。定期开展古树名木调查物候期观察，病虫害自然灾害等方面的观测，制定古树复新的技术措施。

（3）划定保护范围。防止附近地面上、下工程建设的侵害，划定禁止建设的范围。

（4）加强立法工作和执法力度。城市市政府可以按照国家发布的《关于加强城市和风景古树名木保护的通知》精神，颁布一系列关于古树名木保护的管理条例，制订适应本地区的保护办法和相应的实施细则，严格执行，杜绝一切破坏古树名木的事件发生。

八、城市绿地系统规划文件的编制

1. 基础资料的收集整理

编制城市绿地系统规划需要收集许多相关的基础资料，对于复杂的城市绿地系统规划，还应根据具体情况作适当的资料增加。除了收集有关城市规划的基础资料以外，还需要收集下表 12-5 资料。为了节约人力、物力和财力，避免重复工作，提高工作效率，资料的收集工作应该与城市总体规划的调查研究结合起来。

表 12-5　　　　　　　　　　　　城市绿地系统规划基础资料类别

	地形图	图纸比例为 1∶5000～1∶20000，通常与城市总体规划图比例一致
自然资料	气象资料	气温、湿度、降水量、风向、风速、风力、日照、霜冻期、冰冻期等
	地质水文资料	地质、地貌、河流及其他水体水文资料、泥石流、地震、火山及其他地质灾害等
	土壤资料	土壤类型、图层厚度、土壤物理及化学物质、不同土壤分布情况、地下水深度等
	公园绿地	各类公园面积、位置、性质、游人量、主要设施、建设年代、使用情况等
绿地资料	生产与防护绿地	生产绿地的位置、面积、苗木种类、出圃情况、各种防护林的分布及建设情况等
	附属绿地	各类附属绿地位置、植物种类、面积、建设、使用情况及调查统计资料等
	其他绿地	现有风景名胜区、水源保护区、隔离带等其他绿地的位置、面积及建设情况等

续表

技术经济资料	指标资料	现有各类绿地的面积、比例等；城市绿化覆盖率、绿地率状况；人均公园绿地面积指标、每个游人所占公园绿地面积、游人量等
	植物资料	现有各种园林绿地植物的种类和生长势、乡土树种、地带性树种、骨干树种、优势树种、基调树种的分布，主要病虫害等苗圃面积、数量、规格及长势等
	动物资料	鸟类、昆虫及其他野生动物、鱼类及其他水生动物等的数量、种类、生长繁殖状况、栖息地状况等
其他资料	文字图件资料	历年所作的绿地调查资料、城市绿地系统规划图纸和文字、城市规划图、航空图片、卫星遥感图片、电子文件等
	古迹及旧址等资料	名胜古迹、革命旧址、历史名人故址、各种纪念地等的位置、范围、面积、性质、周围情况及可以利用的程度
	社会经济资料	包括城市历史文化、城市建设、社会经济、环境状况等资料

2. 规划文件的编制

城市绿地系统规划文件的编制成果应包括规划文本、规划图则、规划说明书和规划基础资料四个部分。其中，依法批准的规划文本与规划图则具有同等法律效力。成果应复制多份，报送各有关部门，作为今后的执行依据。

（1）规划文本

规划文本以条款的形式出现，格式按照《城市绿地系统规划编制纲要（试行）》的要求进行，文本的编写要求简捷、明了、重点突出。主要内容包括规划总则（包括概况、规划目的、期限、依据、原则等），规划目标与指标，市域绿地系统规划，城市绿地系统规划结构布局与分区规划，城市绿地分类规划，树种规划，生物多样性保护与建设规划，古树名木保护规划，分期建设规划，实施措施十大章节。

（2）规划图纸

城市绿地系统规划图纸主要包括以下内容：①城市绿地现状分析图；②城市绿地系统规划总图；③城市绿地分类规划系列图（包括公园绿地规划图、生产绿地规划图、防护绿地规划图、附属绿地规划图、其他绿地规划图）；④城市绿地系统分区规划系列图；⑤城市绿地规划分期建设实施图；⑥城市绿地近期建设规划图。

规划图纸的比例可用1：1000、1：5000、1：10000或1：25000。

3. 规划说明书

规划说明书是对规划文本和规划图纸的详细说明、解释和阐述，篇幅一般要比规划文本长。其章节与规划文本几乎相同，只是在内容方面比规划文本阐述更为详尽和细致。

第3节 城市公园绿地规划设计

一、城市公园的发展

城市公园绿地是为全体市民服务，是供市民游憩、娱乐、观赏、游览等的一处户外公共空间；并兼有改善城市环境、美化城市景观、减灾防灾、教育等一系列的功能和作用。

城市公园产生于19世纪，作为当时社会改革的一项重要措施，它的出现是为了减轻城市污染的不利影响，提高城市生活质量。这种为城市本身及城市居民服务的开放型园林一经出现,便展现出蓬勃的生命力。从 19 世纪欧美城市公园运动开始,经历了早期的实验探索、中期现代风格的形成到现今的多元化发展,令人目不暇接。其发展过程所经历的不断探索、反复尝试、经验教训和发展趋势,值得我们借鉴和关注。

现代城市公园在传统园林基础上产生,但它的形式、内容都有别于传统园林。它既有对生态浪漫主义、如画风格的执著追求,又有作为现代文化的一部分,其内容、布局、风格有较大范围的拓展,呈现出丰富、多元的发展态势。

1. 西方现代公园发展历程(公元 1850 年至今)

18 世纪,英国伦敦的皇家猎苑允许市民进入游玩;19 世纪,伦敦一些皇家贵族的园林,如摄政、肯辛顿、海德公园等,逐步向城市大众开放。

真正完全意义上的近代城市公园,是由美国景观规划师奥姆斯特德主持修建的纽约中央公园。公园占地 $344hm^2$,设计精细巧妙,通过把荒漠、平坦的地势进行人工改造,模拟自然,体现出一种线条流畅、和谐、随意的自然景观。公园不收门票,供城市居民免费使用,全年可以自由进出,各种文化娱乐活动丰富多彩,不同年龄、不同阶层的市民都可以在这里找到自己喜欢的活动场所。100 多年来,中央公园在寸土寸金的纽约曼哈顿始终保持了完整,用地未曾受到任何侵占,至今仍以它优美的自然面貌、清新的空气参与了这个几百万人聚集地的空气大循环,保护着纽约市的生态环境。他在规划构思纽约中央公园中所提出的设计要点,后来被美国景观规划界归纳和总结,成为"奥姆斯特德原则"。其内容为:①保护自然景观,恢复或进一步强调自然景观;②除了在非常有限的范围内,尽可能避免使用规则形式;③开阔的草坪要设在公园的中心地带;④选用当地的乔木和灌木来造成特别浓郁的边界栽植;⑤公园中的所有园路应设计成流畅的曲线,并形成循环系统;⑥主要园路要基本上能穿过整个公园,并由主要道路将全园分为不同的区域。

尽管 19 世纪公园在城市中大量出现,北美的城市公园运动也在继承欧洲传统园林的基础上形成了自身具有一定特色的园林,但业界普遍认为城市公园运动在对传统的继承以及开辟园林功能与类型上要比开拓园林的新形式上的贡献大得多。这一时期的城市公园常常以折中主义的混杂风格为主,并未形成新的风格。

2. 中国近现代公园的发展

辛亥革命以后,全国各地出现了一批新的城市公园:北京在 1912 年将先农坛开放辟作城南公园,1924 年将颐和园开放为城市公园;南京在 1928 年设公园管理处,先后开辟了秦淮小公园、莫愁湖公园、五洲公园(今玄武湖公园)等;广州在 1918 年始建中央公园(今人民公园,$6.2hm^2$)和黄花岗公园,以后又陆续兴建了越秀公园($10hm^2$)、动物公园($3.7hm^2$)、白云山公园($13.4hm^2$)等;长沙在 1925 年于市南城垣最高处天心阁故址开辟天心公园;1930 年 10 月闽浙赣革命根据地的葛源镇,修建了"列宁公园",面积 $8000m^2$。

1949 年新中国成立后,特别是进入 20 世纪 90 年代以来,我国的公园事业蓬勃发展,类型更加丰富多彩,园内活动设施完善齐备。

3. 城市公园绿地的分类系统

由于国情不同,世界各国对城市公园绿地没有形成统一的分类系统,其中比较主要的有:美国式、德国式、日本式等类型,以美国式公园系统为例,它主要包括:儿童游戏场;街坊运动公园;教育娱乐公园;运动公园;风景眺望公园;水滨公园;综合公园;近邻公园;市区小公园;广场;林荫路与花园路;保留地。

我国的城市公园绿地按主要功能和内容,将其分为综合公园(全市性公园、区域性公园)、社区公园(居住区公园、小区游园)、专类公园(儿童公园、动物园、植物园、历史名园、风景名胜公园、游乐公园、其他专类公园)、带状公园和街旁绿地等,分类系统的目的是针对不同类型的公园绿地提出不同的规划设计要求。

二、城市公园规模容量的确定

城市公园绿地指标和游人容量

1) 城市公园绿地指标计算

按人均游憩绿地的计算方法,可以计算出城市公园绿地的人均指标和全市指标。

人均指标(需求量)计算公式:

$$F = P \times f/e$$

式中　F——人均指标,m^2/人;

　　　P——游览季节双休日居民的出游率,%;

　　　f——每个游人占有公园面积,m^2/人;

　　　e——公园游人周转系数。

大型公园,取:$P_1 > 12\%$,$60m^2$/人$< f_1 < 100m^2$/人,$e_1 < 1.5$。

小型公园,取:$P_2 > 20\%$,$f_2 = 60m^2$/人,$e_2 < 3$。

城市居民所需城市公园绿地总面积由下式可得:

$$城市公园绿地总用地 = 居民(人数) \times F_总$$

2) 城市公园绿地游人容量计算

公园游人容量是确定内部各种设施数量或规模的依据,也是公园管理上控制游人量的依据,通过游人数量的控制,避免公园超容量接纳游人。公园的游人量随季节、假日与平日、一日之中的高峰与低谷而变化;一般节日最多,游览旺季周末次之,旺季平日和淡季周末较少,淡季平日最少,一日之中又有峰谷之分。确定公园游人容量以游览旺季的周末为标准,这是公园发挥作用的主要时间。

公园游人容量应按下式计算:

$$C = A/A_m$$

式中　C——公园游人容量(人);

　　　A——公园总面积(m^2);

　　　A_m——公园游人人均占地面积(m^2/人)。

公园游人人均占地面积根据游人在公园中比较舒适地进行游园考虑。在我国,城市公园游人人均占有公园面积以 $60m^2$ 为宜;近期公园绿地人均指标低的城市,游人人均占有公园面积可酌情降低,但最低游人人均占有公园的陆地面积不得低于 $15m^2$。风景名胜公园游人人均占有公园面积宜大于 $100m^2$。

按规定,水面面积与坡度大于 50% 的陡坡山地面积之和超过总面积 50% 的公园,游人人均占有公园面积应适当增加,其指标应符合下表规定。

表 12-6　　　　水面和陡坡面积较大的公园游人人均占有面积指标

水面和陡坡面积占总面积比例/%	0~50	60	70	80
近期游人占有公园面积/(m^2/人)	≥30	≥40	≥50	≥75
远期游人占有公园面积/(m^2/人)	≥60	≥75	≥100	≥150

3）设施容量的确定

公园内游憩设施的容量应以一个时间段内所能服务的最大游人量来计算。

$$N = P\beta r\alpha / p$$

式中　N——某种设施的容量；

　　　P——参与活动的人数；

　　　β——活动参与率；

　　　r——某项活动的参与率；

　　　α——设施同时利用率；

　　　p——设施所能服务的人数。

　　　β 和 r 需通过调查统计而获得。

这个公式是单项设施的容量的计算方式，其他设施容量也可利用此公式进行类似的计算，从而累计叠加确定公园内的整体设施容量。

通过对空间规模和设施容量的计算，我们就可以对公园有一个准确的定量指标。同时在城市公园规模、容量确定之时，还应考虑一些软体的因素，如服务范围的人口、社会、文化、道德、经济等因素、公园与居民的时空距离、社区的传统与习俗、参与特征、当地的地理特征以及气候条件等。从而对城市公园的空间规模与设施容量根据具体情况而做出一定的变更（表12-7）。

表 12-7　　　　　　　　　　　　城市公园规模容量

公园类型	利用年龄	适宜规模 /(hm²)	服务半径	人均面积 /(m²/人)
居住小区游园	老人、儿童、过路游人	>0.4	≤250m	10~20
邻里公园	近邻市民	>4	400~800m	20~30
社区公园	一般市民	>6	几个邻里单位 1600~3200m	30
区级综合公园	一般市民	20~40	几个社区或所在区骑自行车 20~30min,坐车 15min	60
市级综合公园	一般市民	40~100 或更大	全市,坐车 0.5~1.5h	60
专类公园	一般市民、特殊团体	随专类主题不同而变化	随所需规模而变化	/
线形公园	一般市民	>400hm² 对资源有足够保护,能得到最大限度的利用开发 m²	/	30~40
自然公园	一般市民	有足够的对自然资源进行保护和管理的地区	全市,坐车 2~3h	100~400
保护公园	一般市民、科研人员	足够保护所需	/	>400

三、城市公园绿地规划设计的程序和内容

城市公园绿地规划设计的程序和内容主要包括以下内容：

（1）了解公园规划设计的任务情况，包括建园的审批文件，征收用地及投资额，公园用地范围以及建设施工的条件。

（2）拟定工作计划。

（3）收集现状资料。

主要包括 ①基础资料；②公园的历史、现状及与其他用地的关系；③自然条件、人文资源、市政管线、植被树种；④图纸资料；⑤社会调查与公众意见；⑥现场勘察。

（4）研究分析公园现状

结合设计任务的要求，考虑各种影响因素，拟定公园内应设置的项目内容与设施，并确定其规模大小；编制总体设计任务文件。

（5）总体规划

确定公园的总体布局，对公园各部分作全面的安排。常用的图纸比例为 1∶500,1∶1000 或 1∶2000。包括的内容有：①公园的范围，公园用地内外分隔的设计处理与四周环境的关系，园外借景或障景的分析和设计处理；②计算用地面积和游人量、确定公园活动内容、需设置的项目和设施的规模、建筑面积和设备要求；③确定出入口位置，并进行园门布置和机动车停车场、自行车停车棚的位置安排；④公园的功能分区，活动项目和设施的布局，确定公园建筑的位置和组织活动空间；⑤景色分区：按各种景色构成不同景观的艺术境界来进行分区；⑥公园河湖水系的规划、水底标高、水面标高的控制、水中构筑物的设置；⑦公园道路系统、广场的布局及组织游线；⑧规划设计公园的艺术布局、安排平面的及立面的构图中心和景点、组织风景视线和景观空间；⑨地形处理、竖向规划，估计填挖土方的数量、运土方向和距离、进行土方平衡；⑩造园工程设计：护坡、驳岸、挡土墙、围墙、水塔、水中构筑物、变电间、厕所、化粪池、消防用水、灌溉和生活用水、雨水排水、污水排水、电力线、照明线、广播通讯线等管网的布置；⑪植物群落的分布、树木种植规划、制定苗木计划、估算树种规格与数量；公园规划设计意图的说明、土地使用平衡表、工程量计算、造价概算、分期建园计划。

（6）详细设计

在全园规划的基础上，对公园的各个局部地段及各项工程设施进行详细的设计。常用的图纸比例为 1∶500 或 1∶200。

（7）植物种植设计

依据树木种植规划，对公园各局部地段进行植物配置。常用的图纸比例为 1∶500 或1∶200。

（8）规划实施

规划具体的实施和建设，即方案的付诸实践，同时在实施过程中，对方案进行改进、修正以及现场设计。

（9）实施后的评价和改进

规划在实施的过程中必然会遇到一些实际的问题，需要重新对方案进行修正和改进。同时公园在建成投入使用后，也会出现一些在规划设计阶段未能考虑到的问题，从而进行总结和检讨，并使之得以改进。

四、综合公园绿地规划设计要点

综合公园式用地规模一般较大，园内的活动设施丰富完备，为服务范围内的城市居民提供良好的游憩、文化娱乐活动服务。

综合公园一般是多功能、自然化的大型绿地，供市民进行一日之内的游赏活动。

1. 综合公园的面积与位置

　　每个综合公园由于包含较多的活动内容和设施,因此需要较大面积,一般不少于 10 公顷。按照综合公园服务范围居民人数估算,在节假日,要能容纳服务范围居民总人数的 15％～20％,每个人的活动面积为 $10～50m^2$。

　　对于整个城市来说,综合公园的总面积应该综合考虑城市规模、性质、用地条件、气候、绿化状况等因素来确定。50 万人口以上的城市中,全市公园只有容纳市民总数的 10％时,游园比较合适。

2. 综合公园在城市中的位置

　　综合公园在城市中的位置应该在城市绿地系统规划中确定,结合河湖系统、道路系统机居住用地的规划综合考虑。最基本因素是可达性,要与城市道路系统合理结合,方便综合公园服务范围内的居民能方便地到达使用。

3. 综合公园规划的原则

　　公园是城市绿地系统的重要组成部分,综合公园规划要综合体现实用性、生态性、艺术性、经济性。

　　(1) 满足功能,合理分区。综合公园的规划布局首先要满足功能要求。公园有多种功能,除调节温度、净化空气、美化景观、供人观赏外,还可使城市居民通过游憩活动接近大自然,达到消除疲劳、调节精神、增添活力、陶冶情操的目的。不同类型的公园有不同的功能和不同的内容,所以分区也随之不同。功能分区还要善于结合用地条件和周围环境,把建筑、道路、水体、植物等综合起来组成空间。

　　(2) 园以景胜,巧于组景。公园以景取胜,由景点和景区构成。景观特色和组景是公园规划布局之本,即所谓"园以景胜"。就综合公园规划设计而言,组景应注重意境的创造,处理好自然与人工的关系,充分利用山石、水体、植物、动物、天象之美,塑造自然景色,并把人工设施和雕琢痕迹溶于自然景色之中。将公园划分为具有不同特色的景区,即景色分区,是规划布局的重要内容。景色分区一般是随着功能分区不同而不同,然而景色分区往往比功能分区更加细致深入,即同一功能分区中,往往规划多种小景区,左右逢源,既有统一基调的景色,又有各具特色的景观,使动观静观相适应。

　　(3) 因地制宜,注重选址。公园规划布局应该因地制宜,充分发挥原有地形和植被优势,结合自然,塑造自然。为了使公园的造景具备地形、植被和古迹等优越条件,公园选址则具有战略意义,务必在城市绿地系统规划中予以重视。因公园处在人工环境的城市里,但其造景是以自然为特征的,故选址时宜选有山有水、低地畦地、植被良好、交通方便、利于管理之处。有些公园在城市中心,对于平衡城市生态环境有重要作用,宜完善充实。

　　(4) 组织导游,路成系统。园路的功能主要是作为导游观赏之用,其次才是供管理运输和人流集散。因此绝大多数的园路都是联系公园各景区、景点的导游线、观赏线、动观线,所以必须注意景观设计,如园路的对景、框景、左右视觉空间变化,以及园路线型、竖向高低给人的心理感受等。

　　(5) 突出主题,创造特色。综合公园规划布局应注意突出主题,使其各具特色。主题和特色除与公园类型有关外,还与园址的自然环境与人文环境(如名胜古迹)有密切联系。要巧于利用自然和善于结合古迹。一般综合公园的主题因园而异。为了突出公园主题,创造特色,必须要有相适应的规划结构形式。

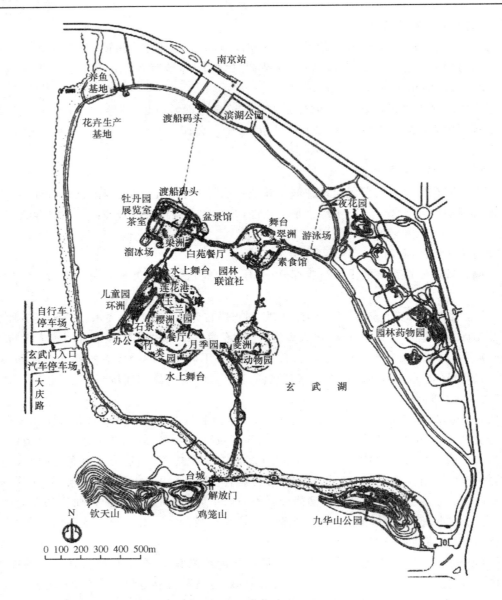

图 12-6　南京玄武湖公园平面图

4. 综合公园规划设计

综合公园功能和景区可划分为出入口、安静游览区、文化娱乐区、儿童活动区、园务管理区和服务设施区。

1）功能分区及景区划分

（1）出入口

综合公园出入口的位置选择与详细设计对于公园的设计具有重要的作用，它的影响与作用体现在以下几个方面：公园的可达性程度、园内活动设施的分布结构、大量人流的安全疏散、城市道路景观的塑造、游客对公园的第一印象等。出入口的规划设计是公园设计成功与否的重要一环。

出入口位置的确定应综合考虑游人能否方便地进出公园，周边城市公交站点的分布，周边城市用地的类型,是否与周边景观环境相协调,避免对过境交通的干扰以及协调将来公园的空间结构布局等。出入口包括主要出入口、次要出入口、专用出入口三种类型。每种类型的数量与具体位置应根据公园的规模、游人的容量、活动设施的设置、城市交通状况做出安排,一般主要出入口设置一个,次要出入口设置一个或多个,专用出入口设置一到二个。

主要出入口应与城市主要交通干道、游人主要来源方位以及公园用地的自然条件等诸因素协调后确定。主要出入口应设在城市主要道路和有公共交通的地方,同时要使出入口有足够的人流集散用地,与园内道路联系方便,城市居民可方便快捷地到达公园内。

次要出入口是辅助性的,主要为附近居民或城市次要干道的人流服务,以免公园周围居民需要绕大圈子才能入园,同时也为主要出入口分担人流量。次要出入口一般设在公园内有大量集中人流集散的设施附近。如园内的表演厅、露天剧场、展览馆等场所附近。

公园出入口所包括的建筑物、构筑物有:公园内、外集散广场,公园大门、停车场、存车处、售票处、收票处、小卖部、休息廊、问讯处、公用电话、寄存物品、导游牌、陈列栏、办公场所等。园门外广场面积大小和形状,要与下列因素相适应:公园的规模、游人量,园门外道路等级、宽度、形式,是否存在道路交叉口、临近建筑及街道里面的情况等,根据出入口的景观要求及服务功能要求、用地面积大小,可以设置丰富的水池、花坛、雕像、山石等景观小品。

（2）安静游览区

安静游览区主要是作为游览、观赏、休息、陈列,一般游人较多,但要求游人的密度较小,故需大片的绿化用地。安静游览区内每个游人所占的用地定额较大,希望能有 $100m^2$/人,故在公园内占的面积比例亦大,是公园的重要部分。安静活动的设施应与喧闹的活动隔离,以防止活动时受声响的干扰,又因这里无大量的集中人流,故离主要出入口可以远些,用地应选择在原有树木最多,地形变化最复杂,景色最优美的地方。

（3）文化娱乐区

文化娱乐区是进行较热闹的、有喧哗声响、人流集中的文化娱乐活动区。其设施有俱乐部、游戏场、技艺表演场、露天剧场、电影院、音乐厅、跳舞池、溜冰场、戏水池、陈列展览室、画廊、演说报告座谈的会场、动植物园地、科技活动室等。园内一些主要建筑往往设置在这里,因此常位于公园的中部,成为全园布局的重点。

布置时也要注意避免区内各项活动之间的相互干扰,故要使有干扰的活动项目相互之间保持一定的距离,并利用树木、建筑、山石等加以隔离。公众性的娱乐项目常常人流量较多,而且集散的时间集中,所以要妥善地组织交通,需接近公园出入口或与出入口有方便的联系,以避免不必要的园内拥挤,希望用地达到 $30m^2$/人。区内游人密度大,要考虑设置足够的道路广场和生活服务设施。因全园的重要建筑往往设在该区,故要有必需的平地及可利用的自然地形。例如适当的坡地且环境较好,可利用来设置露天剧场,较大的水面设置水上娱乐活动等等。建筑用地的地形地质要有利于进行基础工程,节省填挖的土方量和建设投资。

（4）儿童活动区

儿童活动区规模按公园用地面积的大小、公园的位置、少年儿童的游人量、公园用地的地形条件与现状条件来确定。

公园中的少年儿童常占游人量 15%～30%,但这个百分比与公园在城市中的位置关系较大,在居住区附近的公园,少年儿童人数比重大,离大片居住区较远的公园比重小。

（5）园务管理区

园务管理区是为公园经营管理的需要而设置的内部专用地区。可设置办公、值班、广播室、水、电、煤、电讯等管线工程建筑物和构筑物、修理工场、工具间、仓库、堆物杂院、车库、温室、棚架、苗圃、花圃等。按功能使用情况，区内可分为：管理办公部分，仓库工场部分，花圃苗木部分，生活服务部分的。这些内容根据用地的情况及管理使用的方便，可以集中布置在一处，也可分成数处。

（6）服务设施区

服务设施类的项目内容在公园内的布置，受公园用地面积、规模大小、游人数量与游人分布情况的影响较大。在较大的公园里，可能设有 1～2 个服务中心点，按服务半径的要求再设几个服务点，并将休息和装饰用的建筑小品、指路牌、园椅、废物箱、厕所等分散布置在园内。

2）综合性公园的游线及景观序列的组织

公园的道路不仅要解决一般的交通问题，更主要的应考虑如何组织游人达到各个景区、景点，并在游览的过程中体验不同的空间感觉和景观效果。因此游线的组织应该与景观序列的构成相配合，使游人在规划设计者所营造的景观序列中游览，让他们的感受和情绪随公园景观序列的安排起伏跌宕，最终达到精神放松和愉悦的目的。

早在 19 世纪，美国著名的景观园林大师弗雷德里克·劳·奥姆斯特德就发表了关于公园游线组织的论述。他认为，穿越较大区域的园路及其他道路要设计成曲线形的回游路，主要园路要基本上能穿过整个公园。这些观点对我们现代公园的游线组织仍具指导意义。为了使游人能游览到公园的每个景区和景点，并尽可能少走回头路，公园的游线一般可采取主环线＋枝状尽端线、主环线＋次环线、主环线＋次环线＋枝状尽端线等几种形式。这样，游线与景点间形成串联、并联、并联或串联-并联混合式等几种关系。大型公园可布置几条较主要的环线供游人选择，中、小型的公园一般可有一条主环线。

公园内的道路游线通常可分为三个等级，即主路、支路和小路。主路是公园内主要环路，在大型公园中宽度一般为 5～7m，中、小型公园 2～5m，考虑经常有机动车通行的主路宽度一般在4m 以上；支路是各景区内部道路，在大型公园中宽度一般为 3.5～5m，中、小型公园 1.2～3.5m。小路是通向各景点的道路，大型公园中宽度一般 1.2～3m，中、小型公园 0.9～2.0m。

为了使游人在游览过程中体会不同的空间感觉，观赏不同的景色，公园游览线路的形式一般宜选用曲线而少用直线。曲线可使游人的方向感经常发生变化，视线也不断变化，沿途游线可高、可低，可陆、可水，既可有开阔的草坪、热闹的场地，又可有幽静的溪流、陡峭的危岩。道路的具体形式也可因周围景色的不同而各不相同，可以是穿过疏林草地的林间小道，也可是水边岸堤，还可是跨越水面的小桥、汀步，附于峭壁上的栈道等。总之，游览道路的处理宜丰富，可形成具有不同空间及视觉体验的断面形式，以增加游览者的不同体验。

景观序列的规划设计是公园规划设计的一项重要内容，一个没有形成景观序列的公园，即使各个景区设计都非常精致，游人也可能会产生一种混乱无序的感觉，难以形成一个总体的印象。而经过景观序列设计的公园，游人往往会对其产生更为清晰的回忆，对各个景区景点也有更深的印象。

景观序列的设计与功能分区、景区的布局、游览路线的组织等密切相关。我们应该用一种内在的逻辑关系来组织空间、景观及游览路线，使空间有开有闭、有收有放；景色有联系有突变，有一般也有焦点。这样可在主要的游览线路上形成序景起景发展转折高潮转折收缩结景尾景的景观序列或形成序景起景转折高潮尾景的景观序列（图 12-7）。游人按照这样的景观序列进行游览，情绪由平静至欢悦到高潮再慢慢回落，真正感到乘兴而来，满意而归。

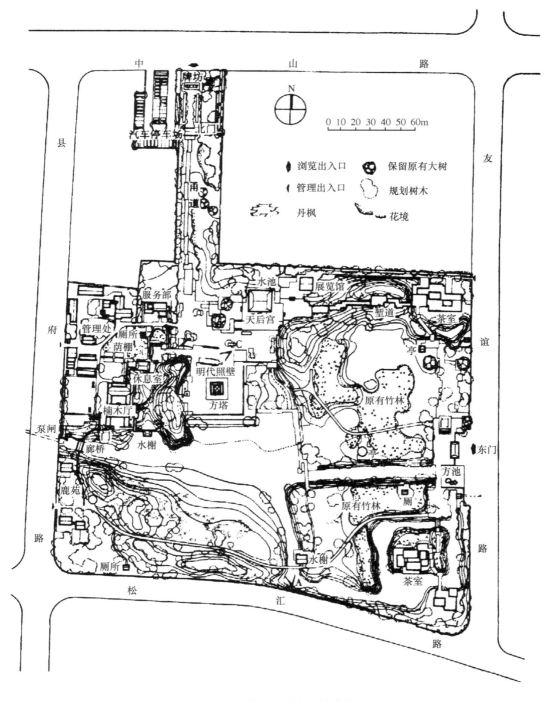

图 12-7　上海方塔园公园内导游线的组织

3) 综合性公园的植物配植与景观构成

植物是公园最主要的组成部分,也是公园景观构成的最基本元素。因此,植物配植效果的好坏会直接影响到公园景观的效果。在公园的植物配植中除了要遵循公园绿地植物配植的原则以外,在构成公园景观方面,还应注意以下三点。

（1）选择基调树，形成公园植物景观基本调子。为了使公园的植物构景风格统一，在植物配植中，一般应选择几种适合公园气氛和主题的植物作为基调树。基调树在公园中的比例大，可以协调各种植物景观，使公园景观取得一个和谐一致的形象。

（2）配合各功能区及景区选择不同植物，突出各区特色。在定出基调树，统一全园植物景观的前提下，还应结合各功能区及景区的不同特征，选择适合表达这些特征的植物进行配植，使各区特色更为突出。例如公园入口区人流量大，气氛热烈，植物配植上则应选择色彩明快、树型活泼的植物，如花卉、开花小乔木、花灌木等。安静游览区则适合配植一些姿态优美的高大乔木及草坪。儿童活动区配植的花草树木应结合儿童的心理及生理特点，做到品种丰富、颜色鲜艳，同时不能种植有毒、有刺以及有恶臭的浆果之类的植物。文化娱乐区人流集中，建筑和硬质场地较多，应选一些观赏性较高的植物，并着重考虑植物配植与建筑和铺地等人工元素之间的协调、互补和软化的关系。园务管理区一般应考虑隐蔽和遮挡视线的要求，可以选择一些枝叶茂密的常绿灌木和乔木，使整个区域遮掩于树丛之中。

（3）注意植物造景的生态性，构建生态园林。植物造景应遵循"适地适树"原则，积极采用乡土树种，既能满足植物的生态性，又能形成植物造景特色。注重植物品种的多样化，植物配置时，要建立科学的人工植物群落结构、时间结构、空间结构和食物链结构，建立植物群落体系，在有限的土地面积尽可能增加叶面积指数。

五、其他专类公园

1. 儿童公园

儿童公园是单独或组合设置的，拥有部分或完善的儿童活动设施，为学龄前儿童和学龄儿童创造和提供以户外活动为主的良好环境，供他们游戏、娱乐、开展体育活动和科普活动并从中得到文化与科学知识，有安全、完善设施的城市专类公园。

2. 动物园

动物园是在人工饲养条件下，移地保护野生动物，供观赏、普及科学知识，进行科学研究和动物繁殖，并且具有良好设施的城市专类公园。

1）传统牢笼式动物园　传统牢笼式动物园以动物分类学为主要方法，以简单的牢笼饲养，故占地面积通常较少，多为建筑式场馆，室内展览方式为主。中国许多动物园，特别是中小城市动物园仍属此类型，笼舍条件非常简陋，动物环境恶劣，导致公众对动物园的感性认识极差。

2）现代城市动物园　多建于城市市区，甚至市中心，除了动物园的本身职能以外，还兼有城市绿地功能。适应社会发展需求的动物园模式，在动物分类学的基础上，考虑动物地理学、动物行为学、动物心理学等，结合自然生境进行设计，以"沉浸式景观"设计为主，建筑式场馆与自然式场馆相结合，充分考虑动物生理，动物与人类的关系，故此类动物园为现代主流动物园类型。

3）野生动物园　多建于野外，基本根据当地的自然环境，创造出适合动物生活的环境，采取自由放养的方式，让动物回归自然。参观形式也多以游客乘坐游览车的形式为主，与城市动物园的游赏形式相反。这类野生动物园多环境优美，适合动物生活，但也存在管理上的缺点。

4）专业动物园　动物园的业务性质，不断向专业方向分化。目前世界上已出现了以猿猴类为中心的灵长类动物园，以水禽类为中心的水禽动物园，以爬虫类为中心的爬虫类动物园，以鱼类为中心的水族类动物园，以昆虫类为中心的昆虫动物园。这种业务上的分化，对研究和繁殖都是有益的,是值得推广的。

3. 植物园

现代意义上的植物园定义为:搜集和栽培大量国内外植物,进行植物研究和驯化,并供观赏、示范、游憩及开展科普活动的城市专类公园。

植物园的分类:①科研为主的植物园。世界上发达国家已经建立了许多研究深度与广度很大、设备相当充足与完善的研究所与实验园地,在科研的同时还搞好园貌、开放展览。②科普为主的植物园。以科普为中心工作的植物园在总数中占比例较高,原因是活植物展出的规定是挂名牌,它本身的作用就是使游人认识植物,含有普及植物学的效果。不少植物园还设有专室展览,专车开到中小学校展示,专门派导师讲解(图 12-8)。③为专业服务的植物园。④属于专项搜集的植物园。

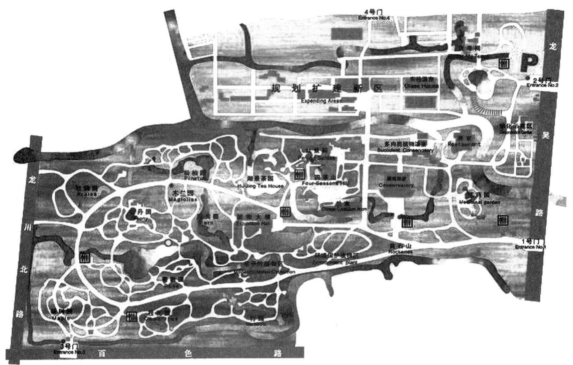

图 12-8　植物园导游图

4. 体育公园

体育公园是指有较完备的体育运动及健身设施,供各类比赛、训练及市民的日常休闲健身及运动之用的专类公园。

体育公园的面积指标及位置选择。体育公园不是一般的体育场,除了完备的体育设施以外,还应有充分的绿化和优美的自然景观,因此一般用地规模要求较大,面积应在 $10 \sim 50 \mathrm{hm}^2$ 为宜。

体育公园的位置宜选在交通方便的区域。由于其用地面积较大,如果在市区没有足够用地,则可选择乘车 30min 左右能到达的地区。在地形方面,宜选择有相对平坦区域及地形起伏不大的丘陵或有池沼、湖泊等的地段。这样,可以利用平坦地段设置运动场,起伏山地的倾斜面可利用为观众席,水面则可开展水上运动。

参考文献

［1］ MUMFORD L. The city in history：its origins，its transfermation and prospects［M］. Harcout Brace International，1698. 刘易思・芒福德. 城市发展史：起源、演变和前景［M］. 宋俊灵，倪文彦，译. 北京：中国建筑工业出版社，2004.

［2］ 董鉴泓. 中国城市建设史［M］. 3 版. 上海：同济大学出版社，2004.

［3］ HALL P. Cities of tomorrow：an international history of urban planning and design in twentieth century［M］. blackwell，2002.（英）彼得・霍尔. 明日之城［M］. 童明，译. 上海：同济大学出版社，2009.

［4］ HALL P. Urban and Regional Planning. Forth Edition. Routledge，1992. 邹得慈，李浩，陈熳莎译. 城市和区域规划（原著第四版）［M］. 北京：中国建筑工业出版社，2008.

［5］ 吴良镛. 城市・中国大百科全书（建筑、园林、城市规划）［M］. 北京：大百科全书出版社，1988.

［6］ 周一星. 城市地理学［M］. 北京：商务印书馆，1995.

［7］ Akademie fuer Raumforschung und Landesplanung，Handwörterbuch der Raumordnung［M］. Verlage der ARL，1995.

［8］ Akademie fuer Raumforschung und Landesplanung. Methoden and Instrumente reumlicher Planung Handbuch［M］. Verlage der ARL，1998.

［9］ ALLMENDINGER P. ，Chapman. Planning beyond 2000 ［M］. Chichester：John Wiley&Sons Ltd，1999.

［10］ ALLMENDINGER P. ，Alan Prior and Jeremy Raemaekers. Introduction to planning practice［M］. Chichester：John Wiley&Sons Ltd，2000.

［11］ ALTERMAN R. Nation-lever planning in democratic countries［M］. Liverpool University Press，2000.

［12］ BARNETTJ. Planning for a new century：the regional agenda ［M］. Island Press，2001.

［13］ BRIDGE G. ，S. Watson. A Companion to the city［M］. Blackwell，2000.

［14］ CALTHORPE P. and W. Fulton. The Regional Ciry［M］. Island Press，2001.

［15］ CAMPBELL S. and S. S. Fainstein. Readings in Planning Theory（second edition）［M］. Blackwell Publishing，2003.

［16］ Ebenezer Howard. Garden of tomorrow. London：S. Sonnenschein&Co. ，Ltd，1992.（英）埃比尼泽・霍华德. 明日的田园城市［M］. 金经元，译. 北京：商务印书馆，2000.

［17］ GREED C. Introducing Planning. Continuum international publishing Group，2000（英）克莱拉・葛利德. 规划引介［M］. 王雅娟，张尚武，译. 北京：中国工业建筑出版社，2007.

［18］ HALL P. &C. Ward. Sociable cities：the legacy of ebenezer howard. John Wiley&Sons，1998. 彼得・霍尔，科林・沃德. 社会城市——埃比尼泽・霍华德的遗产［M］. 北京：中国工业建筑出版社，2009.

[19] JACOBS J. The Death and Life of Great American Cities. New York：Random House. 1961.（美）简·雅各布斯. 美国大城市的死与生［M］. 金衡山，译. 南京：译林出版社，2005.

[20] ORUM A. M. and Xiangming CHEN. The World of Cities Places in Comparative and Historical Perspective［M］. Blackwell，2003.

[21] SASSEN S. The Global City（New York，London，Tokyo）［M］. Princeton University Press，1991.

[22] STIGLITZ J. Globalization and Its Discontents. Penguin Books，2002.

[23] TAYLOR N. Urban Planning Theory Since 1945. Newcastle：Sage，1998.（英）尼格尔·泰勒. 1945 年后西方城市规划理论的流变［M］. 李白玉，陈贞，译. 北京：中国建筑工业出版社，2006.

[24] 陈秉钊. 当代城市规划导论［M］. 北京：中国建筑工业出版社，2003.

[25] 金经元. 近现代人本主义城市规划思想家［M］. 北京：中国城市出版社，2007.

[26] 董鉴泓. 中国城市建设史［M］. 3 版. 上海：同济大学出版社，2004.

[27] 李德华. 城市规划原理［M］. 北京：中国建筑工业出版社. 2001.

[28] 吴志强. 百年西方城市规划理论史纲导论［J］. 城市规划汇刊，2000.

[29] 吴良镛. 世纪之交的凝思：建筑学的未来［M］. 北京：清华大学出版社，1999.

[30] 吴良镛. 建筑·城市·人居环境［M］. 石家庄：河北教育出版社，2003.

[31] 吴志强，李德华. 城市规划原理. 北京：中国建筑工业出版社，2010 年 09 月.

[32] KIVELLP. Land and the city：patterns and Processes of urban change［M］. Routledge，1993.

[33] （加）梁鹤年. 简明土地利用规划［M］. 谢俊奇，郑振源等，译. 北京：地址出版社，2003.

[34] 《城市用地分类与规划建设用地标准》（GB 50137-2011）.

[35] 徐循初. 城市道路与交通规划（上下册）. 北京：中国建筑工业出版社，2005、2007.

[36] 建设部城市交通工程技术中心主编. 城市规划资料集第十分册——城市交通与城市道路. 北京：中国建筑工业出版社，2007 文国玮. 城市交通与道路系统规划（新版），清华大学出版社. 2007.

[37] 徐慰慈. 城市交通规划论［M］. 上海：同济大学出版社，1998.

[38] ［美］罗伯特·瑟夫洛. 公交都市（The Transit Metropolis）［M］. 宇恒可持续交通研究中心译. 北京：中国建筑工业出版社，2007.

[39] 卓健. 城市街道研究与规划设计——全球 50 个街道案例［M］. 北京：中国建筑工业出版社.

[40] 吴志强、李德华，城市规划原理，北京：中国建筑工业出版社，2010 年 09 月 2 李晴、颜树鑫、熊魁，江苏徐州铜山工业园区规划，2007 年 12 月.

[41] 吴志强，李德华. 城市规划原理［M］. 北京：中国建筑工业出版社，2010.

[42] 城市规划资料集：城市居住区规划（第 7 分册）. 北京：中国建筑工业出版社，2005.

[43] 城市居住区规划设计规范（GBJ 137—90）. 北京：中国建筑工业出版社，2006 年 03 月

[44] 李晴，王绮红. 湖南郴州御泉城市花园规划设计［M］. 2011.

[45] 李晴. 浙江新昌老城区规划设计［M］. 2012.

[46] Lynch K. A theory of good city form. MIT Press，1984.（美）凯文·林奇. 城市形态

[M].方益萍,何晓军译.北京:华夏出版社,2001.

[47] Lynch K. The image of the city. MIT Press. 1960.(美)凯文·林奇.城市意象[M].方益萍,何晓军,译.北京:华夏出版社,2001.

[48] Moughtin J. C. Urban design:street and square. Architecture Press,2003.(英)克里夫·芒夫汀.街道与广场[M].张永刚等,译.北京:中国建筑工业出版社,2004.

[49] PUNTER J. Design Guideline in American Cities. Liverpool University Press,1999.

[50] TRANCIKR. Finding Lost Square:Theories of Urban Design. John Wiley&Sons,1986.(美)特兰西克.找寻失落的空间——都市设计理论[M].谢庆达,译.中国台北:田园城市文化事业有限公司.1997.

[51] (澳)乔恩·兰.城市设计[M].黄阿宁,译.沈阳:辽宁科学技术出版社,2008.

[52] 王建国.城市设计[M].北京:中国建筑工业出版社,2009.

[53] 夏南凯,田宝江,王耀武.控制性详细规划[M].上海:同济大学出版社,2005.

[54] 吴志强,李德华.城市规划原理[M].4版.北京:中国建筑工业出版社,2010.

[55] 张松.城市文化遗产保护国际宪章与国内法规选编[M].上海:同济大学出版社,2007.

[56] 《镇(乡)域规划导则(试行)》,中华人民共和国住房和城乡建设部 2010 年 11 月 4 日发布.

[57] 惠劼.2011 年全国注册城市规划师执业资格考试辅导教材(第六版)第 1 分册城市规划原理[M].北京:中国建筑工业出版社,2011.

[58] 杨贵庆.农村社区规划标准与图样研究[M].北京:中国建筑工业出版社,2012.

[59] 胡修坤.村镇规划[M].北京:中国建筑工业出版社,1993.

[60] 崔英伟.村镇规划[M].北京:中国教材工业出版社,2008.

[61] 孔祥锋.城市绿地系统规划[M].北京:化学工业出版社,2009.

[62] 杨瑞卿,陈宇.城市绿地系统规划[M].四川:重庆大学出版社,2011.

图表来源

第 1 章　城市与城镇化

图 1-1,图 1-2,图 1-5,图 1-6,图 1-7,图 1-8,图 1-9 来源:朱勍.城市规划原理讲义.

图 1-3,图 1-4 来源:同济大学李德华.城市规划原理(第三版).北京:中国建筑工业出版社,2001.

图 1-10,图 1-11 来源:李国平:中国城市化及其政策课题.

图 1-11 来源:编制组自绘.

表 1-1,表 1-2,表 1-3 来源:同济大学李德华.城市规划原理(第三版).北京:中国建筑工业出版社,2001.

第 2 章　中外城市规划思想的产生和发展

图 2-1,图 2-2,图 2-3,图 2-4,图 2-10,图 2-18,图 2-19,图 2-20,图 2-21,图 2-23,图 2-24,图 2-26,图 2-27,图 2-28

来源:同济大学李德华.城市规划原理(第三版).北京:中国建筑工业出版社,2001.

图 2-5,图 2-6,图 2-7,图 2-8,图 2-9,图 2-11,图 2-12,图 2-13,图 2-14,图 2-15,图 2-22,图 2-25 来源:朱勍.城市规划原理讲义.

图 2-16,图 2-17 来源:同济大学吴志强 李德华.城市规划原理(第四版).北京:中国建筑工业出版社.

第 4 章　城市用地及其规划

表 4-1,表 4-2,表 4-5,表 4-7《城市用地分类与规划建设用地标准》(GB50137-2011)

表 4-3,表 4-4,表 4-6,表 4-8 来源:同济大学李德华.城市规划原理(第三版).北京:中国建筑工业出版社,2001

图 4-1 来源:上海市城市规划设计研究院.上海市城市总体规划(1999—2020)

图 4-2 来源:上海同济城市规划设计研究院.汕头市濠江新城概念规划

图 4-3,图 4-4,图 4-5,图 4-6,图 4-10,图 4-11,图 4-12,图 4-14,图 4-15,图 4-16 来源:同济大学李德华.城市规划原理(第三版).北京:中国建筑工业出版社,2001.

图 4-7 来源:上海同济城市规划设计研究院.泸州城市发展概念规划.

图 4-8,图 4-9 来源:上海同济城市规划设计研究院.齐河县城市总体规划.

第 5 章　城市总体布局

图 5-2-1 石家庄市的路网结构具有网格状特征　资料来源:建设部城市交通工程技术中心主编.城市规划资料集第十分册——城市交通与城市道路.北京:中国建筑工业出版社,2007.

图 5-2-2 日本东京规划布局示意图　资料来源:同济大学主编.城市规划原理(第二版).北京:中国建筑工业出版社,1991.

图 5-2-3 德国鲁尔城镇密集地区　资料来源:同济大学主编.城市规划原理(第二版).北京:中国建筑工业出版社,1991.

图 5-3-1 某工矿城市的城镇布局和交通组织规划示意图　资料来源:同济大学主编.城市规划原理(第二版).北京:中国建筑工业出版社,1991.

图 5-3-2 某带状城市布局示意图　资料来源:同济大学主编.城市规划原理(第二版).北京:中国建筑工业出版社,1991.

图 5-3-3 某山区城市的分片布局示意图　资料来源:同济大学主编.城市规划原理(第二版).北京:中国建筑工业出版社,1991.

第 6 章　城市交通与道路系统

图 6-1,资料来源:作者自绘.

图 6-2,资料来源:同济大学主编. 城市规划原理(第二版). 北京:中国建筑工业出版社,1991.

图 6-3 ,资料来源:建设部城市交通工程技术中心主编. 城市规划资料集第十分册——城市交通与城市道路. 北京:中国建筑工业出版社,2007.

图 6-4 ,资料来源:建设部城市交通工程技术中心主编. 城市规划资料集第十分册——城市交通与城市道路. 北京:中国建筑工业出版社,2007.

图 6-5,资料来源:建设部城市交通工程技术中心主编. 城市规划资料集第十分册——城市交通与城市道路. 北京:中国建筑工业出版社,2007.

表 6-1,资料来源:《城市道路设计规范》(CJJ 37—1990).

表 6-2,资料来源:作者根据相关资料汇总自绘.

表 6-3,资料来源:作者根据相关资料汇总自绘.

第 7 章 城市规划中的工程规划

图 7-1,图 7-2,图 7-3,图 7-4,图 7-5,图 7-6,图 7-7,图 7-8,图 7-9,资料来源:李晴、颜树鑫、熊魁,江苏徐州铜山工业园区规划,2007 年 12 月.

第 8 章 居住区规划

表 8-1,表 8-2,表 8-3,表 8-4,表 8-5,表 8-6,表 8-7,表 8-8,表 8-9 ,表 8-13,表 8-14,表 8-15 资料来源:城市居住区规划设计规范.

表 8-10,表 8-11,表 8-12 资料来源:城市规划资料集——城市居住区.

第 9 章 城市设计与控制性详细规划

表 9-1:资料来源:王伟强,城市设计概论课程.城市设计该概论(2009).

表 9-2,表 9-3,表 9-4,表 9-5,表 9-6:资料来源:夏南凯 田宝江 王耀武著,控制性详细规划,同济大学出版社。

图 9-1:罗马那沃纳(Navona)广场地区:图片来源:

http://www. theblueroom. net. au/storage/nolli _ 06. jpg? _ SQUARESPACE _ CACHEVERSION＝1259109446056.

图 9-2(城市空间的三种形态):资料来源:(美)Roger Trancik. 找寻失落的空间——都市设计理论[M]. 谢庆达译. 中国台北:田园城市文化事业有限公司,2002:92,104,108-109.

图 9-3(英国巴斯):资料来源:(美)Roger Trancik 著. 找寻失落的空间——都市设计理论[M]. 谢庆达译. 中国台北:田园城市文化事业有限公司,2002:107.

图 9-4(北京市中心分布图):资料来源:同济大学李德华. 城市规划原理(第三版). 北京:中国建筑工业出版社,2001:502.

图 9-5(香港沙田区中心鸟瞰):资料来源:同济大学李德华. 城市规划原理(第三版). 北京:中国建筑工业出版社,2001:504.

图 9-6(上海市人民广场平面图)资料来源:google. earth,2010.

图 9-7(上海市陆家嘴开发区)资料来源:google. earth,2010.

图 9-8 陆家嘴中心地区规划国际咨询设计方案 资料来源:陆家嘴公司公布的图片资料,2004(http://www. showchina. org/tour/lyd/wysh/4/8/201003/W020100311485494266987. jpg

http://www. showchina. org/tour/lyd/wysh/4/8/201003/W020100311485494261688. jpg

http://www. showchina. org/tour/lyd/wysh/4/8/201003/W020100311485494267812. jpg

http://www. showchina. org/tour/lyd/wysh/4/8/201003/W020100311485494421058. jpg)

图 9-9(英国伦敦斯特文内几新镇中心规划平面图(1950 年方案)):资料来源:同济大学李德华. 城市规划原理(第三版). 北京:中国建筑工业出版社,2001:508.

图 9-10(日本东京新宿副中心平面布置与鸟瞰):资料来源:同济大学李德华. 城市规划原理(第三版). 北京:中国建筑工业出版社,2001:510.

图 9-11(加拿大卡尔加里市中心广场):同济大学李德华. 城市规划原理(第三版). 北京:中国建筑工业出

版社,2001:519.(新图:http://www.albertacanada.cn/upload/2011/03/7100264984d9bf0c159139.jpg)

图 9-12(巴黎罗浮宫广场):资料来源:google.earth,2010.

图 9-13(纽约克洛菲克中心广场):资料来源:

http://www.essential-new-york-city-guide.com/images/rockefeller-center-ice-skating-rink4.jpg.

图 9-14(巴黎旺道姆广场平面及鸟瞰):资料来源:王伟强.城市设计概论课程.物质性第三章-广场.2009.

图 9-15(意大利维基凡诺的杜卡广场):资料来源:

图 9-16(罗马的卡皮多广场):资料来源:google.earth,2010.

http://www.castit.it/media/castellodelmese/vigevanol.jpg.

图 9-17(圣彼得教堂前广场):资料来源:同济大学李德华.城市规划原理(第三版).北京:中国建筑工业出版社,2001:519

图 9-18(意大利威尼斯圣马可广场):资料来源:同济大学李德华.城市规划原理(第三版).北京:中国建筑工业出版社,2001:520

图 9-19(天安门广场区域鸟瞰)资料来源:

http://www.yzdsb.com.cn/pic/0/10/09/12/10091269_553845.jpg.

图 9-20(锡耶纳的坎波广场)资料来源:同济大学李德华.城市规划原理(第三版).北京:中国建筑工业出版社,2001:520

图 9-21(波波洛广场):资料来源:(英)克里夫·莫夫汀.都市设计——街道与广场[M].王淑宜译.中国台北:创兴出版社有限公司,1999:138.

http://instruct1.cit.cornell.edu/lanar524/renaissance.html.

图 9-22(佛罗伦萨德拉·西尼奥拉广场):资料来源:(英)克里夫·莫夫汀.都市设计——街道与广场[M].王淑宜译.中国台北:创兴出版社有限公司,1999:162.

图 9-23(建筑中 D/H 的关系):资料来源:(日)芦原义信.街道的美学[M].2006:47.

图 9-24(普林茨对街道空间的分析):资料来源:普林茨.D 著.城市景观设计方法[M].李维荣译.天津:天津大学出版社,1992:128.

图 9-25(伦敦的牛津亥街):资料来源:(英)克里夫·莫夫汀.都市设计——街道与广场[M].王淑宜译.中国台北:创兴出版社有限公司,1999:217.

图 9-26(伦敦摄政街):资料来源:(英)克里夫·莫夫汀.都市设计——街道与广场[M].王淑宜译.中国台北:创兴出版社有限公司,1999:229.

图 9-27(英国考文垂中心步行区):资料来源:同济大学李德华.城市规划原理(第三版).北京:中国建筑工业出版社,2001:497.

图 9-28(瑞典斯德哥尔摩魏林比中心区):资料来源:同济大学李德华.城市规划原理(第三版).北京:中国建筑工业出版社,2001:497.

图 9-29(上海市南京东路步行商业街平面图及两侧建筑立面):资料来源:同济大学李德华.城市规划原理(第三版).北京:中国建筑工业出版社,2001:499.

图 9-30(上海市南京东路步行商业街)

图 9-31(重庆杨家坪步行商业街区规划平面图):资料来源:同济大学建筑设计研究院.重庆杨家坪步行商业街区城市设计.

图 9-32(2004 年炮台公园区总平面及全景鸟瞰):资料来源:(美)加里·赫克,林中杰著.全球化时代的城市设计[M].时匡.北京:中国建筑工业出版社,2006:58.

图 9-33(SOM 的规划总平面图及建成的金丝雀码头鸟瞰):资料来源:(美)加里·赫克,林中杰著.全球化时代的城市设计[M].时匡.2006:128,129.

图 9-34,图 9-35,图 9-36,图 9-37,图 9-38,图 9-39,图 9-40,图 9-41,图 9-42,图 9-43,图 9-44,图 9-45,图 9-46,图 9-47 资料来源:夏南凯 田宝江 王耀武著,控制性详细规划,同济大学出版社。

第 11 章　村镇规划

表 11-1,资料来源:吴志强、李德华 主编《城市规划原理》(第四版) 中国建筑工业出版社 2010 年 9 月.

表 11-2,资料来源:我国五批次的历史文化名镇和名村的评选情况.

第 12 章　城市生态与绿地景观系统

图 12-1,资料来源:孔祥锋,主编.《城市绿地系统规划》.化学工业出版社,2009 年 8 月.

图 12-2,图 12-3,图 12-4,图 12-5,图 12-6,图 12-7,图 12-8 资料来源:吴志强、李德华 主编《城市规划原理》(第四版) 中国建筑工业出版社 2010 年 9 月.